BETRIEBS-HANDBUCH BHR 64

FÜR PITTLER-REVOLVERDREHBÄNKE

8. Auflage

Im Buchhandel durch
Springer-Verlag, Berlin

SPRINGER-VERLAG BERLIN HEIDELBERG GMBH

ISBN 978-3-642-92895-6   ISBN 978-3-642-92894-9 (eBook)
DOI 10.1007/978-3-642-92894-9
Softcover reprint of the hardcover 8th edition 1965

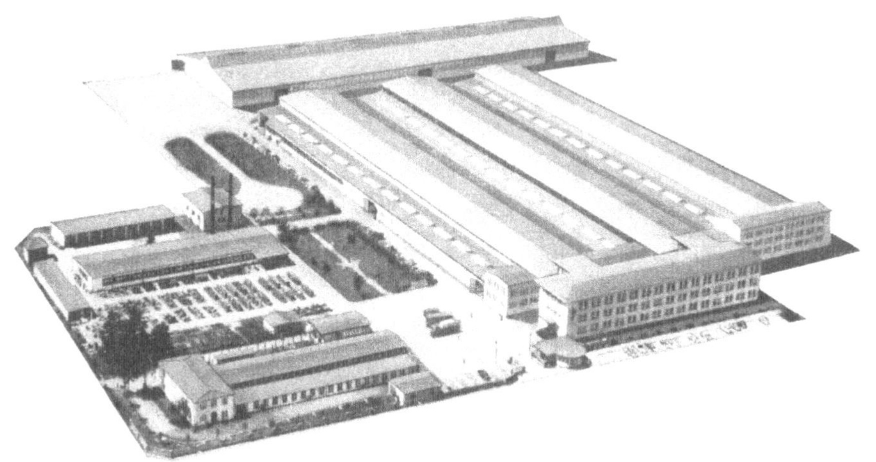

PITTLER-Maschinenfabrik AG., Langen bei Frankfurt/Main

Das vorliegende Betriebs-Handbuch entspricht dem gegenwärtigen Stand unserer Revolverdrehbänke und sonstigen Erzeugnisse. Unsere Lieferungen entsprechen stets dem neuesten Stande der Technik; Änderungen in den Maßen und in der Ausführung müssen wir uns daher vorbehalten. Bei Anfragen und Bestellungen auf Sonderausstattungen, Spanneinrichtungen, Werkzeuge usw. bitten wir stets genau anzugeben, zu welcher Maschine die betreffenden Teile gewünscht werden. Außer der Modellbezeichnung ist bei Nachbestellungen die auf der hinteren Prismenseitenkante des hinteren Prismas des Maschinenbettes (bei älteren Maschinen auf dem linken bzw. rechten Ende der vorderen Führungsbahn) eingeschlagene Losnummer der Maschine anzugeben. Alle Rechte, insbesondere das der Übersetzung in fremde Sprachen, behalten wir uns vor. Der Nachdruck ist nur Zeitschriften unter Quellenangabe gestattet.

VORWORT

Mit der 8. Auflage legen wir unseren Kunden das Betriebshandbuch für PITTLER-Revolverdrehbänke etwas erweitert vor. Im besonderen haben wir aus dem großen Schatz der bei uns erarbeiteten Werkzeugpläne viele neue Beispiele herausgesucht, deren Studium für jeden Werkstattmann, Einrichter und Meister interessant ist und bei Einsatz der PITTLER-Revolverdrehbänke unbedingt beachtet werden sollte. Die Werkzeugpläne zeigen nicht nur die wirtschaftliche Verwendung der handbedienten neuzeitlichen PITTLER-Revolverdrehbänke, sondern beschäftigen sich auch mit den automatischen Revolverdrehmaschinen der Bauart Piromat. Diese Maschinen haben inzwischen in zahlreichen Betrieben Eingang gefunden und sich dort hervorragend bewährt.

Das Betriebshandbuch BHR 64 ist in sechs Abschnitte eingeteilt. In Abschnitt I wird zunächst das Arbeitsgebiet der PITTLER Maschinenfabrik A.G. in Langen bei Frankfurt am Main aufgezeichnet.

In Abschnitt II werden die Vorteile der PITTLER-Revolverdrehbänke geschildert und die Werkzeugeinrichtungen, soweit diese im Grundsätzlichen von denen anderer Systeme abweichen.

In Abschnitt III bringen wir die „Normalwerkzeuge und Spannwerkzeuge für PITTLER-Revolverdrehbänke alter und neuer Bauart", wie wir diese in unserem Werkzeugkatalog WR 61 zusammengefaßt haben.

Abschnitt IV zeigt „Werkzeugeinstellungen und Arbeitsbeispiele". Etwa 50 Seiten enthalten aus der Fülle unserer Erfahrungen Werkzeugpläne und Einrichtungen für PITTLER-Revolverdrehbänke.

In Abschnitt V wird eine Anleitung zum „Anschleifen und Einstellen der Stähle" gegeben.

Der Abschnitt VI „Ermittlung von Stückzeiten" bringt Richtwerte, Rüst- und Nebenzeiten und Kalkulationsbeispiele für PITTLER-Revolverdrehbänke alter und neuer Bauart, sowie eine Tafel mit Angaben über Schnittgeschwindigkeiten für die Bearbeitung der verschiedenen Werkstoffe auf Revolverdrehbänken.

Das Betriebshandbuch ist als Nachschlagewerk für den Betriebsmann unentbehrlich und dem Studierenden eine wertvolle Hilfe.

Wir bitten unsere Kunden, dem Betriebshandbuch für PITTLER-Revolverdrehbänke BHR 64 einen ebenso freundlichen Empfang zu bereiten wie den früheren Auflagen.

PITTLER Maschinenfabrik Aktiengesellschaft
Langen bei Frankfurt am Main

PITTLER

INHALTSVERZEICHNIS

Abschnitt I   Seite

Das Arbeitsgebiet der Pittler A.G. . . . . 7— 74

Abschnitt II

Vorteile der Pittler-Revolverdrehbänke . . . . 75— 90

Abschnitt III

Normalwerkzeuge, Spannwerkzeuge . . . . 91—180

Abschnitt IV

Werkzeugeinstellungen und Arbeitsbeispiele . . . . . 181—250

Abschnitt V

Anschleifen und Einstellen der Stähle . . . . 251—258

Abschnitt VI

Ermittlung von Stückzeiten . . . . 259—295

ABSCHNITT I

Das Arbeitsgebiet der Pittler A. G.

Seite

Fabrikations-Programm . . . . 7—26

    Revolverdrehbänke . . . . 10—19

    Mehrspindel-Automaten . . . . 20—24

    Selbstauslösende Gewindeschneidköpfe 26

Bauliche Einzelheiten der Pittler-Revolverdrehbänke . . . 27—32

Spann-Einrichtungen . . . . 33—36

Zusatz-Ausstattungen . . . . 37—51

Automatische Revolverdrehbänke . . . . 52—53

Plananschläge 55

Halbmesserverhältnisse zwischen Werkzeug und Führungsschraube bei Kopiereinrichtungen . . . . 56—59

Arbeitsräume der Pittler-Revolverdrehbänke . . . . . . 60—65

Reihenfolge, Bezeichnungen, Abmessungen und Abstände
der Werkzeuglöcher der Pittler-Revolverköpfe . . . . . 66—69

Spindelflansche . . . . 70—73

ABSCHNITT I
DAS ARBEITSGEBIET
DER PITTLER A. G.

Das Arbeitsgebiet der Pittler Werkzeugmaschinenfabrik AG., Leipzig-Wahren, umfaßte seit der Gründung des Unternehmens im Jahre 1899 bis zur Demontage im Jahre 1945 die Fabrikation von Maschinen zur serienmäßigen Herstellung von Drehteilen.

Es wurden gebaut:

1. **PITTLER-Revolverdrehbänke** (Normal- und Schnelläufer)
   mit 26 bis 102 mm Werkstoffdurchlaß.

2. **PITTLER-Form- und Schrauben-Automaten,** Modell A
   mit 27 und 38 mm Werkstoffdurchlaß.

3. **PITTLER-Revolver-Automaten,** Modell AT
   mit 22 bis 65 mm Werkstoffdurchlaß.

4. **PITTLER-Vier- und Sechsspindel-Automaten,** Modell RP
   mit 22 bis 100 mm Werkstoffdurchlaß.

5. **PITTLER-Vier- und Sechsspindel-Futterautomaten,** Modell RPH
   für 100 bis 250 mm größten Drehdurchmesser.

Für alle diese Maschinen liefern wir

Maschinen-Ersatzteile

Werkzeuge und

Spann-Werkzeuge

in der bekannten guten Ausführung und nach dem neuesten Stand der Technik.

Unser heutiges Bauprogramm umfaßt die folgenden Baumuster:

Das Programm der Pittler Maschinenfabrik A.G. umfaßt Maschinen zur wirtschaftlichen Herstellung von Drehteilen, wie sie in der Reihen- oder in der Massenfertigung benötigt werden.

Für die Reihenfertigung kommen die handbedienten Pittler-Trommelrevolverdrehbänke in Frage, mit denen höchste Genauigkeiten und große Spanleistungen erzielt werden. Pittler-Mehrspindelautomaten eignen sich für die Massenfertigung von Drehteilen auch schwierigster Formen mit hohen Genauigkeiten.

Als Zubehör liefern wir selbstauslösende Gewindeschneidköpfe für die Herstellung von Innen- und Außengewinden.

PITTLER-Revolverdrehbänke

Die Erzielung hoher Genauigkeiten von Toleranzen nach IT 6 und IT 7 und die hohen Spanleistungen dieser Maschinen beruhen auf der Konstruktion des Revolverkopfes.

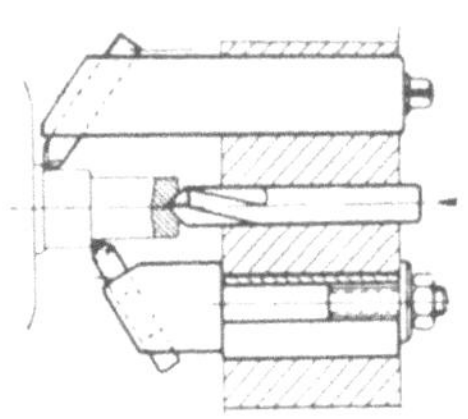

Er besitzt bei kleineren Maschinen 12, bei den größeren Maschinen 16 Werkzeuglöcher. Mit diesen vielen Werkzeuglöchern können die verschiedensten Werkzeugkombinationen mit einfachen Werkzeugen erreicht werden. Es ist z. B. möglich, den Revolverkopf so zu bestücken, daß das Werkstück in einer Schaltstellung mit einem Bohrwerkzeug gebohrt und gleichzeitig mit zwei oder mehr Werkzeugen überdreht wird. Der Revolverkopf ist um eine lange horizontale Achse drehbar, die zwischen den beiden Bettprismen parallel zu diesen angeordnet ist.

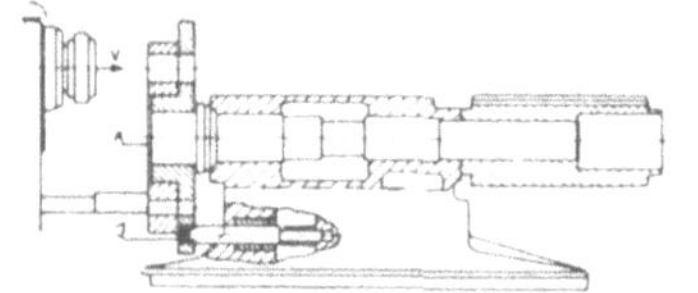

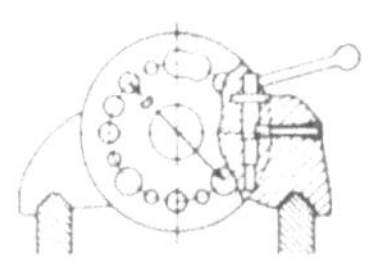

Der Sperrbolzen zur Verriegelung des Revolverkopfes ist außerhalb des Werkzeug-lochkreises angeordnet. Dies bewirkt eine sehr genaue Feststellung. Durch Verdrehen des Revolverkopfes um die horizontale Achse werden Plandreh- oder Einsticharbeiten ausgeführt, ohne daß komplizierte Werkzeughalter benötigt werden.

Wir liefern unsere Revolverdrehbänke in verschiedenen Ausführungen:

Für schwere und vielseitige Verwendung in der Metallindustrie kommen unsere universellen **PIREX**-Revolverdrehbänke und die automatischen Revolverdrehbänke Bauart **PIROMAT** in Frage. Für leichtere Arbeiten, wie sie vor allem in der optischen, feinmechanischen und Armaturen-Industrie vorkommen, werden unsere einfacheren Revolverdrehbänke der Bauart **PIROFA** zweckmäßig eingesetzt. Für die Fertig-bearbeitung kleiner und leichter Werkstücke in der 2. Einspannung für die optische und feinmechanische Industrie haben wir den Bau der PITTLER-Revolver-Nachdreh-bänke **PIRONA und PIROPTA** aufgenommen.

Der Doppelspindel-Futterautomat für Frontbedienung **PIDOFAT** dient zum wirt-schaftlichen Bearbeiten von einfachen Guß- und Schmiedestücken, z. B. Zahnrad-körpern, Kegelrädern, Flanschen usw. in kleinen Serien. Die beiden getrennt an-getriebenen Drehspindeln gestatten die Bearbeitung der 1. und 2. Seite auf einer Maschine. Der Einspindel-Futterautomat für Frontbedienung **PIFAT** kann bei Groß-serienfertigung mit automatischer Werkstückzu- und -abführung geliefert werden.

Durch gute Werkzeugeinrichtung läßt sich die Leistung unserer Revolverdrehbänke außerordentlich steigern und wir bitten unsere Kunden, uns zur Beratung heran-zuziehen.

Montage der PITTER-Revolverdrehbänke

PITTLER

HOCHLEISTUNGS-REVOLVERDREHBANK **PIREX 32** /170.1
PIREX 40 /170.1

**mit momentan wirkender Hand- und Programm-Schaltung
der Spindeldrehzahlen und stufenlos regelbarem Vorschub**

Technische Daten		Schlüsselwort:	PIREX 32/170.1 Piras	PIREX 40/170.1 Pirov
Werkstoffdurchlaß mit Spannrohr	mm		32	40
Größter Drehdurchmesser bei Futterarbeiten .	mm		etwa 170	
Größter umlaufender Durchmesser über dem Bett ohne Leitwelle	mm		440	
mit Leitwelle	mm		300	
Größte Entfernung zwischen Spindelflansch und Revolverkopf	mm		530	
Revolverkopf: Durchmesser des Werkzeuglochkreises . . .	mm		170	
Anzahl der Werkzeuglöcher			16	
Drehzahlbereich	U/min.		56 – 2800	45 – 2250
Anzahl der Spindeldrehzahlen für Rechts- und Linkslauf			16	
schaltbar in 2 Gruppen			je 8	
Vorschübe, stufenlos regelbar, längs u. plan	mm/U		0,035 – 0,7	
Nennleistung des Antriebmotors	PS		6	
Nettogewicht der Maschine mit Motor	kg		2100	

PITTLER
HOCHLEISTUNGS-REVOLVERDREHBANK PIREX 50 / 200.1
PIREX 63 / 230.1

**mit momentan wirkender Hand- und Programm-Schaltung
der Spindeldrehzahlen und stufenlos regelbarem Vorschub**

Technische Daten	Schlüsselwort:	PIREX 50/200.1 Pirep	PIREX 63/230.1 Piruk
Werkstoffdurchlaß mit Spannrohr . . . . . . mm		50	63
Größter Drehdurchmesser bei Futterarbeiten . mm		etwa 200	etwa 230
Größter umlaufender Durchmesser über dem Bett ohne Leitwelle . . . . mm		530	
mit Leitwelle . . . . mm		400	
Größte Entfernung zwischen Spindelflansch und Revolverkopf . . . . mm		650	650
Revolverkopf: Durchmesser des Werkzeuglochkreises . . . mm		200	230
Anzahl der Werkzeuglöcher		16	
Drehzahlbereich . . . . U/min.		36 – 1800	28 – 1400
Anzahl der Spindeldrehzahlen für Rechts- und Linkslauf		16	
schaltbar in 2 Gruppen		je 8	
Vorschübe, stufenlos regelbar, längs u. plan mm/U		0.05 – 1	
Nennleistung des Antriebmotors . . . . PS		8 oder 11	
Nettogewicht der Maschine mit Motor . . . . kg		2900	3000

PITTLER
HOCHLEISTUNGS-REVOLVERDREHBANK PIREX 80/350

**mit momentan wirkender Hand- und Programm-Schaltung
der Spindeldrehzahlen und Vorschübe, Eilgang für die
Längsbewegung des Revolverschlittens
und mit Querschlitten**

Technische Daten

	Schlüsselwort:	Pirim
Werkstoffdurchlaß mit Spannrohr . . . . . . mm		80
m. Vorderend-Spannfutter mm		102
Größter Drehdurchmesser		
bei Futterarbeiten ohne Querschlitten mm		etwa 350
mit Querschlitten mm		etwa 600
Größter umlaufender Durchmesser über dem		
Bett ohne Querschlitten . . . . mm		670
mit Querschlitten . . . . mm		600
Größte Entfernung zwischen Spindelflansch		
und Revolverkopf . . . . mm		900
Revolverkopf:		
Durchmesser des Werkzeuglochkreises . . . mm		350
Anzahl der Werkzeuglöcher		16
Drehzahlbereich . . . . U/min.		18–900
Anzahl der Spindeldrehzahlen für Rechts-		
und Linkslauf		16
schaltbar in 2 Gruppen		je 8
Vorschübe des Revolverschlittens, längs mm/U		0,025–1,12
plan mm/U		0,018–0,8
Nennleistung des Antriebmotors . . . . PS		15 oder 18 [1]
Nettogewicht der Maschine mit Motor . . . . kg		5500

[1] 18 PS für besonders hohe Schnittleistungen

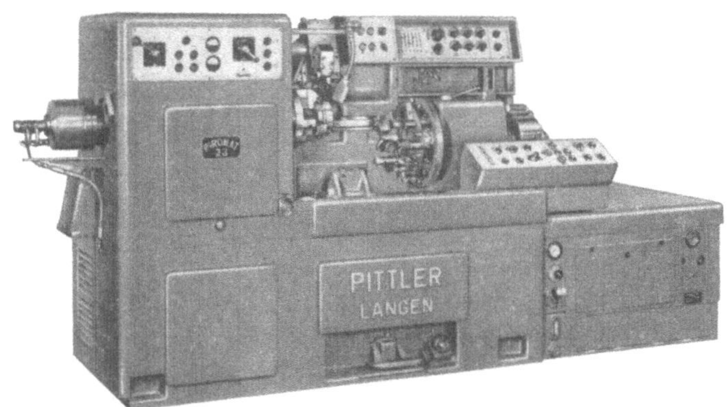

P I T T L E R
AUTOMATISCHE REVOLVERDREHBANK   PIROMAT 23

für Futterarbeiten

mit elektro-hydraulischer Nockensteuerung

Technische Daten	Schlüsselwort:	Pimat
Drehdurchmesser . . . . mm		etwa 250
Umlaufender Durchmesser . . . . mm		500
Revolverkopf:		
Durchmesser des Werkzeuglochkreises . . . mm		230
Anzahl der Werkzeuglöcher		16
Arbeitsweg des Revolverschlittens . . . . . mm		500
Drehzahlbereich . . . . U/min.		36 – 1800
Anzahl der Spindeldrehzahlen		16
Vorschübe des Revolverschlittens		
für Längs- und Planzug stufenlos einstellbar		
längs . . . . mm/min.		5 – 250
plan . . . . mm/min.		3,5 – 1,75
Eilgang längs . . . . m/min.		6
Eilgang plan . . . . m/min.		10
Nennleistung des Antriebmotors . . . . PS		8 (12) [1]
Nettogewicht der Maschine mit Motor . . . . kg		4000

[1] 12 PS für besonders hohe Schnittleistungen

PITTLER
AUTOMATISCHE REVOLVERDREHBANK   PIROMAT 35

für Futterarbeiten

mit elektro-hydraulischer Nockensteuerung

Technische Daten

	Schlüsselwort:	Pimog
Drehdurchmesser . . . . mm		etwa 400
Umlaufender Durchmesser . . . . mm		600
Revolverkopf:		
Durchmesser des Werkzeuglochkreises . . . mm		350
Anzahl der Werkzeuglöcher		16
Arbeitsweg des Revolverschlittens . . . . . mm		550
Drehzahlbereich . . . . U/min.		14 – 710
Anzahl der Spindeldrehzahlen		16
Vorschübe des Revolverschlittens		
für Längs- und Planzug stufenlos einstellbar		
längs . . . . mm/min.		10 – 1000
plan . . . . mm/min.		7 – 700
Eilgang längs . . . . m/min.		6
Eilgang plan . . . . m/min.		10
Nennleistung des Antriebmotors . . . . PS		20 (26) [1]
Nettogewicht der Maschine mit Motor . . . . kg		7000

[1] 26 PS für besonders hohe Schnittleistungen

PITTLER

DOPPELSPINDEL-FUTTERAUTOMAT
EINSPINDEL-FUTTERAUTOMAT

PIDOFAT
PIFAT

für Frontbedienung,

mit elektro-hydraulischer Steuerung

Technische Daten	Schlüsselwort:	PIDOFAT Pidaf	PIFAT Pifat
Spannfutter-Durchmesser . . . . mm		200	
Größter Drehdurchmesser . . . . mm		230	
Größter umlaufender Durchmesser . . . . . mm		240	
Schlittenwege:			
Revolverschlitten, längs . . . . mm		180	
Querschlitten, längs und plan . . . . . . mm		160	120
Oberschlitten, längs und plan . . . . . . mm		100	–
Werkzeuglöcher im Revolverkopf . . . . . mm		3 x 60	
Drehzahlbereich . . . . U/min.		56 – 1400	
Anzahl der Spindeldrehzahlen		8	
Vorschübe, stufenlos einstellbar . . . . . mm/min.		8 – 400	
Nennleistung des Antriebmotors . . . . PS		2 x 8 (2 x 12) [1]	8 (12) [1]
Nettogewicht der Maschine mit Motor . . . . kg		5500	3000

[1] für besonders hohe Schnittleistungen

PITTLER
SCHNELLAUF-KLEIN-REVOLVERDREHBANK PIROFA 25/150.1
PIROFA 40/150.1

**mit momentan wirkender Hand- und Programm-Schaltung
der Spindeldrehzahlen
für die optische, feinmechanische und Armaturen-Industrie**

Technische Daten		PIROFA 25/150.1 Pitip	PIROFA 40/150.1 Pitof
Werkstoffdurchlaß mit Spannrohr . . . . . . mm		25	40
Größter Drehdurchmesser bei Futterarbeiten . mm		etwa 150	
Größter umlaufender Durchmesser über dem Bett ohne Leitwelle . . . . mm		360	
mit Leitwelle . . . . mm		250	
Größte Entfernung zwischen Spindelflansch und Revolverkopf . . . . mm		450	
Revolverkopf:			
Durchmesser des Werkzeuglochkreises . . . mm		150	
Anzahl der Werkzeuglöcher		12	
Drehzahlbereich . . . . U/min.		112 – 3600	71 – 2250
Anzahl der Spindeldrehzahlen für Rechts- und Linkslauf, für jede Gruppe . . . . durch Wechselräder: 4 Gruppen		je 4	
Vorschübe des Revolverschlittens, längs . . . mm/U		0,03 – 0,24	
plan . . . mm/U		0,02 – 0,16	
Nennleistung des Antriebmotors . . . . PS		3,5 / 5,5	
Nettogewicht der Maschine mit Motor . . . . kg		1350	

PITTLER
REVOLVERDREHBANK PIROFA 45 / 200.1
PIROFA 63 / 230.1

**mit momentan wirkender Hand- und Programm-Schaltung
der Spindeldrehzahlen und stufenlos regelbarem Vorschub
für die optische, feinmechanische und Armaturen-Industrie**

Technische Daten	Schlüsselwort:	PIROFA 45/200.1 Pitos	PIROFA 63/230.1 Pitur
Werkstoffdurchlaß . . . . mm		45	63
Größter Drehdurchmesser bei Futterarbeiten . mm		etwa 200	etwa 230
Größter umlaufender Durchmesser über dem Bett ohne Leitwelle . . . . mm		530	
mit Leitwelle . . . . mm		460	
Größte Entfernung zwischen Spindelflansch und Revolverkopf . . . . mm		600	
Revolverkopf: Durchmesser des Werkzeuglochkreises . . . mm		200	230
Anzahl der Werkzeuglöcher		16	
Drehzahlbereich . . . . U/min.		56 – 1800	45 – 1400
Anzahl der Spindeldrehzahlen für Rechts- und Linkslauf für 1 Gruppe		je 4	
durch Wechselräder: 6 Gruppen			
Vorschübe des Revolverschlittens, längs und plan . . . . mm/U		0,03 – 0,3	
Nennleistung des Antriebmotors . . . . PS		3,5 / 5,5	
Nettogewicht der Maschine mit Motor . . . . kg		1900	2000

17

PITTLER
REVOLVER-NACHDREHBANK **PIRONA 16/150**

**mit stufenloser Regelung der Spindeldrehzahlen
für die optische und feinmechanische Industrie**

Technische Daten

	Schlüsselwort:	Piron
Werkstoffdurchlaß bei Stangenspannung . . . mm		16
Größter Drehdurchmesser bei Futterarbeiten . mm		80
Größter umlaufender Durchmesser . . . . . . mm		200
Größte Entfernung zwischen Spindelnase und Revolverkopf . . . . mm		410
Revolverkopf: Durchmesser des Werkzeuglochkreises . . . mm		150
Gesamtzahl der Werkzeuglöcher		16
Drehzahlbereich, stufenlos einstellbar . . . U/min. Rechts- und Linkslauf		180 – 2800
Vorschübe, längs und plan		von Hand
Größte Gewinde-Strehllänge . . . . mm		40
Nennleistung des Antriebmotors . . . . PS		1,6/3,3
Nettogewicht der Maschine mit Motor . . . . kg		750

PITTLER MEHRSPINDEL-AUTOMATEN

PITTLER-Mehrspindel-Automaten
für Stangen- und Futterarbeiten

werden in Zusammenarbeit mit der National Acme Comp. Cleveland/Ohio, U.S.A. als Vier-, Sechs- und Achtspindler gebaut. Sie dienen der wirtschaftlichen Herstellung von sehr genauen Drehteilen in der großen Massenfertigung. Die Maschinen lassen sich mit den verschiedensten Sonderausstattungen für die Herstellung verwickelter Teile ausrüsten, so daß weitere, nachfolgende Arbeitsgänge vermieden werden. Durch die Verbindung mit der National Acme Comp. stehen uns nicht nur eigene Erfahrungen, sondern auch die der amerikanischen Massenfertigung zur Verfügung und wir bitten unsere Kunden, sich an uns zu wenden, damit wir ihnen Vorschläge für die zweckmäßigsten Werkzeugeinrichtungen unterbreiten.

Montage der PITTLER-Mehrspindel-Automaten

PITTLER
MEHRSPINDELAUTOMATEN MODELL PRB 50/4 PRB 32/6

für Stangenarbeiten

Technische Daten

Modell		4-Spindler PRB 50/4	6-Spindler PRB 32/6
Größter Werkstoffdurchlaß	mm	$50 = 2''$	$32 = 1^1/4''$
Größter Werkstoffvorschub	mm	$254 = 10''$	
Größte Drehlänge	mm	$152 = 6''$	
Anzahl der Spindeldrehzahlen		2×17	
Kleinste Drehzahl	U/min.	125	200
Größte Drehzahl	U/min.	1720	2800
Nennleistung des Motors	PS	20	
Nenndrehzahl	U/min.	1500	
Drehzahl der Antriebswelle	U/min.	1400	
Bohrung der Werkzeughalter	mm	$50,8 = 2''$	
Spitzenhöhe der Querschlitten und Oberschlitten	mm	$63,5 = 2^1/2''$	$57,15 = 2^1/4''$
Nettogewicht der Maschine mit Motor	kg	8000	

PITTLER
MEHRSPINDELAUTOMATEN MODELL

PRC 72/4
PRC 50/6
PRC 32/8

für Stangenarbeiten

Technische Daten		4-Spindler	6-Spindler	8-Spindler
Modell		**PRC 72/4**	**PRC 50/6**	**PRC 32/8**
Größter Werkstoffdurchlaß . . . mm		$72 = 2^7/_8''$	$50 = 2''$	$32 = 1^1/_4''$
Größter Werkstoffvorschub . . . mm		$210 = 8^1/_4''$	$254 = 10''$	$254 = 10''$
Größte Drehlänge . . . . mm		$178 = 7''$	$178 = 7''$	$178 = 7''$
Anzahl der Spindeldrehzahlen . . .		2 x 17	2 x 17	2 x 17
Kleinste Drehzahl . . . . . . U/min.		88	117	208
Größte Drehzahl . . . . U/min.		1100	1460	2600
Nennleistung des Motors . . . . PS		30	30	30
Nenndrehzahl . . . . U/min.		1500	1500	1500
Drehzahl der Antriebswelle . . U/min.		825	825	825
Bohrung der Werkzeughalter . . mm		$63,5 = 2^1/_2''$	$50,8 = 2''$	$50,8 = 2''$
Spitzenhöhe der Querschlitten und Oberschlitten . . . . . . mm		$79,38 = 3^1/_8''$	$63,5 = 2^1/_2''$	$57,15 = 2^1/_4''$
Nettogewicht der Maschine mit Motor . . . . kg		11000	11000	11000

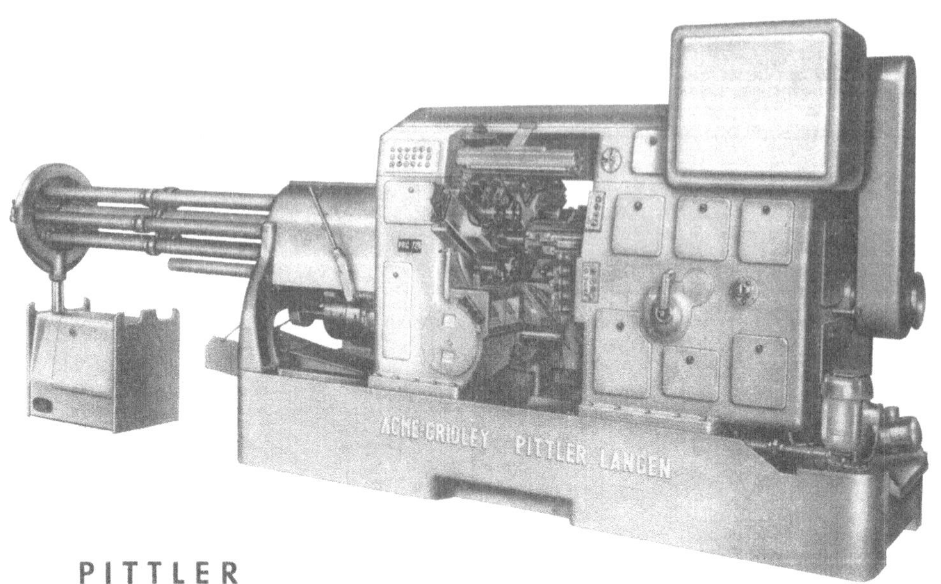

PITTLER

MEHRSPINDELAUTOMATEN MODELL

PRC 100/4
PRC 72/6
PRC 50/8

für Stangenarbeiten

Technische Daten	4-Spindler	6-Spindler	8-Spindler
Modell	**PRC 100/4**	**PRC 72/6**	**PRC 50/8**
Größter Werkstoffdurchlaß . . . mm	101,6 = 4″	76,2 = 3″	52,5 = 2¹/₁₆″
Größter Werkstoffvorschub . . . mm	254 = 10″	254 = 10″	254 = 10″
Größte Drehlänge . . . . mm	178 (254)	178 (254)	178 (254)
Anzahl der Spindeldrehzahlen . . .	2 x 17	2 x 17	2 x 17
Kleinste Drehzahl . . . . . . U/min.	66	93	149
Größte Drehzahl . . . . U/min.	977	1385	2215
Nennleistung des Motors . . . . PS	40	40	40
Nenndrehzahl . . . . U/min.	1500	1500	1500
Bohrung der Werkzeughalter . . mm	76,2 = 3″	63,5 = 2¹/₂″	50,8 = 2″
Spitzenhöhe der Unterschlitten und Oberschlitten . . . . . . mm	101,6 = 4″	79,38 = 3¹/₈″	63,5 = 2¹/₂″
Nettogewicht der Maschine mit Motor . . . . kg	14 500	14 500	14 500

PITTLER
MEHRSPINDELAUTOMATEN MODELL

PRCF 200/4
PRCF 160/6
PRCF 130/8

für Futterarbeiten

Technische Daten

Modell	4-Spindler PRCF 200/4	6-Spindler PRCF 160/6	8-Spindler PRCF 130/8
Spannfutter-Durchmesser . . . . mm	200	160	130
Größter Weg des Hauptschlittens mm	178 = 7″	178 = 7″	178 = 7″
Anzahl der Spindeldrehzahlen . . .	2 × 17	2 × 17	2 × 17
Kleinste Drehzahl . . . . . . U/min.	60	79	98
Größte Drehzahl . . . . U/min.	745	990	1220
Nennleistung des Motors . . . . PS	30	30	30
Nenndrehzahl . . . . U/min.	1500	1500	1500
Bohrung der Werkzeughalter . . mm	76,2 = 3″	63,5 = 2¹/₂″	50,8 = 2″
Spitzenhöhe der Querschlitten und Oberschlitten . . . . mm	79,38 = 3¹/₈″	63,5 = 2¹/₂″	57,15 = 2¹/₄″
Nettogewicht der Maschine mit Motor . . . . kg	10 500	10 500	10 500

PITTLER

MEHRSPINDELAUTOMATEN MODELL

PRCF 250/4
PRCF 200/6
PRCF 160/8

für Futterarbeiten

Technische Daten

	4-Spindler	6-Spindler	8-Spindler
Modell	**PRCF 250/4**	**PRCF 200/6**	**PRCF 160/8**
Spannfutter-Durchmesser . . . . mm	250	200	160
Größter Weg des Hauptschlittens mm	178 (254)	178 (254)	178 (254)
Anzahl der Spindeldrehzahlen . . .	2 x 17	2 x 17	2 x 17
Kleinste Drehzahl . . . . U/min.	66	93	115
Größte Drehzahl . . . . U/min.	977	1385	1705
Nennleistung des Motors . . . . PS	40	40	40
Nenndrehzahl . . . . U/min.	1500	1500	1500
Bohrung der Werkzeughalter . . mm	$88,9 = 3^{1}/_{2}''$	$76,2 = 3''$	$63,5 = 2^{1}/_{2}''$
Spitzenhöhe der Querschlitten und Oberschlitten . . . . . . mm	$101,6 = 4''$	$79,38 = 3^{1}/_{8}''$	$63,5 = 2^{1}/_{2}''$
Nettogewicht der Maschine mit Motor . . . . kg	13 800	13 800	13 800

Modell A

Modell R 10

SELBSTAUSLÖSENDE **PITTLER** GEWINDESCHNEIDKÖPFE

FUR AUSSENGEWINDE

MODELL A

Modell A . . . . . . Nr. Schlüsselwort:	1 Segei	2 Sezwe	3 Sedre	4 Sevie	5 Sefun	6 Sesec
Schneidet **metrische Gewinde** mm	$2-8$	$4-12$	$6-18$	$8-24$	$10-33$	$12-52$
Schneidet **Whitworthgewinde** Zoll	$^3/_{32}$-$^5/_{16}$	$^3/_{16}$-$^1/_2$	$^1/_4$-$^3/_4$	$^5/_{16}$-1	$^3/_8$-1$^1/_4$	$^1/_2$-2
Schneidet **Rohrgewinde** Zoll	–	$^1/_8$-$^1/_4$	$^1/_8$-$^5/_8$	$^1/_4$-$^3/_4$	$^1/_4$-1	$^3/_8$-1$^5/_8$
Schneidet kurzes **Feingewinde** bis mm ⌀	9	15	24	32	40	65
bis mm Länge	20	32	40	48	55	65
Schneidet **Trapezgewinde** bis mm	–	–	14	20	25	44
Kopfdurchmesser . . . . . mm	45	64	88	102	117	178
Gewicht des Schneidkopfes ohne Backen . . . kg	0,58	1,4	3,4	5	7,6	24
Gewicht von einem Satz Schneidbacken für eine Gewindegröße . . . . . kg	0,03	0,05	0,15	0,25	0,4	1,2

Sonderausführungen auf Anfrage!

PITTLER KLEINSTSCHNEIDKÖPFE FUR AUSSENGEWINDE
besonders geeignet zur Verwendung auf Form- und Schraubenautomaten

Modell . . . . Schlüsselwort:	R 5 Rotie	R 10 Ridzo
Schneidet Gewinde . . . . mm	$1-5$	$3-10$
Kopfdurchmesser . . . . mm	30	45
Gewicht ohne Backen . . . . kg	0,15	0,45
Gewicht von 1 Satz Schneidbacken mit Führungsplatte kg	0,015	0,030

PITTLER

GEWINDESCHNEIDKÖPFE

FÜR INNENGEWINDE

MODELL J

Modell J . . . . Nr. Schlüsselwort:	1 Ismet	2 Istap	3 Isrun	4 Isola	5 Isgyn	6 Islam	7 Isdor
Schneidet **Feingewinde** mm	26 31	32 38	38 44	44 50	50 60	60 75	75 95
Schneidet **Feingewinde** Zoll	1 $1^1/_4$	$1^1/_4$ $1^1/_2$	$1^1/_2$ $1^3/_4$	$1^3/_4$ 2	2 $2^3/_8$	$2^3/_8$ 3	3 $3^3/_4$
Schneidet **Rohrgewinde** Zoll	$^3/_4{}^1)$ $^7/_8$	1 $1^1/_8$	$1^1/_8$ $1^3/_8$	$1^3/_8$ $1^1/_2$	$1^5/_8$ 2	2 $2^1/_2$	$2^1/_2$ $3^1/_4$
Größte zulässige Steigung mm Gang auf 1″	1,5 14	2 11	2 11	2 11	2,5 10	3 8	4 6
Größte Gewindelänge²) mm	50	50	58	64	70	80	90
Kopfdurchmesser . . . . mm	56	56	70	70	80	92	104
Anzahl der Schneidbacken	4	4	4	4	4	4	6
Gewicht des Schneidkopfes kg	1,4	1,55	2,75	3	4	6	10
Gewicht von einem Satz Schneidbacken für eine Gewindegröße . . . . kg	0,03	00,4	0,06	0,08	0,13	0,23	0,4

¹) Nur für Messing ²) Für besonders große Gewindelängen nach Maßangabe lieferbar.
Weitere Größen bis zu 180 mm Gewindedurchmesser auf Anfrage.

PITTLER-Revolverdrehbänke

Die PITTLER-Revolverdrehbänke haben sich in den letzten Jahren durch ihre wesentlichen Verbesserungen, die sich ganz besonders auf die Verkürzung der Nebenzeiten auswirken, in der Praxis im In- und Ausland bestens bewährt. Der schnelle Drehzahlwechsel durch die Verwendung von elektro-magnetischen Kupplungen, die Programmschaltung der Spindeldrehzahlen, die selbsttätige Umkehreinrichtung der Drehspindel beim Gewindeschneiden, die stufenlose Vorschubregelung und die vielseitigen Spanneinrichtungen ermöglichen eine einfache und schnelle Bedienung dieser Maschinen, sa daß auch ungelernte Arbeitskräfte eingesetzt werden können.

Die PITTLER-Hochleistungs-Revolverdrehbänke Bauart **PIREX** sind universelle Maschinen mit einer großen Anzahl von Spindeldrehzahlen und mehreren Reihen von stufenlos regelbaren Vorschüben; sie eignen sich also für die Bearbeitung der verschiedensten Werkstücke mit großer Zerspanungsleistung und entsprechen folglich den Ansprüchen des allgemeinen Maschinenbaues. Auf ihnen werden überwiegend Hartmetall- und teilweise auch bereits oxydkeramische Schneidwerkzeuge verwendet.

Für Verbraucher, bei denen Werkstücke in größeren Stückzahlen vorkommen, liefern wir unsere automatischen PITTLER-Revolverdrehbänke Bauart **PIROMAT**. Bei diesen Maschinen sind die bekannten Vorzüge der PITTLER-Revolverdrehbänke, nämlich große Zerspanungsleistung, hohe Genauigkeiten und universelle Verwendbarkeit, mit den Vorteilen der elektro-hydraulischen Nockensteuerung vereinigt, so daß bei einfachem Ein- und Umrichten vielseitige Bewegungsprogramme und automatische Arbeitsabläufe möglich sind. Die Tätigkeit des Bedienungsmannes beschränkt sich auf das Ein- und Ausspannen des Werkstückes, das nach Drücken eines Tasters selbsttätig in mehreren Schaltstellungen des Revolverkopfes fertigbearbeitet wird. Während der Laufzeit kann eine weitere Maschine bedient werden.

Für leichtere Arbeiten, wie sie vor allem in der optischen, feinmechanischen und Armaturen-Industrie vorkommen, werden unsere einfacheren und billigeren Revolverdrehbänke der Bauart **PIROFA** zweckmäßig eingesetzt. Diese Maschinen kommen für Verbraucher in Frage, die wohl verwickelte Arbeitsstücke herstellen, bei denen aber nur wenige Spindelgeschwindigkeiten und selbsttätige Vorschübe für Längs- und Planzug erforderlich sind. Bei diesen Werkstücken bedarf es meist keiner großen Schnittleistungen.

Für die Fertigbearbeitung kleiner und leichter Werkstücke in der 2. Einspannung für die optische und feinmechanische Industrie liefern wir die PITTLER-Revolver-Nachdrehbänke Bauart **PIRONA** und **PIROPTA**.

Auf allen diesen Maschinen lassen sich Genauigkeiten innerhalb einer Toleranz von IT 5, 6 oder 7 je nach Drehdurchmesser und gedrehte Oberflächen höchster Güte, gesamte Raumtiefe etwa $^3/_{1000}$ mm, erzielen.

Die besonderen **Kennzeichen** der PITTLER-Revolverdrehbänke sind:

Spindelkasten und Bett sind auf einem starren Unterkasten aufgesetzt, der
für Späne und Öl getrennte Räume enthält. Große Öffnungen im Bett gewährleisten einen guten Späneabfluß. Die starken, kurz gelagerten Getriebewellen
laufen in Genauigkeits-Wälzlagern und sichern einen erschütterungsfreien
Lauf und damit ein einwandfreies Drehbild. Das Schalten der Spindeldrehzahlen
erfolgt vom Standort des Arbeiters aus während des Laufes der Maschine
durch Betätigen eines Drehzahlschalters ohne Vorwählung momentan über
elektromagnetische Lamellenkupplungen und Polumschaltung des Motors.

Der Spindelkasten enthält das Getriebe für 8 schaltbare Spindeldrehzahlen,
die durch Schieberäder in zwei Drehzahlbereichen eingestellt werden können.
Es stehen 16 Drehzahlen im Gesamtbereich von 56 bis 2800 U/min. bei PIREX 32,
von 36 bis 1800 U/min. bei PIREX 50 und von 28 bis 1400 U/min. bei PIREX 63
zur Verfügung; jede Drehzahlreihe besitzt einen Regelbereich von 1:25. Die
beiden Bereiche sind gegeneinander um den Stufensprung 1:2 versetzt.

Abb. 1: Spindelkasten-Innenansicht (PIREX-Maschinen)

Die PIREX 80 hat zweimal 8 schaltbare Spindeldrehzahlen im Drehzahlbereich von 18 bis 900 U/min.

Bei den PIROFA-Maschinen stehen vier schaltbare Spindeldrehzahlen zur Verfügung, die im Bereich 1 : 10 gestuft sind. Durch im Getriebekasten angeordnete Wechselräder lassen sich sechs Drehzahlbereiche mit insgesamt 24 Spindeldrehzahlen einstellen, und zwar von 112 bis 3600 U/min. für PIROFA 25, von 71 bis 2250 U/min. für PIROFA 40, von 56 bis 1800 U/min. für PIROFA 45 und von 45 bis 1400 U/min. für PIROFA 63.

Abb. 2: Antrieb der Drehspindel vom Getriebekasten (PIROFA-Maschinen)

Die Veränderung der **Vorschübe** geschieht bei den Maschinen PIREX 32, PIREX 50, PIREX 63, PIROFA 45 und PIROFA 63 durch Bedienen nur eines Hebels des PIV-Getriebes stufenlos im Verhältnis 1 : 10. Der gewünschte Vorschub kann sowohl bei laufendem Getriebe als auch im Stillstand der Maschine geändert werden. Bei den PIREX-Maschinen kann mit Hilfe eines Schieberadblockes der Vorschub in zwei Bereichen eingestellt werden, wodurch ein gesamter Vorschubbereich von 1 : 20 erreicht wird. Durch die stufenlose Einstellung des Vorschubes läßt sich die Größe des Vorschubes dem jeweiligen Arbeitsgang anpassen, so daß beim Drehen durch feinfühlige Veränderung des Vorschubes der Fluß der Späne geregelt werden kann.

Bei PIREX 80 erfolgt das Schalten der Vorschübe längs und plan in drei Gruppen „grob — mittel — fein" durch Betätigen eines Vorschubschalters ohne Vorwählung momentan über elektromagnetische Kupplungen. Die drei Stufen werden mit Hilfe eines Schieberadblockes eingestellt.

Bei PIROFA 25 und PIROFA 40 werden die Längsvorschübe von 0,03 bis 0,24 mm/U. an einem vierstufigen Getriebe durch Hebel eingestellt.

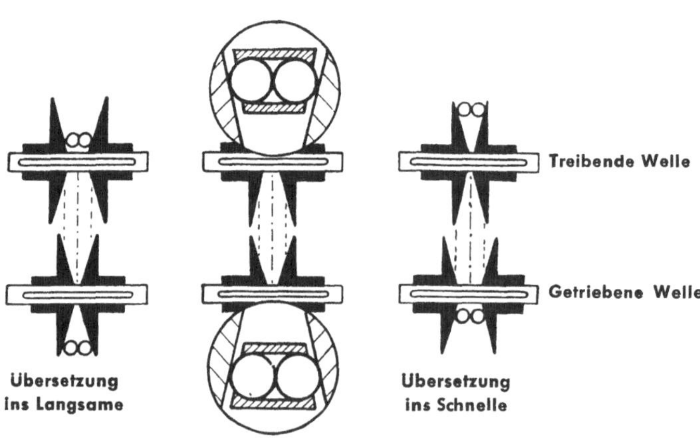

Abb. 3:   Stufenlose Verstellung des Vorschubes

Der **Revolverschlitten** gleitet auf langen Prismenführungen, deren Spiel durch Leisten genau eingestellt werden kann. Die Leisten verhindern gleichzeitig ein Anheben des Revolverschlittens.

Die Revolverkopfachse ist in der bekannten PITTLER-Doppelkegel-Lagerung so zwischen den Führungsprismen des Bettes angeordnet, daß sich eine günstige Aufnahme der Schnitt- und Vorschubkräfte ergibt. Alle Schmierstellen des Revolverschlittens werden durch einen handbedienten Zentralöler mit Öl versehen.

Der **Revolverkopf** hat 16 Werkzeuglöcher, nur bei den kleineren Maschinen PIROFA 25 und PIROFA 40 hat der Revolverkopf 12 Werkzeuglöcher. Zwei Werkzeuglöcher sind zu einem Langloch vereinigt, durch das längere Werkstücke durchgeführt werden können, um sie mit dem in einem benachbarten Werkzeugloch untergebrachten kurzen Abstechstahl abzustechen. Das Schalten des Revolverkopfes geschieht in bekannter Weise mit Handrad.

Zum Zurückfahren des Revolverschlittens kann die Bedienung derartig erfolgen, daß der Arbeiter mit der linken Hand am Griffstern den Revolverschlitten zurückbewegt und mit der rechten Hand den Revolverkopf bis zur nächsten Schaltstellung weiterdreht. Beim Zurückbewegen des Revolverschlittens wird der Sperrbolzen selbsttätig durch eine am Bett angebrachte Kurve ausgezogen, die, wenn notwendig, z. B. beim Einstellen von Werkzeugen im Revolverkopf, nach rechts überfahren werden kann. Der Handgriff für das Ausziehen des Sperrbolzens von Hand wird dadurch gespart.

Abb. 4:
Selbsttätiges Ausziehen des Sperrbolzens

Die Betätigung des **selbsttätigen Längszuges** des Revolverschlittens erfolgt bei den PIROFA- und PIREX-Maschinen, außer bei PIREX 80, über eine elektromagnetische Kupplung durch kurzes Ziehen an einer Stange des Griffkreuzes (Abb. 5). Auf der Anschlagtrommel am rechten Ende der Revolverkopfachse sind für jedes Werkzeugloch verstellbare Anschläge angebracht, die eine genaue Begrenzung des selbsttätigen Längszuges unter Vermeidung jedes Zwischengestänges gestatten. Durch eine Signallampe wird angezeigt, ob der selbsttätige Längszug eingeschaltet ist.

Die Betätigung des **selbsttätigen Planzuges** geschieht in jeder Stellung des Revolverkopfes durch Drücken eines Leuchtdruckknopfes am Revolverschlitten (Abb. 6). Die Begrenzung des selbsttätigen Planzuges in beiden Drehrichtungen wird durch Plananschläge bewirkt, die am äußeren Umfange des Revolverkopfes verstellbar angebracht werden. Nach Abschalten des Planzuges kann unter Verwendung des Plananschlages bzw. eines Plananschlages mit Meßuhr die genaue Einstellung des Revolverkopfes festgelegt werden, so daß auch mit nicht eingerastetem Sperrbolzen beim Langdrehen Durchmesser-Toleranzen unter 0,02 mm eingehalten werden können. Der Leuchtdruckknopf leuchtet auf, wenn die elektromagnetische Kupplung des Planzuges eingeschaltet ist.

PIROFA 25/150.1 und PIROFA 40/150.1 verfügen über keinen selbsttätigen Planzug; die Planbewegung des Revolverkopfes erfolgt von Hand.

Bei PIREX 80 wird der selbsttätige Längs- und Planzug über Hebel geschaltet.

Abb. 5: Betätigung des Längszuges

Abb. 6: Betätigung des Planzuges

Die Maschinen können mit **hand- oder kraftbetätigten Spanneinrichtungen für Stangen- und Futterarbeit** ausgerüstet werden; PIREX 80 nur mit kraftbetätigter Spanneinrichtung. Falls bei kraftbetätigter Spannung häufig zwischen Futter- und Stangenarbeit gewechselt wird, empfiehlt sich die Verwendung eines Preßöl-Hohlspanners, mit dem sowohl Spannfutter als auch Spannzangen betätigt werden können (Abb. 8).

Für Kunden, die nur Stangenarbeit auf den Maschinen auszuführen beabsichtigen, kann als kraftbetätigte Spannung eine Preßluft-Spannung mit am linken Ende des Bettes angeordnetem, feststehendem Zylinder angebaut werden.

Für Futterarbeit kann neben der üblichen Handspannung eine kraftbetätigte Spannung angebaut werden mit dem oben erwähnten preßölbetätigten Hohlspanner oder als billigere Lösung eine Preßluft-Spannung mit hinten auf der Spindel angeordnetem, umlaufenden Preßluft-Zylinder (Abb. 7) bzw. eine Elektro-Spannung mit hinten auf der Spindel angeordnetem, umlaufendem Elektro-Spanner (Abb. 9).

Abb. 7: Preßluftbetätigte Futterspannung

Abb. 8: Preßölbetätigte Stangenspannung

Abb. 9: Elektrisch betätigte Futterspannung

Die Maschinen sind für normale Stangenarbeiten mit einem PITTLER-Stangen-Spannfutter mit Druckspannung durch Spannrohr für Hand- und Kraftbetätigung ausgestattet (Abb. 10). Mit diesem Spannfutter läßt sich nicht nur gezogener und geschälter, sondern auch gewalzter Werkstoff während des Laufes der Drehspindel spannen. Soll ein vorgedrehtes Werkstück zur Bearbeitung der zweiten Seite auf einem vorgedrehten Durchmesser gespannt werden, wird eine Umspannzange in das Spannfutter eingesetzt.

Als selbsttätiger Stangen-Vorschub wird bei PIROFA 25, PIROFA 40 und bei PIREX 32 ein Gewichtsvorschub benutzt, bei dem die in einem geräuschlosen Führungsrohr gelagerte Werkstoffstange durch ein gewichtbelastetes Druckstück bis zu einem festen Anschlag im Revolverkopf vorgeschoben wird (Abb. 11).

Als Stangen-Vorschub liefern wir bei PIROFA 45, PIROFA 63, PIROFA 50 und PIREX 63 eine Vorschubeinrichtung, die von Hand, durch Preßluft oder Preßöl betätigt wird. Als Stangenführung liefern wir die bewährten, geräuschlosen Index-Führungsrohre.

Bei PIREX 80 wird ein elektrobetätigter Stangen-Vorschub angebaut (Abb. 12).

Abb. 10: Stangen-Spannfutter, -Vorschub und -Führung

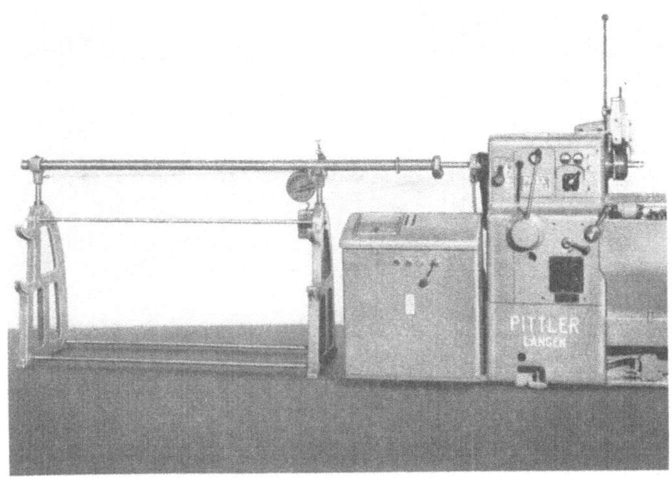

Abb. 11: Gewichtsvorschub

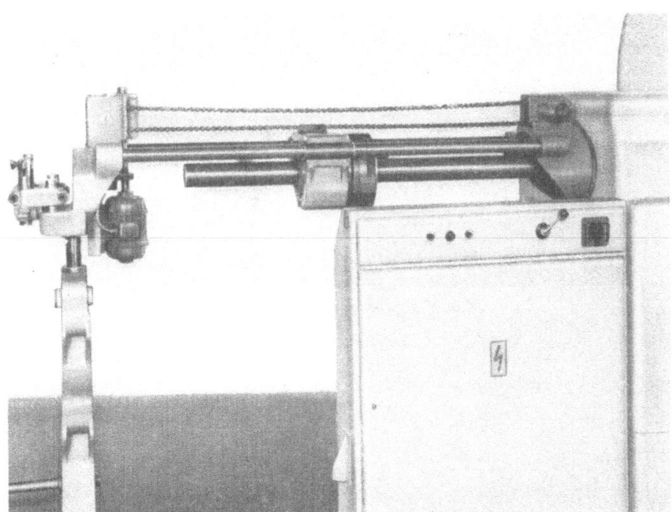

Abb. 12: Elektrisch betätigter Vorschub

Für PIROFA 45 liefern wir für normale Stangenarbeiten ein handbetätigtes
Vorderend-Spannfutter. Dieses besitzt im Gegensatz zu dem normalen Stangen-
Spannfutter einen wesentlich größeren Überhang und kommt daher nur für
leichtere Arbeiten, etwa für das Bearbeiten von rohrförmigem Werkstoff, in
Frage. Außerdem ist der Öffnungsweg der Spannbacken geringer, so daß es
für die Bearbeitung von gewalztem Werkstoff nur bedingt geeignet ist (Abb. 13).

Abb. 13: Vorderend-Spannfutter

Um die PITTLER-Revolverdrehbänke jeweils dem Arbeitszweck anzupassen, ist eine Anzahl von **Sonder-Ausstattungen** von uns entwickelt worden. Diese haben den Zweck, die Arbeitszeit zu verkürzen oder die Genauigkeit der Arbeit zu erhöhen. Die Einfachheit der Bedienung, welche die PITTLER-Revolverdrehbänke kennzeichnet, ist auch bei den Sonder-Ausstattungen gewährleistet.

Programmschaltung mit Steckerfeld (Abb. 14)

Für die Bearbeitung von Werkstücken in größeren Stückzahlen ist der Anbau einer PITTLER-Programmschaltung mit Steckerfeld gegen Sonderberechnung zu empfehlen. An Hand einer von der Arbeitsvorbereitung vorbereiteten Lochkarte wird die zu dem jeweiligen Arbeitsgang gehörende Spindeldrehzahl unabhängig vom Bedienungsmann vollkommen narrensicher vorgewählt, wobei auch Drehzahlschaltungen bei Planbewegungen des Revolverkopfes, Drehrichtungsumkehr beim Gewindeschneiden und Linkslauf der Drehspindel mit vorgewählt werden.

Bei PIREX 80 werden nach einem Bestückungsplan Schaltnocken in eine Verlängerung der Anschlagtrommel eingesetzt. Diese Nocken betätigen Schalter, die ihrerseits die entsprechenden elektrischen Kommandos geben. Der Drehzahlschalter wird dann nur noch in Sonderfällen, bei geringen Stückzahlen und beim Einrichten benötigt. Ein eingebauter Umschalter ermöglicht es, wahlweise mit dem Drehzahlschalter oder der Programmschaltung zu arbeiten. Sie kann daher immer angebaut bleiben.

Bei PIREX 80 wird außer der Spindeldrehzahl auch der Vorschub durch die Programmschaltung momentan selbsttätig geschaltet.

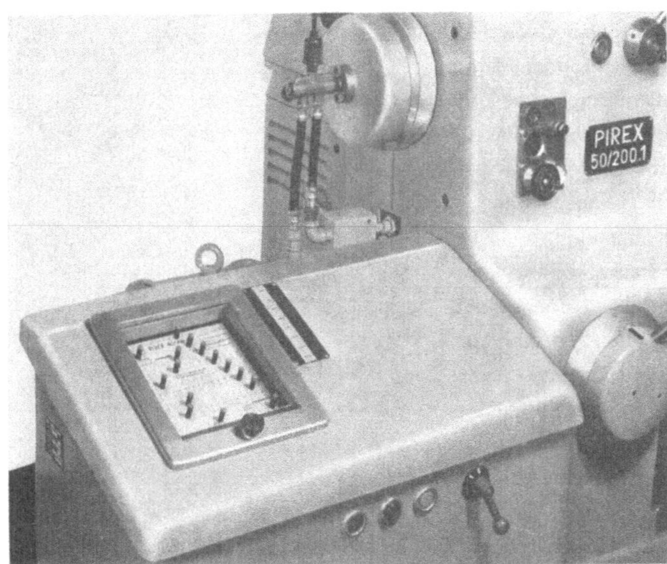

Abb. 1: Schaltschrank mit Steckerfeld für Programmschaltung

Abb. 15: Abstechschlitten

Zum Abstechen von Stangen größeren Durchmessers können die PITTLER-Revolverdrehbänke (außer PIROFA 45 und PIREX 80) mit einem am Spindelkasten angebauten **Abstechschlitten** geliefert werden. Dadurch wird die Abstecharbeit auf den Abstechschlitten übertragen, was für den Einrichter eine beachtliche Vereinfachung darstellt und im Revolverkopf ein oder zwei Werkzeuglöcher frei macht. Die Betätigung erfolgt von Hand mit wenig Kraftaufwand (Abb. 15).

PIREX 50, PIREX 63 u. PIREX 80 können mit einem **Querschlitten mit selbsttätigem Längs- und Planvorschub** und einem um 4 x 90° schwenkbaren Stahlhalter ausgestattet werden. Der Querschlitten ist besonders für Plan-, Einstich- und Abstecharbeiten, aber auch zum Längsdrehen und zum Bearbeiten von sperrigen Werkstücken großen Durchmessers von Vorteil und erweitert den Anwendungsbereich der Maschine (Abb. 16).

Abb. 16: Querschlitten

Gewindestrehleinrichtung (Abb. 17)

Die Gewindestrehleinrichtung dient zum Herstellen genauer Außen- und Innengewinde; es können mit ihr sowohl Rechts- als auch Linksgewinde geschnitten werden. Sie eignet sich auch zum Schneiden von Gewinden an Werkstücken von großem Durchmesser. Beim Gewindestrehlen erzielt man einen schlagfreien Rundlauf des Gewindes und eine sehr genaue Gewindesteigung.

Zur Gewindestrehleinrichtung gehört eine Gewindepatrone (Meistergewinde) auf einer Welle, die über Zahnräder von der Drehspindel aus angetrieben wird. In die Gewindegänge dieser Patrone greift, wenn sich die Gewindestrehleinrichtung in Arbeitsstellung befindet, eine Gewindebacke (Leitbacke) ein, die an einem mit der Leitwelle fest verbundenen kurzen Hebelarm leicht auswechselbar befestigt ist. Die Leitbacke überträgt wie eine Gewindemutter die der Gewindesteigung entsprechende Längsbewegung auf die Leitwelle, die ihrerseits dadurch den auf der Leitwelle befestigten Strehlschlitten mitnimmt.

Abb. 17: Gewindestrehleinrichtung

Gewindestrehlen auf PITTLER-Revolverdrehbänken

(Hinweise für die Praxis)

Um eine einwandfreie Zerspanung und eine gute Flankenoberfläche beim Strehlen zu erzielen, ist der Strehler richtig zu schleifen und an das Werkstück anzustellen.

Allgemein empfohlene Winkel:

Freiwinkel $\alpha = 6°$

Spanwinkel $\gamma = 10°$ bei Stahl und ähnlichen langspanenden Werkstoffen

$\gamma = 0°$ bei Gußeisen, Messing und ähnlichen kurzspanenden Werkstoffen.

Einstellung des Strehlerschlittens

Die günstigsten Verhältnisse beim Strehlen werden erzielt, wenn die Zustellung des Strehlers in Richtung auf die Werkstückmitte erfolgt.

Durch Höher- oder Tieferstellen des Strehlerschlittens a und die Einstellung des Strehlerhalters b entsprechend den Bildern 18, 19 und 20 lassen sich derartige Verhältnisse weitgehend erreichen. Die Pfeile zeigen in den einzelnen Bildern die Richtung der in der Tangente wirkenden Schnittkraft an.

Weitere Hinweise enthalten die Betriebsanleitungen.

Innengewinde rechts

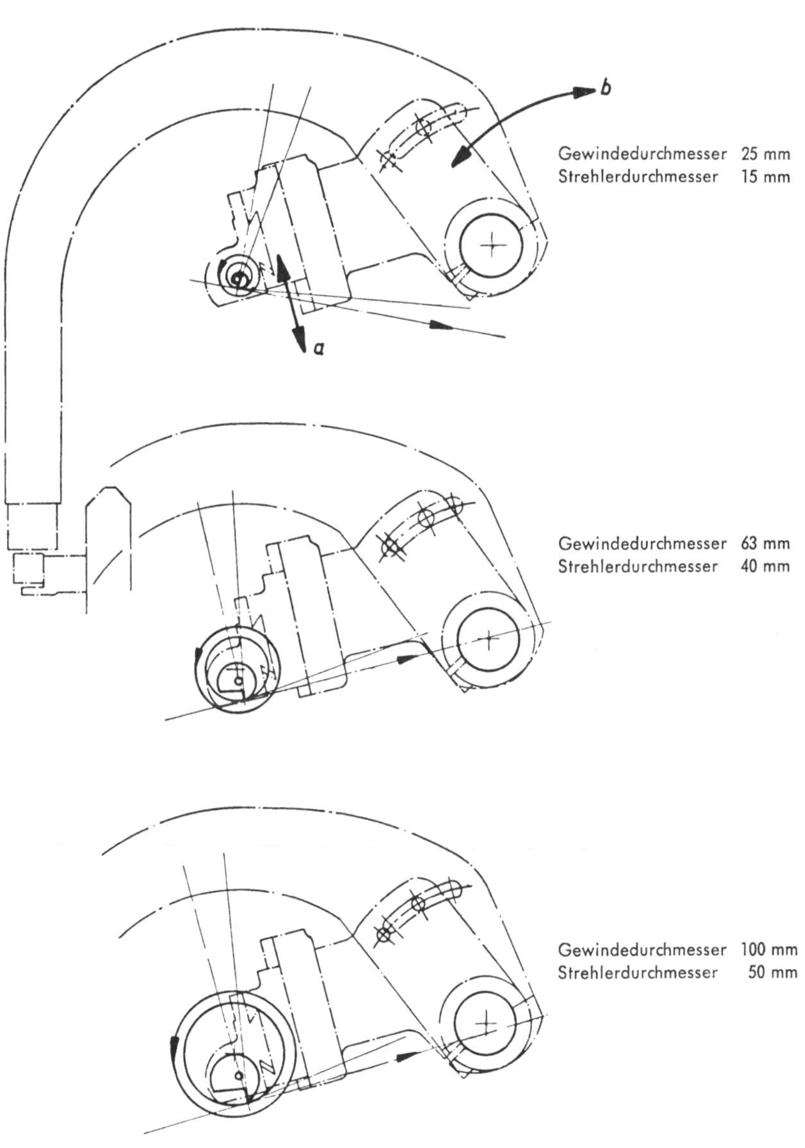

Abb. 18

Innengewinde links

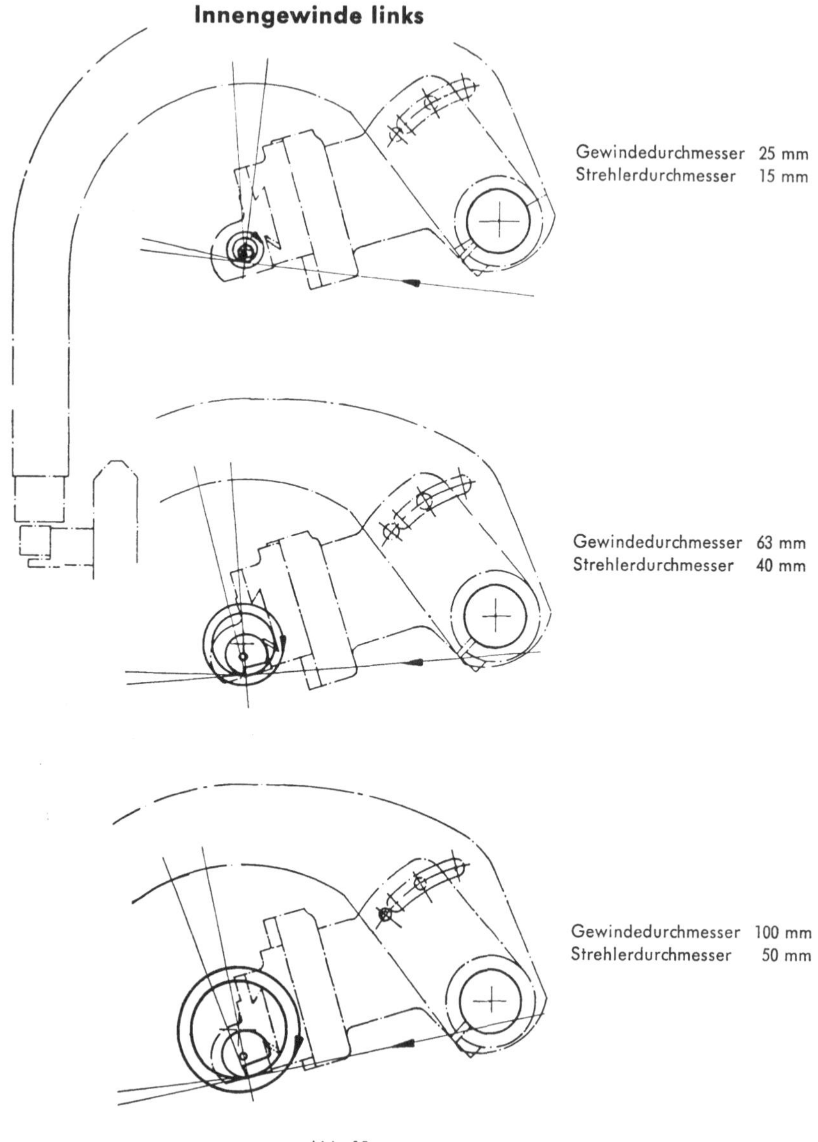

Abb. 19

Außengewinde rechts

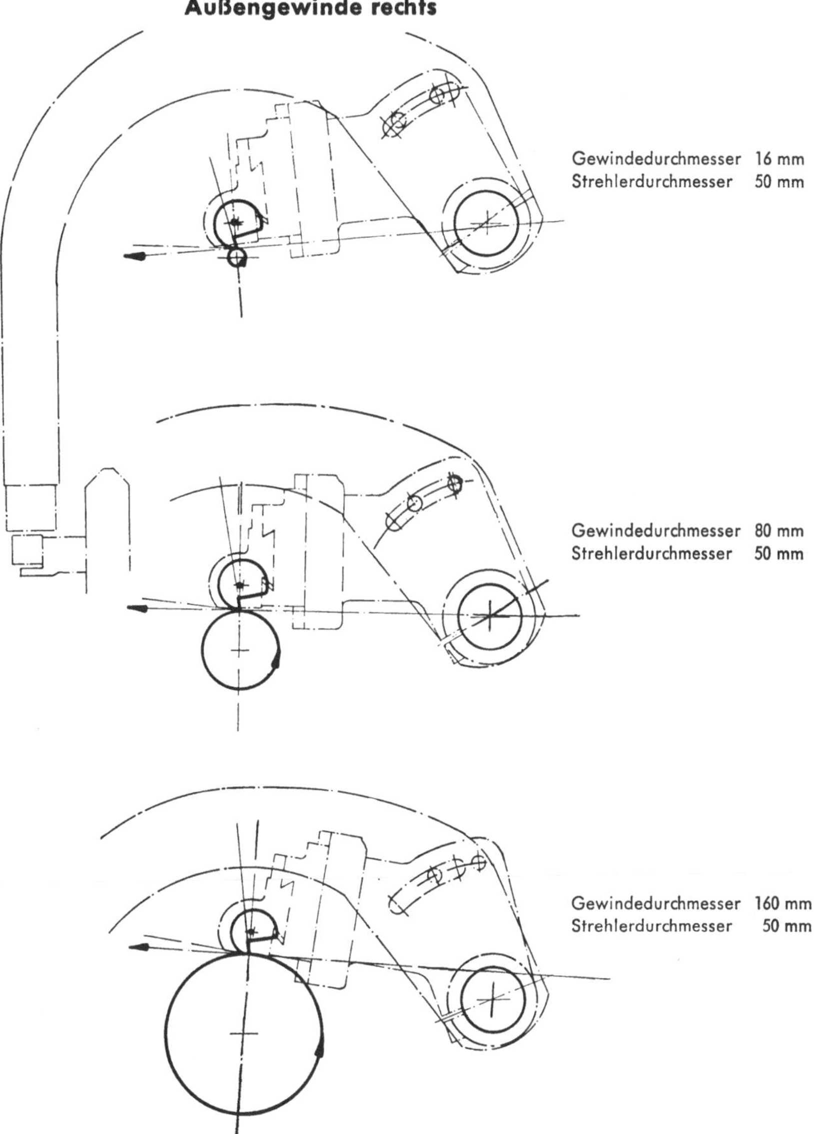

Abb. 20

Schwenkbarer Führungsarm für selbstauslösende Gewindeschneidköpfe
(Abb. 21)

Für selbstauslösende Gewindeschneidköpfe zum Schneiden großer Gewindedurchmesser, deren Schaft stärker ist als das größte Werkzeugloch im Revolverkopf, wird ein schwenkbarer Führungsarm angebracht. Die Befestigung des Schneidkopfes im Führungsarm ist auch dann vorteilhaft, wenn der Revolverkopf mit Werkzeugen besetzt ist.

Wegwendbare Gegenspitze (Abb. 22)

Will man lange Werkstücke mit kurzen Werkzeughaltern bearbeiten und dabei ein seitliches Abdrücken des Werkstückes vermeiden, so benutzt man die wegwendbare Gegenspitze. Die Genauigkeit der Arbeit wird durch die Abstützung des Werkstückes und die Verwendung kurzer, kräftiger Stahlhalter erhöht.

Trommellängsanschlag (Abb. 23)

Der Trommellängsanschlag dient bei der Bearbeitung von Werkstücken mit mehreren Absätzen, deren Planflächen besonders genaue Abstände haben müssen, als Ergänzung zu den an den PITTLER-Revolverdrehbänken vorhandenen normalen Längsanschlägen für den Revolverschlitten.

Sonderlängsanschlag (Abb. 24)

Der Sonderlängsanschlag wird bei Arbeiten verwendet, die zwei Anschläge für eine Schaltstellung des Revolverkopfes erfordern. Er ist z. B. dann zweckmäßig, wenn hinter einem Bund oder Ansatz ein Durchmesser langgedreht werden soll oder wenn ein besonderer Anschlag notwendig ist.

Sonderlängsanschlag, automatisch wirkend

Der automatisch wirkende Sonderlängsanschlag kann für die gleichen Arbeiten verwendet werden wie der normale Sonderlängsanschlag. Er hat jedoch den Vorteil, daß der Riegel in der Bereitstellung einrastet, so daß der Arbeiter beide Hände für andere Bedienungsgriffe frei hat.

Nach erfolgtem Anschlag wird der Riegel selbsttätig durch Federkraft in Ruhestellung gebracht. Dadurch wird mit Sicherheit vermieden, daß der Revolverschlitten bei nachfolgenden Arbeiten mit dem selbsttätigen Längsvorschub versehentlich gegen den Sonderlängsanschlag anfährt.

Abb. 21:

Schwenkbarer Führungsarm
für selbstauslösende Gewindeschneidköpfe

Abb. 22:

Wegwendbare Gegenspitze

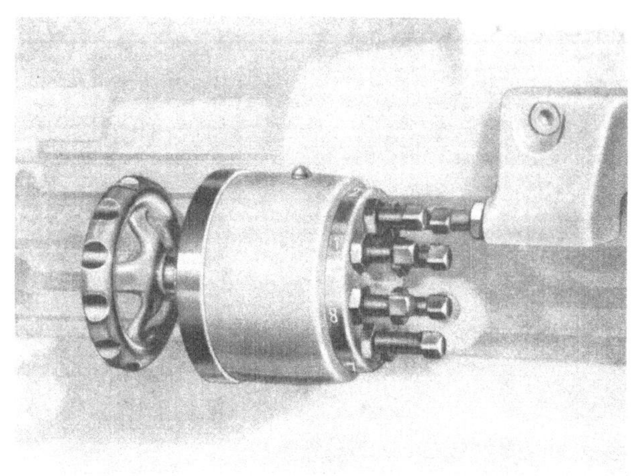

Abb. 23:

Trommellängsanschlag

Abb. 24:

Sonderlängsanschlag

Feinanschlag – plan

Die Bregrenzung der Planbewegung erfolgt bei den PITTLER-Revolverdrehbänken normalerweise durch Anschlagen der am Revolverkopf angebrachten Gewindestifte gegen einen am Revolverschlitten befestigten festen Plananschlag.

Zur Erzielung einer erhöhten Genauigkeit bei Einstecharbeiten und als Anschlag für den Revolverkopf beim Langdrehen außerhalb der Indexstellung dient der „Feinanschlag – plan".

Mit dem Feinanschlag – plan können Durchmesser innerhalb einer Toleranz von 0,01–0,02 mm bequem erzielt werden.

Für PIREX 80 wird kein Feinanschlag – plan geliefert.

Abb. 25: Feinanschlag – plan

Längskopiereinrichtung (Abb. 26)

Mit der Längskopiereinrichtung kann man Kegel bis zu einem Gesamtwinkel von etwa 60° und gerade, geschweifte und andere Formen, die innerhalb dieses Winkels liegen, nach dem Kopierverfahren herstellen. Bei PIROFA 25 und PIROFA 40 sind nur Kegel bis zu einem Gesamtwinkel von 30° möglich. Der Kopierschienenhalter mit der Kopierschiene wird an der hinteren oder vorderen Innenwand des Bettes befestigt und ist in der Längsrichtung verschiebbar.

Wirkungsweise: Die jeweilige Form wird durch Form und Einstellung der Kopierschiene erzielt. Die Kopierschiene ist um eine Befestigungsschraube drehbar und kann durch eine Stellschraube dem verlangten Kegel entsprechend fein eingestellt werden. Am Revolverkopf wird zum Schruppen und Schlichten je ein Längskopierböckchen mit einstellbarer Führungsschraube befestigt. Die Führungsschraube gleitet bei der Längsbewegung des Revolverschlittens an der Kopierschiene entlang und bewirkt so eine zwangsläufige Drehung des Revolverkopfes, wodurch die vorgeschriebene Form auf das Werkstück übertragen wird. Beim Längskopieren wird der Längszug eingerückt.

Beim Kopieren muß die Drehstahlschneide auf Mitte des Werkstückes stehen. Bei großen Durchmessern und bei schwer bearbeitbaren Werkstoffen kann Einstellung um ein geringes über Werkstückmitte vorteilhaft sein; keinesfalls darf der Stahl unter Mitte stehen. Beim Kopieren muß der Drehstahl durch die Kopierschiene und durch die Führungsschraube zwangsweise vom Werkstück abgedrückt werden. Je nach dem Auslauf des zu drehenden Kegels muß die Kopierschraube auf der oberen oder unteren Gleitfläche der Kopierschiene aufsitzen und die Kopiereinrichtung vorn oder hinten im Maschinenbett befestigt werden. Die Führungsschraube im Kopierböckchen, die bei der Längsbewegung des Revolverschlittens mit ihrem gehärteten Zapfen auf der gleichfalls gehärteten Kopierschiene entlanggleitet, dient zugleich zur Feineinstellung. Nach dem Scharfschleifen und Wiedereinsetzen des Drehstahles ist besonders bei Kegeln darauf zu achten, daß die Stellung der Führungsschraube möglichst unverändert bleibt; die Stahlschneide muß den gleichen Abstand vom Stahlhalter haben wie vorher. Ist dies nicht der Fall, so wird kein einwandfreier Kegel gedreht, da sich mit der Änderung des Halbmesser F (Abb. 31) bzw. 32) auch das Verhältnis W : F ändert.

Da der Lochkreishalbmesser W (Abb. 31 bzw. 32) stets kleiner als der Abstand F zwischen Führungsschraubenkopf und Revolverkopfachse ist, so ist der von der Schraube beim Kopieren zurückgelegte Weg immer größer als der Weg des Drehstahles. Die genauen Verhältnisse der beiden Bewegungen sind aus der Zahlentafel 1 (Seite 56 und 57) zu ersehen. Beim Einstellen der Kopierschiene zum Drehen eines Kegels, sowie beim Anfertigen einer Schiene für besondere Formarbeiten sind diese Verhältnisse zu berücksichtigen und die Kurvenhöhen nach den Maßen des Werkstückes festzustellen. Die Länge der Kopierschiene stimmt mit der entsprechenden Länge am Werkstück überein. Zum Beispiel: Beim Drehen eines Kegels von 100 mm Länge und einem Unterschied von 10 mm zwischen beiden Halbmessern muß nach der Zahlentafel die Kopierschiene bei PIREX 32 einen Höhenunterschied von 18,66 mm auf 100 mm haben.

Sind zwei Kegel von zwei verschiedenen Steigungen innen und außen zu bearbeiten, so kann je eine Längs- oder Plankopiereinrichtung an der vorderen und an der hinteren Seite des Bettes angebracht werden.

Andrückeinrichtung (Abb. 27)

Auf besondere Bestellung wird die Andrückeinrichtung geliefert, die die Führungsschraube auf die Kopierschiene drückt. Die Einrichtung besteht aus einem Klemmring, der lose auf der Nabe des Handrades für die Revolverkopfschaltung sitzt und durch eine Kopfschraube festgeklemmt wird. Ein in den Klemmring eingeschraubter Stift dient zum Einhängen einer Zugfeder, deren anderes Ende am Revolverschlitten befestigt ist. Soll das Längskopieren zwangsläufig erfolgen, so wird, nachdem die Führungsschraube in die Anfangstellung zur Kopierschiene gebracht ist, der Klemmring unter Anspannung der Feder nach oben gedreht und die Rändelschraube angezogen; dadurch werden Klemmring und Handrad miteinander verbunden. Die Feder zieht das Handrad nach unten und drückt infolge der Übersetzung zwischen Zahntrieb und Revolverkopfkranz die Führungsschraube fest auf die Kopierschiene.

Besonders bei langen Kegeln und bei Leichtmetallbearbeitung ist die Andrückeinrichtung zu empfehlen, um saubere und genaue Arbeit zu erhalten.

Plankopiereinrichtung (Abb. 28)

Mit der Plankopiereinrichtung werden kegelige oder auch besonders geformte Flächen an den Planseiten verschiedenartigster Werkstücke bearbeitet. Hierbei soll der halbe Kegelwinkel 45° nicht unterschreiten.

W i r k u n g s w e i s e : Der Kopierschienenhalter wird ähnlich wie bei der Längskopiereinrichtung je nach Bedarf an der vorderen oder hinteren Innenwand des Maschinenbettes befestigt; er ist in der Längsnute im Innern an der Bettwand verstellbar. Die Kopierschiene wird durch zwei Schrauben auf dem Halter befestigt, von denen die eine den Drehpunkt bei der Einstellung ergibt, während die andere durch einen Schlitz der Kopierschiene greift.

Bei der Plankopiereinrichtung sind zwei Rollenhalter am Revolverkopf anzubringen, einer zum Schruppen und einer zum Schlichten, deren gehärtete, ballig geformte Rollen bei der Drehung des Revolverkopfes auf der gleichfalls gehärteten Kopierschiene entlang gleiten und dadurch den Revolverkopf mit dem Schlitten in der Längsrichtung nach rechts bewegen.

Beim Plankopieren ist der Planzug einzuschalten. Die Drehrichtung des Revolverkopfes ist immer so zu wählen, daß der Revolverschlitten durch die Kopierschiene zurückgedrückt wird.

Beim Anfertigen der Kopierschiene und beim Einstellen sind die Entfernungen, die Drehstahl und Rolle von der Revolverkopf-Mittelachse haben, nach Zahlentafel (Seiten 58 und 59) zu berücksichtigen. Der Bewegungsbogen der Rolle beim Plankopieren ist um so viel länger als der Arbeitsbogen am Werkstück, wie die Verhältniszahl der Zahlentafel angibt. Beträgt z. B. der Arbeitsbogen am Werkstück, d. h. der von der Werkzeugschneide zurückzulegende Bogenweg, 50 mm, so ist der Bewegungsbogen der Rolle am Kopierlineal bei PIREX 32 $50 \times 1{,}78 = 89$ mm.

Bei der Konstruktion der Kurve des Kopierlineals ist der Durchmesser der Laufrolle mit zu berücksichtigen.

Abb. 26:
Längskopiereinrichtung

Abb. 27:
Andrückeinrichtung

Abb. 28: Plankopiereinrichtung

Automatische PITTLER-Revolverdrehbänke PIROMAT

Die bekannten Vorzüge der PITTLER-Revolverdrehbänke

- große Zerspanungsleistung
- hohe Genauigkeit
- universaler Einsatz

sind mit den Vorteilen der elektro-hydraulischen Nockensteuerung

- vielseitige Bewegungsprogramme
- automatischer Arbeitsablauf
- einfaches Ein- und Umrichten

in den automatischen PITTLER-Revolverdrehbänken Bauart PIROMAT vereinigt. Die Tätigkeit des Bedienungsmannes beschränkt sich auf das Ein- und Ausspannen des Werkstückes, das nach Drücken eines Tasters selbsttätig in mehreren Schaltstellungen fertigbearbeitet wird. Während dieser Zeit kann eine weitere Maschine bedient werden.

Der PITTLER-Revolverkopf führt nicht nur die von anderen Revolver-Automaten her bekannten Längs- und Schaltbewegungen in einem festen Rhythmus aus, sondern gestattet auch Schaltungen in beliebigem Schaltsprung sowie Planbewegungen für Einstich-, Plandreh-, Hinterstech-, Kopier- und andere Arbeiten. Der **Revolverkopf** mit seinen 16 Werkzeuglöchern dient als Träger für eine große Anzahl von Werkzeugen. Mehrere Werkzeuge werden zu Bearbeitungsgruppen zusammengefaßt und arbeiten gleichzeitig in einer Schaltstellung.

Der Revolverkopf kann um eine beliebige Anzahl von Werkzeuglöchern von einer Schaltstellung in die nächste geschaltet werden. Dieser „Schaltsprung" ergibt sich aus der günstigsten Anordnung der Werkzeuge.

Es können 5 bzw. 6 Schaltstellungen des Revolverkopfes automatisch geschaltet werden, wobei bei jeder Schaltstellung des Revolverkopfes die Möglichkeit besteht, aus der Längsbewegung in die Planbewegung überzugehen. Innerhalb einer jeden Schaltstellung des Revolverkopfes werden die Werkzeuge für eine komplette Arbeitstufe nach einem „Bewegungsprogramm" an das Werkstück zum Einsatz gebracht.

Unter einem Bewegungsprogramm ist der automatische Ablauf einer Reihe von verschiedenen Bewegungsfolgen zu verstehen, z. B. das Vorfahren des Revolverschlittens im Eilgang, das Umschalten auf Arbeitsvorschub, das Umschalten auf Plandrehen, das Zurückfahren des Revolverschlittens in die Ausgangsstellung im Eilgang und das Weiterschalten des Revolverkopfes um einen Schaltsprung in die nächste Schaltstellung.

Das Bewegungsprogramm wird beim Einrichten der Maschine für jede Schaltstellung durch entsprechende Kontaktverbindungen in einem Stecker zusammengestellt.

Die Programmschaltung mit Steckerfeld für die **Spindeldrehzahlen** ist die gleiche wie bei den PITTLER-Revolverdrehbänken. In einer beliebigen Schaltstellung kann zusätzlich ein Wechsel der Spindeldrehzahl in Abhängigkeit von der Bewegung des Revolverschlittens geschaltet werden.

Die **Vorschubgeschwindigkeiten** werden stufenlos eingestellt. Für jede einzelne Schaltstellung werden beim Einrichten der Maschine die Vorschubgeschwindigkeiten an Drehknöpfen vorn an der Maschine gewählt. In einer beliebigen Schaltstellung kann zusätzlich ein Wechsel der Vorschubgeschwindigkeit in Abhängigkeit von der Bewegung des Revolverschlittens geschaltet werden.

Die Längs- und Planwege des Revolverkopfes werden durch Nocken begrenzt; die Abschaltgenauigkeit beträgt weniger als 0,01 mm.

Die Einsatzmöglichkeit der Maschine wird durch die **Oberschlitten** wesentlich erweitert. Der vordere Oberschlitten kann für Einstech- und Plandreharbeiten, der hintere wahlweise für Einstech- und Plandreharbeiten oder für Kopierarbeiten und zum Gewindestrehlen benutzt werden.

Der PIROMAT 23 wird nur mit einem hinten angeordneten Oberschlitten für Einstech- und Plandreharbeiten und zum Gewindestrehlen geliefert.
Einsatz und Bewegungsprogramme der Oberschlitten werden ebenfalls automatisch gesteuert.

Um Platz zu sparen haben wir in diesem Katalog für unsere PITTLER-Revolverdrehbänke folgende Abkürzungen eingesetzt:

In order to save space we use in this catalog the following abbreviations for
our PITTLER Turret Lathes:

Pour gagner de la place nous nous sommes servis dans ce catalogue des
abréviations suivantes pour nos tours revolver PITTLER:

a) handbediente Revolverdrehbänke
   conventional turret lathes
   tours revolver à commande manuelle

PIREX 32/150	= P 32.0
PIREX 32/170.1	= P 32.1
PIREX 32/150 und 32/170.1	= P 32
PIREX 40/170.1	= P 40.1
PIREX 50/200	= P 50.0
PIREX 50/200.1	= P 50.1
PIREX 50/200 und 50/200.1	= P 50
PIREX 63/230.1	= P 63.1
PIREX 80/350	= P 80
PIRONA 16/150	= Pr 16
PIROFA 25/150.1 und 25/150	= Pa 25
PIROFA 40/150.1 und 40/150	= Pa 40
PIROFA 45/200 SV	= Pa 45 SV
PIROFA 45/200.1	= Pa 45.1
PIROFA 45/200.1 und 45/200 SV	= Pa 45
PIROFA 63/230.1	= Pa 63.1

b) automatische Revolverdrehbänke
   automatic turret lathes
   tours revolver automatiques

PIROMAT 23	= Pm 23
PIROMAT 35	= Pm 35

Plananschlag   Transverse stop   Butée transversale

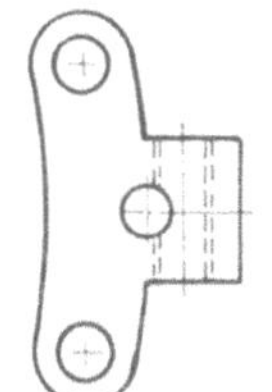
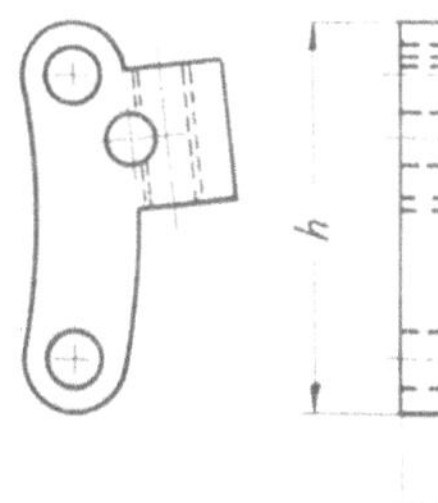
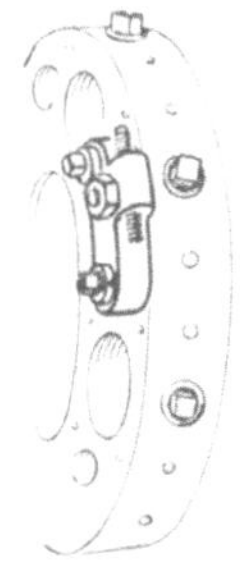

Abb. 29

b×h mm	18×54	18×58	18×63	18×67	18×85	18×94	20×115	18×54
Nr. Mitte – centre – milieu	67 41 05	67 41 10	67 41 15	67 41 20	67 41 25	67 41 30	67 41 35	215 035/4
rechts – right – à droite	67 41 50	67 41 55	67 41 60	67 41 65	67 41 70	67 41 75	67 41 80	215.136/4
links – left – à gauche	67 41 51	67 41 56	67 41 61	67 41 66	67 41 71	67 41 76	67 41 81	215.036/4
Für Modell For model Pour modèle	RC	RB	RB II 28/36	RD	RE	RF-G-H	RH III/105	Pr 16 ¹)

¹) Stufen - Plananschlag

Plananschlag   Transverse stop   Butée transversale

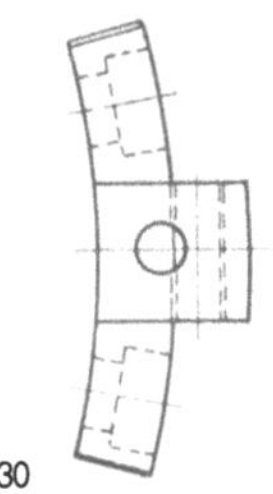
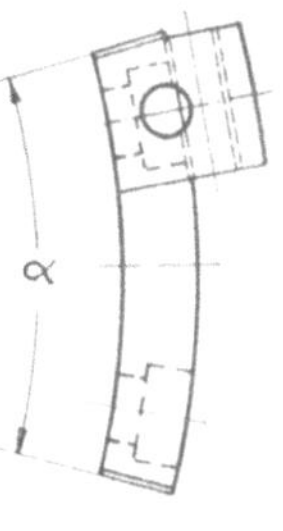
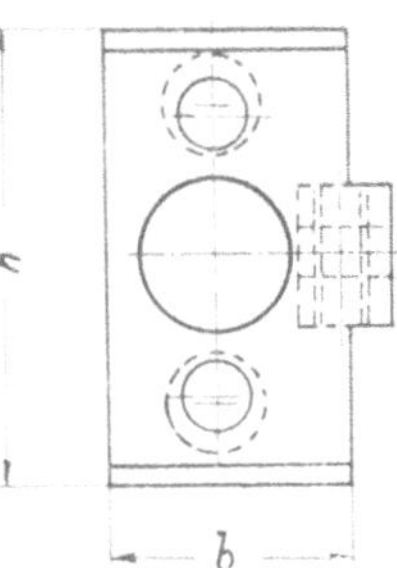
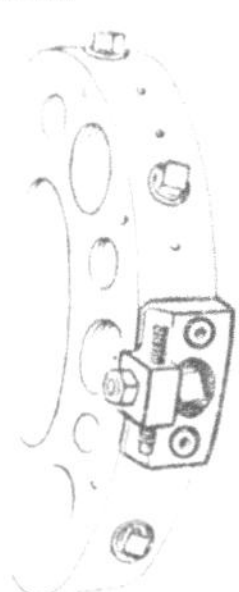

Abb. 30

b×h mm	36×63	36×76	39×58	56×67	54×100
$\sphericalangle\ \alpha$	30⁰	36⁰	22⁰ 30'	22⁰ 30'	22⁰ 30'
Nr. Mitte – centre – milieu	201 012	201 232	201 052	202 054	201 089
rechts – right – à droite	201 019	201 233	201 053	202 055	201 090
links – left – à gauche	201 018	201 234	201 054	202 056	201 091
Für Modell For model Pour modèle	Pa 25, 40 P 32.0	P 32.1 P 40.1	Pa 45 P 50	Pa 63.1 P 63.1	P 80 mit 60 mm breitem Revolverkopf turret head with a width of 60 mm tourelle d'une épaisseur de 60 mm

Halbmesserverhältnisse zwischen Werkzeug und Führungsschraube bei Kopiereinrichtungen

Ratio of radius between tool and guide screw on copying attachments

Rapport entre les rayons de cercle des outils et des vis de guidage sur les dispositifs à copier

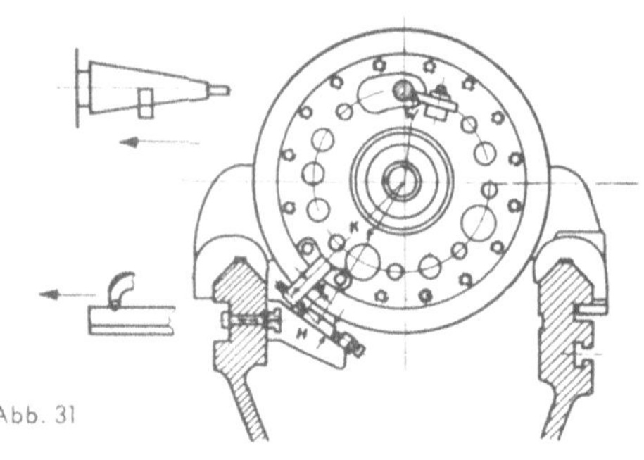

Abb. 31

Längskopieren   **Longitudinal copying**   **Copiage longitudinal**

Modell Model Modèle		Pa 25 Pa 40	P 32.0	P 32.1 P 40.1	Pa 45 P 50.0	Pa 63.1 P 63.1	P 80
Halbmesser W des Werkzeugkreises am Revolverkopf . . . . Radius W of the tool circle on the turret head Rayon W du cercle des outils sur la tourelle	mm	75	75	85	100	115	175
Abstand K der Führungsschraube von der Revolverkopfachse . . . . Distance K of guide screw from turret head axis Distance K entre la vis de guidage et l'axe de rotation de la tourelle	mm	134	137	155	176	200	280
Mittlerer Abstand A des Führungsschraubenkopfes von Kopierböckchenmitte . . . . . Average distance A between the rounded end of guide screw and centre of guide screw holder . . . . Distance moyenne A entre la tête de la vis de guidage et le centre du support de copiage	mm	25	25	23	24	25	35
Mittlerer Abstand F des Führungsschraubenkopfes von der Revolverkopfachse bei Abstand A . . . . Average distance F between the rounded end of guide screw and axis of turret head at distance A . . . . Distance moyenne F entre la tête de la vis de guidage et l'axe de rotation de la tourelle avec distance A	mm	136,3	140,0	157	178	201,5	282,2
Höhe H der Führungsschiene . . . . Height H of template . . . . Hauteur H de la réglette de guidage	mm	14	18	17	18	18	20
Verhältnis der Wege von Werkzeugschneide und Führungsschraube . . . . Ratio of tracks of cutting edge of tool and guide screw . . . . Rapport des rayons de la pointe de l'outil et la vis de guidage	$\frac{W}{F}$	$\frac{1}{1,81}$	$\frac{1}{1,866}$	$\frac{1}{1,85}$	$\frac{1}{1,78}$	$\frac{1}{1,75}$	$\frac{1}{1,61}$
Kopierschraubenhalter mittig . . . . Guide screw holder centre . . . . Porte-vis de guidage de milieu	Nr.	213 012	213 112	213 212	213 074	214 065	214 008
Kopierschraubenhalter links . . . . Guide screw holder lefthand . . . . . . Porte-vis de guidage de gauche	Nr.	213 013	213 113	213 213	213 075	214 066	214 009
Kopierschraubenhalter rechts . . . . Guide screw holder righthand . . . . . Porte-vis de guidage de droite.	Nr.	213 014	213 114	213 214	213 076	214 067	214 010

Halbmesserverhältnisse zwischen Werkzeug u. Führungsschraube bei Kopiereinrichtungen

Ratio of radius between tool and guide screw on copying attachments

Rapport entre les rayons du cercle des outils et des vis de guidage sur les dispositifs à copier.

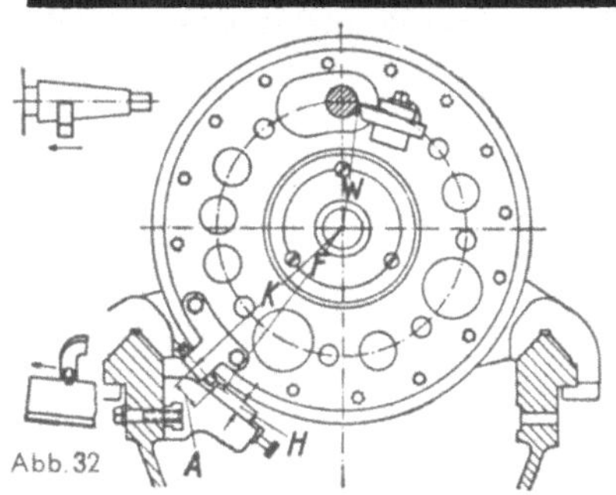

Abb. 32

Längskopieren   Longitudinal copying   Copiage longitudinal

Modell Model Modèle		RB	RC	RD	RE	RF, RG, RH II	RH III
Halbmesser W des Werkzeugkreises am Revolverkopf . . . . Radius W of the tool circle on the turret head Rayon W du cercle des outils sur la tourelle	mm	67,5	75	95	115	135	175
Abstand K der Führungsschraube von der Revolverkopfachse . . . . Distance K of guide screw from turret head axis . . . . Distance K entre la vis de guidage et l'axe de rotation de la tourelle	mm	114	125,5	152	187	213	268
Mittlerer Abstand A des Führungsschrauben- kopfes von Kopierböckchenmitte . . . Average distance A between the rounded end of guide screw and centre of guide screw holder . . . . Distance moyenne A entre la tête de la vis de guidage et le centre du support de copiage	mm	20	23	30	30	30	30
Mittlerer Abstand F des Führungsschrauben- kopfes von der Revolverkopfachse bei Abstand A . . . . Average distance F between the rounded end of guide screw and axis of turret head at distance A . . . . Distance moyenne F entre la tête de la vis de guidage et l'axe de rotation de la tourelle avec distance A	mm	119	127,5	155	190	215	270
Höhe H der Führungsschiene . . . . . . Height H of template . . . . Hauteur H de la réglette de guidage . . .	mm	10	10	14	14	14	16
Verhältnis der Wege von Werkzeugschneide und Führungsschraube . . . . Ratio of tracks of cutting edge of tool and guide screw . . . . Rapport des rayons de la pointe de l'outil et la vis de guidage	$\dfrac{W}{F}$	$\dfrac{1}{1,76}$	$\dfrac{1}{1,7}$	$\dfrac{1}{1,63}$	$\dfrac{1}{1,65}$	$\dfrac{1}{1,59}$	$\dfrac{1}{1,54}$

Halbmesserverhältnisse zwischen Werkzeug und Führungsrolle bei Kopiereinrichtungen

Ratio of radius between tool and guide roller on copying attachments

Rapport entre les rayons du cercle des outils et des galets du guidage sur les dispositifs à copier.

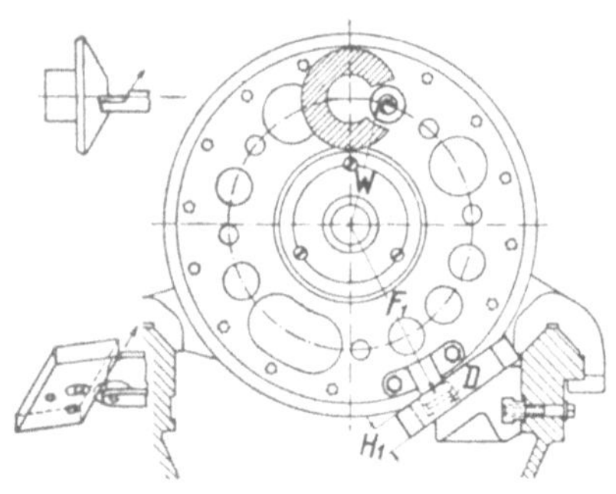

| Plankopieren | Transversal copying | Copiage transversal | | | | | | | Abb. 33 |

Modell Model Modèle		Pa 25 Pa 40	P 32.0	P 32.1 P 40.1	Pa 45 P 50.0	P 50.1	Pa 63.1 P 63.1	P 80
Halbmesser W des Werkzeugkreises am Revolverkopf . . . . Radius W of the tool circle on the turret head Rayon W du cercle des outils sur la tourelle	mm	75	75	85	100	100	115	175
Mittlerer Abstand F₁ der Laufrolle von der Revolverkopfachse . . . . Average distance F₁ between the guide roller and turret head axis . . . . Distance moyenne F₁ du galet à l'axe de rotation de la tourelle	mm	135	134	156	174	174	200	271
Höhe H₁ der Führungsschiene . . . . . . Height H₁ of template . . . . Hauteur H₁ de la réglette de guidage . .	mm	14	20	20	20	20	20	24
Durchmesser D der Laufrolle . . . . Diameter D of guide roller . . . . Diamètre D du galet	mm	30	30	30	30	30	30	30
Verhältnis der Wege von Werkzeugschneide und Führungsrolle . . . . Ratio of tracks of cutting edge of tool and guide roller . . . . Rapport des rayons de la pointe de l'outil et du galet de guidage	$\frac{W}{F_1}$	$\frac{1}{1,8}$	$\frac{1}{1,78}$	$\frac{1}{1,84}$	$\frac{1}{1,74}$	$\frac{1}{1,74}$	$\frac{1}{1,74}$	$\frac{1}{1,55}$
Kopierrollenhalter mittig . . . . Guide roller holder centre . . . . Porte-galet de guidage de milieu . . .	Nr.	214035	213110	213210	213177	214093	214068	214011
Kopierrollenhalter links . . . . . . Guide roller holder lefthand . . . . Porte-galet de guidage de gauche . . .	Nr.	214038	213053	213253	213178	214094	214069	214012
Kopierrollenhalter rechts . . . . Guide roller holder righthand . . . Porte-galet de guidage de droite . . .	Nr.	214039	213054	213254	213179	214095	214070	214013

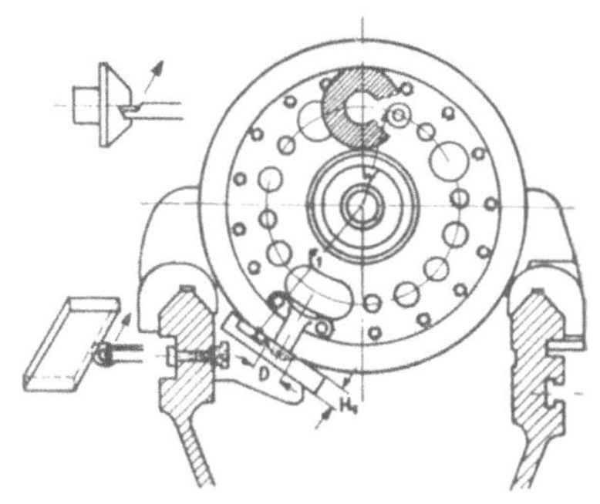

Halbmesserverhältnisse zwischen Werkzeug und Führungsrolle bei Kopiereinrichtungen

Ratio of radius between tool and guide roller on copying attachments

Rapport entre les rayons du cercle des outils et des galets de guidage sur les dispositifs à copier.

Plankopieren · Transversal copying · Copiage transversal						Abb. 34
Modell Model Modèle	RB	RC	RD	RE	RF, RG, RH II	RH III
Halbmesser W des Werkzeugkreises am Revolverkopf · · · · · · · · · Radius W of the tool circle on the turret head mm Rayon W du cercle des outils sur la tourelle	67,5	75	95	115	135	175
Mittlerer Abstand F_1 der Laufrolle von der Revolverkopfmittelachse · · · · · · Average distance F_1 between the guide roller and turret head axis · · · · · · · · mm Distance moyenne F_1 du galet à l'axe de rotation de la tourelle · · · · · · · ·	104	118	140,5	174	197	251
Höhe H_1 der Führungsschiene · · · · · · Height H_1 of template · · · · · · · · mm Hauteur H_1 de la réglette de guidage · ·	20	22	22	28	28	28
Durchmesser D der Laufrolle · · · · · · Diameter D of guide roller · · · · · · · mm Diamètre D du galet · · · · · · · · ·	30	30	30	30	30	30
Verhältnis der Wege von Werkzeugschneide und Führungsrolle · · · · · · · · Ratio of tracks of cutting edge of tool and guide roller · · · · · · · · · · · $\frac{W}{F_1}$ Rapport des rayons de la pointe de l'outil et du galet de guidage · · · · · · ·	$\frac{1}{1,54}$	$\frac{1}{1,57}$	$\frac{1}{1,48}$	$\frac{1}{1,51}$	$\frac{1}{1,46}$	$\frac{1}{1,43}$

Arbeitsraum der PITTLER-Revolverdrehbänke

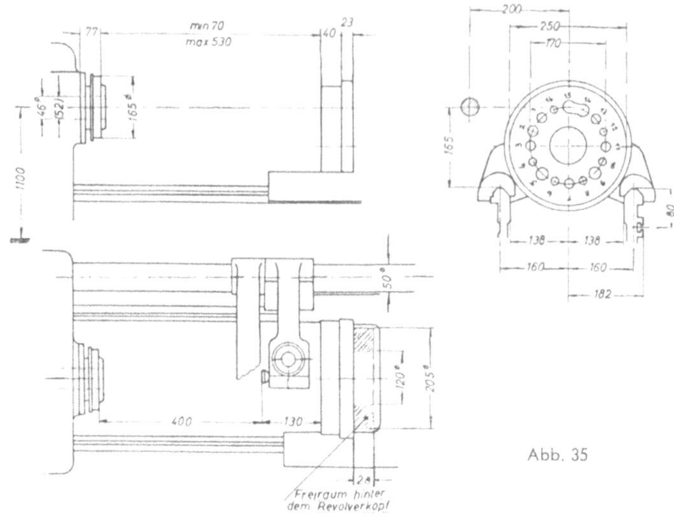

Abb. 35

Strehllänge 45 mm

Spindelkopf 6 DIN 55022

Bei doppelt eingetragenen Maßen gelten
die Klammermaße für PIREX 40/170.1

16 Werkzeuglöcher im Revolverkopf

Bohrung mm	Loch Nr.
20	4, 6, 8, 10, 12, 16
30	1, 2, 3, 7, 11, 13
35	5, 9, 14, 15 (14/15 zum Langloch vereinigt)

PIREX 32/170.1

PIREX 40/170.1

Arbeitsraum der PITTLER-Revolverdrehbänke

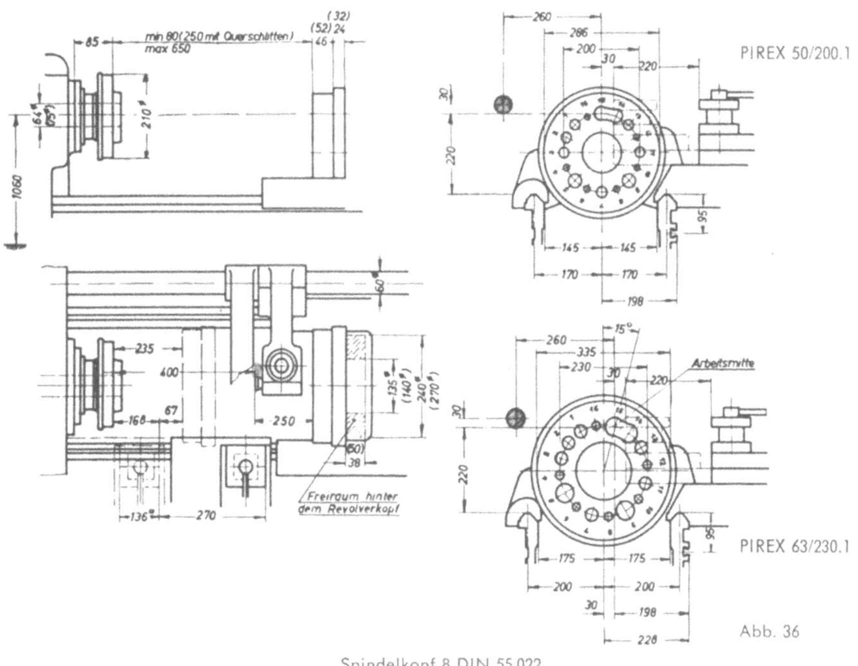

Bei doppelt eingetragenen Maßen gelten
die Klammermaße für PIREX 63/230.1

16 Werkzeuglöcher im Revolverkopf

Bohrung mm	Bohrung mm	Loch Nr.
50 / 200.1	63 / 230.1	
20	20	4, 6, 8, 10, 12, 16
30	40	1, 2, 3, 7, 11, 13
40	50	5, 9, 14, 15 (14 / 15 zum Langloch vereinigt)

PIREX 50/200.1   Strehllänge 55 mm

PIREX 63/230.1   Strehllänge 65 mm

Arbeitsraum der PITTLER-Revolverdrehbänke

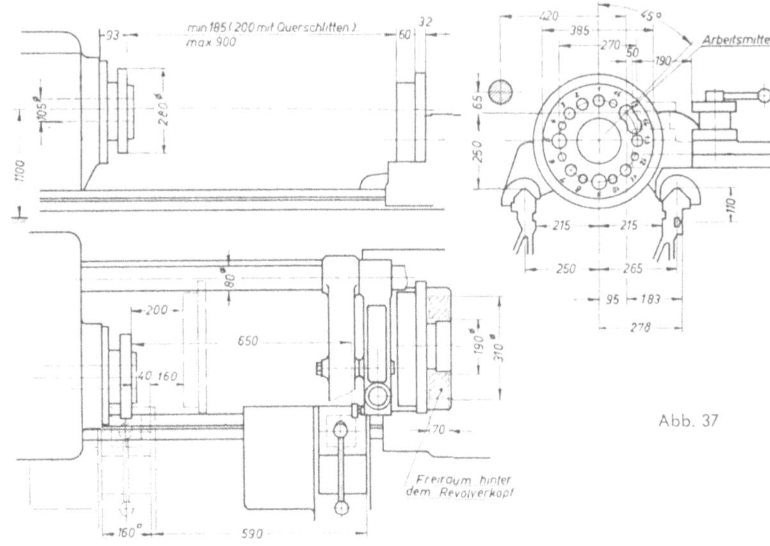

Abb. 37

Strehllänge 60 mm

Spindelkopf A 11 DIN 55 021

16 Werkzeuglöcher im Revolverkopf

Bohrung mm	Loch Nr.
30	4, 6, 8, 10, 12, 16
40	1, 2, 3, 7, 11, 13
60	5, 9, 14, 15 (14 / 15 zum Langloch vereinigt)

PIREX 80/270

Arbeitsraum der PITTLER-Revolverdrehbänke

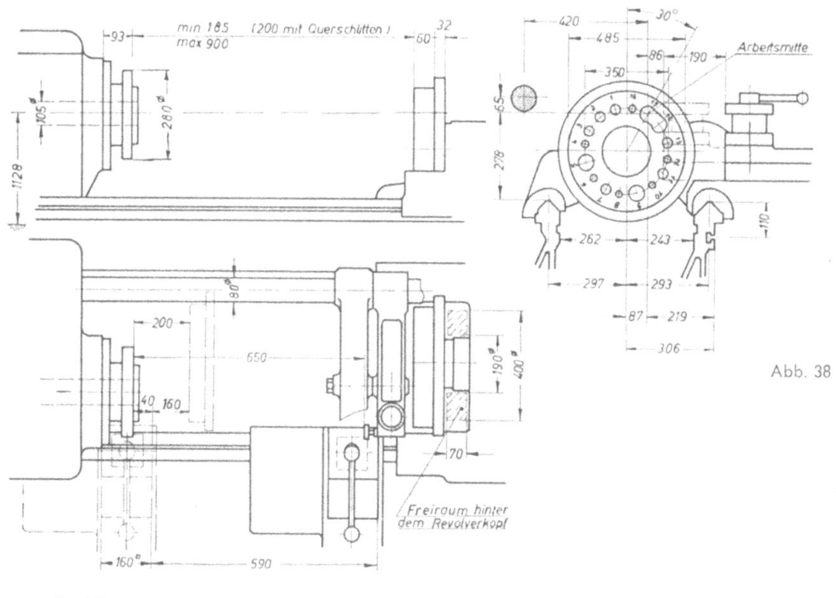

Strehllänge 60 mm

Spindelkopf A 11 DIN 55 021

16 Werkzeuglöcher im Revolverkopf

Bohrung mm	Loch Nr.
30	4, 6, 8, 10, 12, 16
50	1, 2, 3, 7, 11, 13
80	5, 9, 14, 15 (14 / 15 zum Langloch vereinigt)

PIREX 80/350

Arbeitsraum der PITTLER-Revolverdrehbänke

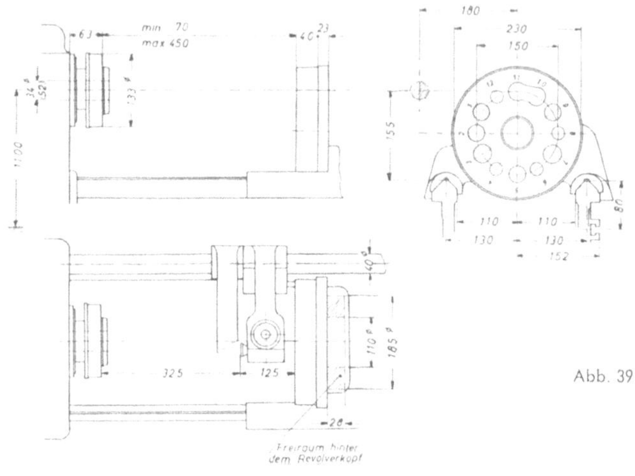

Strehllänge 40 mm

Bei doppelt eingetragenen Maßen gelten
die Klammermaße für PIROFA 40/150.1

| Spindelkopf PIROFA 25/150.1 | 5 DIN 55022 |
| Spindelkopf PIROFA 40/150.1 | A 5 DIN 55021 |

12 Werkzeuglöcher im Revolverkopf

Bohrung mm	Loch Nr.
20	4, 6, 8, 12
30	1, 2, 5, 9
35	3, 7, 10, 11 (10/11 zum Langloch vereinigt)

PIROFA 25/150.1

PIROFA 40/150.1

Arbeitsraum der PITTLER-Revolverdrehbänke

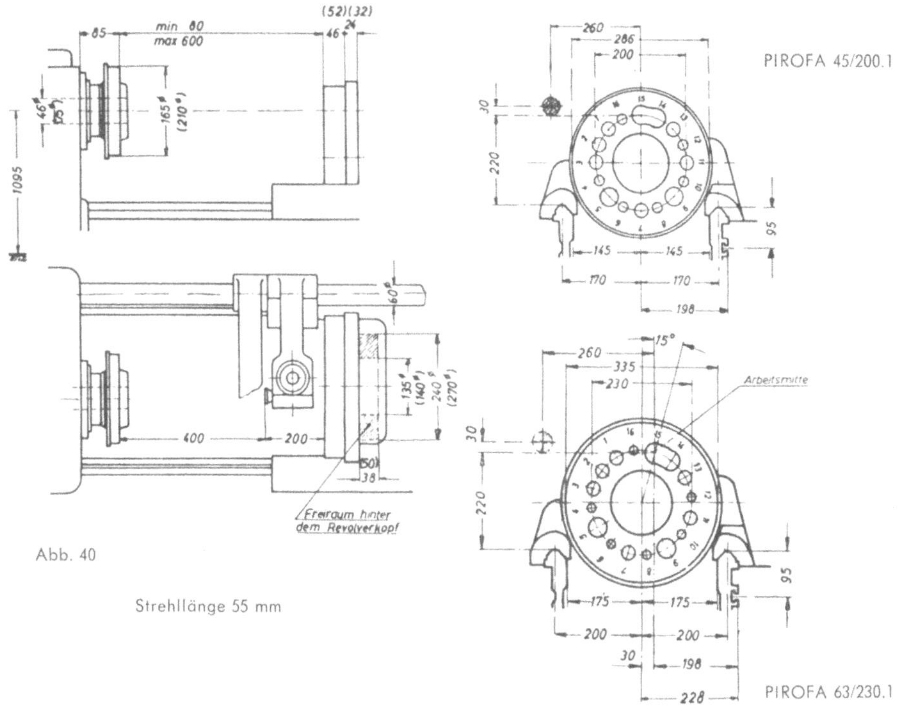

Bei doppelt eingetragenen Maßen gelten
die Klammermaße für PIROFA 63/230.1

16 Werkzeuglöcher im Revolverkopf

Bohrung mm	Bohrung mm	Loch Nr.
45/200.1	63/230.1	
20	20	4, 6, 8, 10, 12, 16
30	40	1, 2, 3, 7, 11, 13
40	50	5, 9, 14, 15 (14 / 15 zum Langloch vereinigt)

PIROFA 45/200.1   Spindelkopf 6 DIN 55 022

PIROFA 63/230.1   Spindelkopf 8 DIN 55 022

Reihenfolge, Bezeichnungen, Abmessungen und Abstände der Werkzeuglöcher der Pittler-Revolverköpfe

Sequence, numbering, dimensions and centre distances of the tool holes in the Pittler turret heads

Echelonnement, désignation, dimensions et écartement des trous de tourelle des tours revolver Pittler

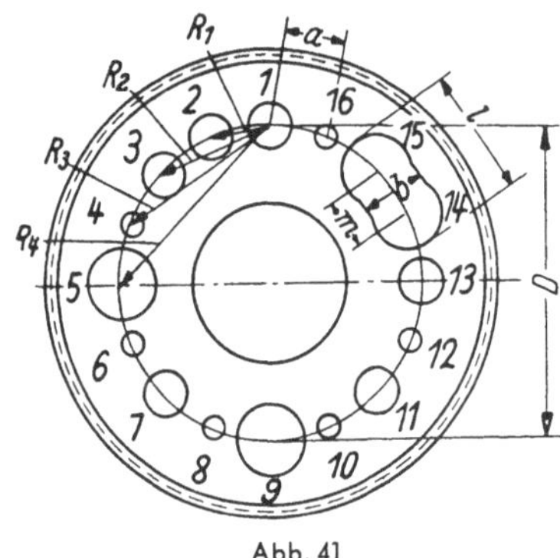

Abb. 41

Modell:		Pa 25, 40 P 32.0	P 32.1 P 40.1	Pa 45 P 50	Pa 63.1 P 63	P 80
Anzahl der Werkzeuglöcher.		12	16	16	16	16
Durchmesser des Werkzeuglochkreises D am Revolverkopf . . . . mm		150	170	200	230	350
Breite des Revolverkopfes mit Befestigungs-flansch . . . . mm		63	63	70	84	92
Abstand der Werkzeuglöcher voneinander	Bogenmaß a . . . . mm	39,3	33,4	39,3	47	68,7
	Abstand R 1 = ein Loch . . . mm	38,8	33,2	39,0	44,9	68,3
	Abstand R 2 = zwei Löcher. . mm	75,0	65,1	76,5	88,0	133,9
	Abstand R 3 = drei Löcher. . mm	106,1	94,5	111,1	127,8	194,6
	Abstand R 4 = vier Löcher. . mm	–	120,2	141,4	162,6	247,5
Abmessungen des Langloches (zum Abstechen langer Werkstücke geeignet)	Abstand m von Mitte zu Mitte mm	34	28	35	35	58
	Größte Öffnung in der Länge l mm	69	63	75	85	138
	Schmalste Öffnung b in der Breite . . . . mm	32	32	37	47	74
	Geeignet für Werkstoffstangen-durchmesser bis. . . . . . mm	30	30	35	45	72

Model:	Pa 25, 40 P 32.0	P 32.1 P 40.1	Pa 45 P 50	Pa 63.1 P 63.1	P 80
Number of tool holes	12	16	16	16	16
Diameter of tool circle D on turret head . . . mm	150	170	200	230	350
Width of turret head with flange . . . . . mm	63	63	70	84	92
Distance between the centres of tool holes — Length of arc (a) . . . . . mm	39,3	33,4	39,3	47	68,7
Distance R 1 = one hole . . mm	38,8	33,2	39,0	44,9	68,3
Distance R 2 = two holes . . mm	75,0	65,1	76,5	88,0	133,9
Distance R 3 = three holes . mm	106,1	94,5	111,1	127,8	194,6
Distance R 4 = four holes . . mm	–	120,2	141,4	162,8	247,5
Dimensions of elongated tool hole (Suited for parting-off of long pieces) — Distance (m) from centre to centre . . . . mm	34	28	35	35	58
Maximum length (l) . . . . mm	69	63	75	85	138
Minimum width (b) . . . . . mm	32	32	37	47	74
Maximum diameter of bar material . . . . mm	30	30	35	45	72

Modèle:	Pa 25, 40 P 32.0	P 32.1 P 40.1	Pa 45 P 50	Pa 63.1 P 63.1	P 80
Nombre de trous d'outils	12	16	16	16	16
Diamètre D du cercle des trous d'outils dans la tourelle . . . . mm	150	170	200	230	350
Epaisseur de la tourelle avec la bride de fixation . . . . mm	63	63	70	84	92
Ecartement des trous d'outils — Longueur de l'arc a . . . mm	39,3	33,4	39,3	47	68,7
Distance R 1 = un trou . . . mm	38,8	33,2	39,0	44,9	68,3
Distance R 2 = deux trous . mm	75,0	65,1	76,5	88,0	133,9
Distance R 3 = trois trous . mm	106,1	94,5	111,1	127,8	194,6
Distance R 4 = quatre trous . mm	–	120,2	141,4	162,8	247,5
Dimensions du trou oblong (prévu pour tronçonnage de pièces longues) — Entre – axe m . . . . . . mm	34	28	35	35	58
Passage maxi (longueur l) . . mm	69	63	75	85	138
Passage mini (largeur b) . . mm	32	32	37	47	74
Prévu pour barres de diamètre jusqu'à . . . . . mm	30	30	35	45	72

Reihenfolge, Bezeichnungen, Abmessungen und Abstände der Werkzeuglöcher der Pittler-Revolverköpfe

Sequence, numbering, dimensions and centre distances of the tool holes in the Pittler turret heads

Echelonnement, désignation, dimensions et écartement des trous de tourelle des tours revolver Pittler

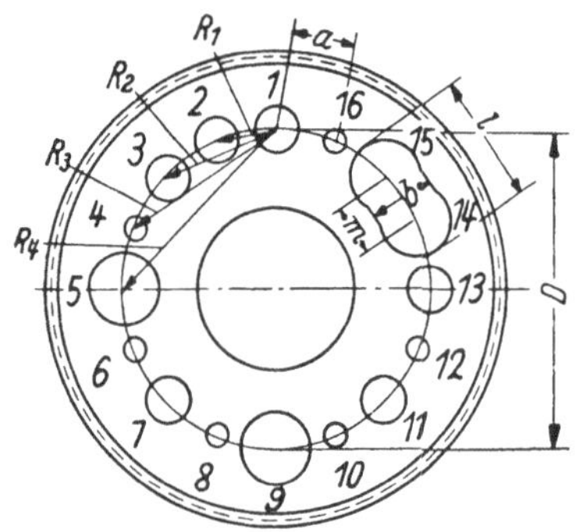

Abb. 34

Modell:		RB	RC	RD (RS 45)	RE	RF – RH II	RH III
Anzahl der Werkzeuglöcher.		12	16	16	16	16	16
Durchmesser des Werkzeuglochkreises D am Revolverkopf. . . . . mm		135	150	190	230	270	350
Breite des Revolverkopfes mit Befestigungs- flansch. mm		63	63	70	92	92	107
Abstand der Werkzeuglöcher voneinander	Bogenmaß a . . . . mm	35,3	29,5	37,3	45,2	53,0	68,7
	Abstand R 1 = ein Loch . . . mm	34,9	29,3	37,1	44,9	52,7	68,3
	Abstand R 2 = zwei Löcher. . mm	67,5	57,4	72,7	88,0	103,3	133,9
	Abstand R 3 = drei Löcher. . mm	95,5	83,3	105,6	127,8	150,0	194,4
	Abstand R 4 = vier Löcher. . mm	–	106,1	134,4	162,6	190,9	247,5
Abmessungen des Langloches (zum Abstechen langer Werk- stücke geeignet)	Abstand m von Mitte zu Mitte mm	30	22	30	35	45	58
	Größte Öffnung in der Länge l mm	65	57	68	85	110	138
	Schmalste Öffnung b in der Breite . . . . mm	32	32	36	47	62	74
	Geeignet für Werkstoffstangen- durchmesser bis. . . . . . mm	30	30	34	45	60	72

Model :		RB	RC	RD (RS 45)	RE	RF – RH II	RH III
Number of tool holes		12	16	16	16	16	16
Diameter of tool circle D on turret head . . . mm		135	150	190	230	270	350
Width of turret head with flange . . . . . mm		63	63	70	92	92	107
Distance between the centres of tool holes	Length of arc (a) . . . . . mm	35,3	29,5	37,3	45,2	53,0	68,7
	Distance R 1 = one hole . . mm	34,9	29,3	37,1	44,9	52,7	68,3
	Distance R 2 = two holes . . mm	67,5	57,4	72,7	88,0	103,3	133,9
	Distance R 3 = three holes . mm	95,5	83,3	105,6	127,8	150,0	194,4
	Distance R 4 = four holes . . mm	–	106,1	134,4	162,6	190,9	247,5
Dimensions of elongated tool hole (Suited for parting-off of long pieces)	Distance (m) from centre to centre . . . . mm	30	22	30	35	45	58
	Maximum length (l) . . . . . mm	65	57	68	85	110	138
	Minimum width (b) . . . . . mm	32	32	36	47	62	74
	Maximum diameter of bar material . . . . mm	30	30	34	45	60	72

Modèle :		RB	RC	RD (RS 45)	RE	RF – RH II	RH III
Nombre de trous d'outils		12	16	16	16	16	16
Diamètre D du cercle des trous d'outils dans la tourelle . . . . mm		135	150	190	230	270	350
Epaisseur de la tourelle avec la bride de fixation . . . . mm		63	63	70	92	92	107
Ecartement des trous d'outils	Longueur de l'arc a . . . mm	35,3	29,5	37,3	45,2	53,0	68,7
	Distance R 1 = un trou . . . mm	34,9	29,3	37,1	44,9	52,7	68,3
	Distance R 2 = deux trous. . mm	67,5	57,4	72,7	88,0	103,3	133,9
	Distance R 3 = trois trous. . mm	95,5	83,3	105,6	127,8	150,0	194,4
	Distance R 4 = quatre trous . mm	–	106,1	134,4	162,6	190,9	247,5
Dimensions du trou oblong (prévu pour tronçonnage des pièces longues)	Entre-axe m . . . . mm	30	22	30	35	45	58
	Passage maxi (longueur l) . . mm	65	57	68	85	110	138
	Passage mini (largeur b) . . mm	32	32	36	47	62	74
	Prévu pour barres de diamètre jusqu'à . . . . . mm	30	30	34	45	60	72

Spindelflansch   Form A   nach DIN 55021
Spindle flange   form A   according to DIN 55021
Bride de broche   forme A   suivant DIN 55021

Anordnung der Befestigungslöcher   **Disposition of fastening holes**   **Disposition des trous de fixation**

Ausführung I   Schnitt A–B
Design I   Sectional view A–B
Exécution I   Coupe A–B

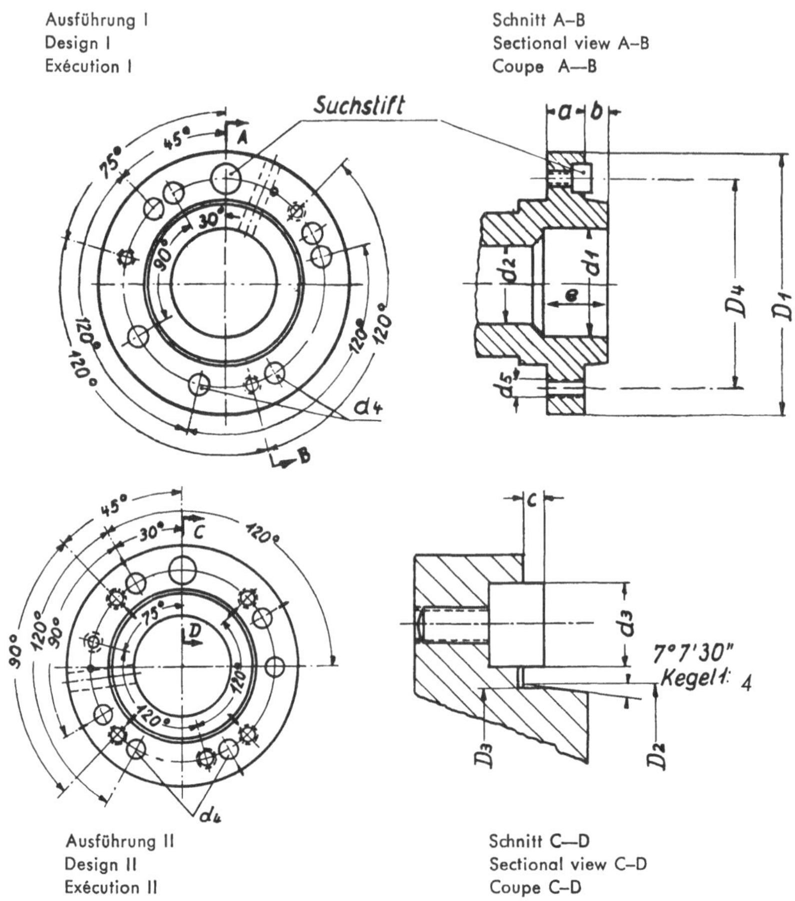

Ausführung II   Schnitt C–D
Design II   Sectional view C–D
Exécution II   Coupe C–D

Für Modell For model Pour modèle	Größe Size Grandeur	Ausführung Design Exécution	mm												
			D_1	$D_2\,h_5$	D_3	D_4	$d_1\,H^6$	$d_2\,H^7$	$d_3\,h_9$	d_4	d_5	a	b	c	e
Pa 40	5	II	133	82,575	82	104,78	65	52	15,9	11	–	22	13	5	70
P 32.0	5	II	133	82,575	82,3	104,78	65	46	15,9	11	M10	22	13	5	36
P 32.0	6	I	165	106,390	105,7	133,36	70	46	19,0	15	M12	25	15	5	42
P 50.0	8	I	210	139,735	139	171,44	105	64	23,8	18	M16	28	16	6	50

Spindelflansch   **Form A** nach DIN 55021
Spindle flange   **form A** according to DIN 55021
Bride de broche   **forme A** suivant DIN 55021

Anordnung der Befestigungslöcher   **Disposition of fastening holes**   **Disposition des trous de fixation**

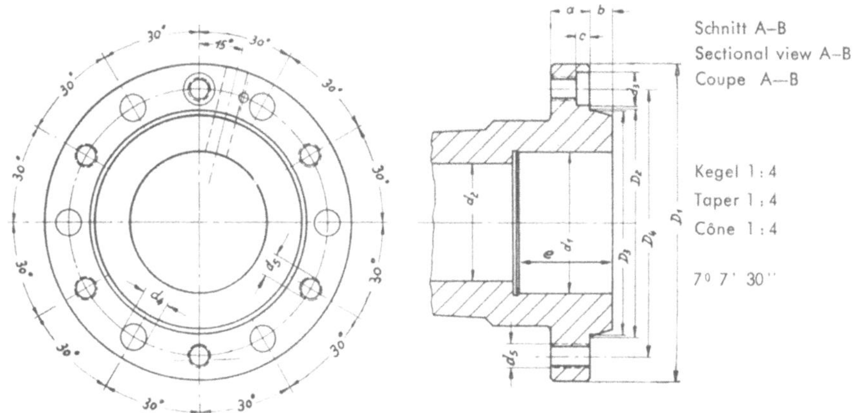

Für Modell For model Pour modèle	Größe Size Grand.	mm												
		D1	D2 h5	D3	D4	d1 H6	d2 H7	d3 H8	d4	d5	a	b	c	e
P 80	11	280	196,885	196	234,95	125	105	28,6	23	M20	35	18	12	90

Spindelflansch mit Bajonettscheibe nach DIN 55022
Spindle flange with bayonet disc according to DIN 55022
Bride de broche à baïonnette suivant DIN 55022

Anordnung der Befestigungslöcher   **Disposition of fastening holes**   **Disposition des trous de fixation**

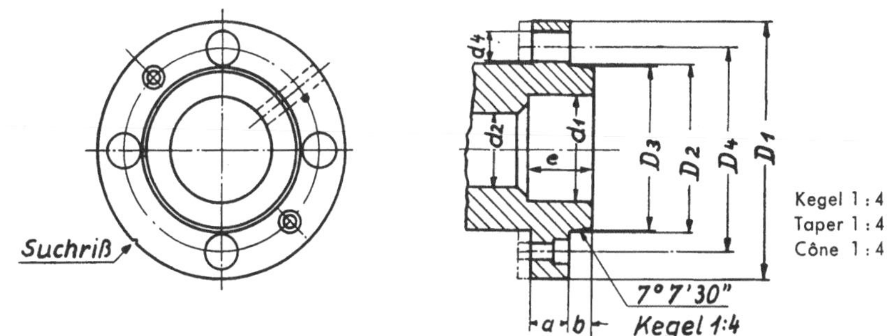

Für Modell For model Pour modèle	Größe Size Grand.	mm									
		D1	D2 h5	D3	D4	d1 H6	d2 H7	d4	a	b	e
Pa 25	5	133	82,575	82	104,78	50	34	21	22	13	60
Pa 45, P 32.1	6	165	106,390	105,7	133,36	70	46	23	25	15	42
P 40.1	6	165	106,390	105,7	133,36	70	52	23	25	15	50
P 50.1	8	210	139,735	139	171,4	105	64	29	28	16	52
Pa 63.1, P 63.1	8	210	139,735	139	171,4	105	80	29	28	16	55

Spindelflansch **Form C** nach DIN 812
Spindle flange **form C** according to DIN 812
Bride de broche **forme C** suivant DIN 812

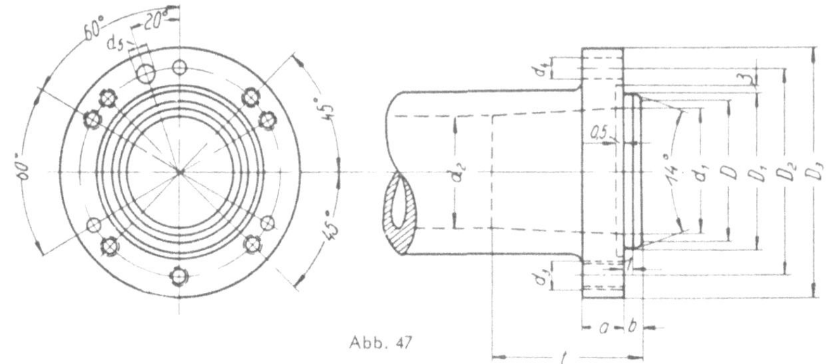

Abb. 47

Für Modell For model Pour modèle	mm											
	d_1	d_2	d_3	d_4	D	D_1	D_2	D_3	a	b	t	d_5
RE 34	40	36	M 12	13	**75**	77,7	102	130	20	12	80	12
RD III 47, RD III 47 S	52	47	M 12	13	**85**	87,7	120	150	22	12	100	16
RE III 60	65	60	M 20	21	**120**	122,7	170	210	28	12	100	20
RF IV 82, RG III 82	90	82	M 22	23	**140**	142,7	205	250	32	12	160	20
RH III 105	112	105	M 24	25	**160**	162,7	250	295	36	12	140	20

Spindelflansch **Ausführung: nach PITTLER-Norm 25**
Spindle flange **Made according to Pittler standard No. 25**
Bride de broche **Exécution suivant Normes PITTLER 25**

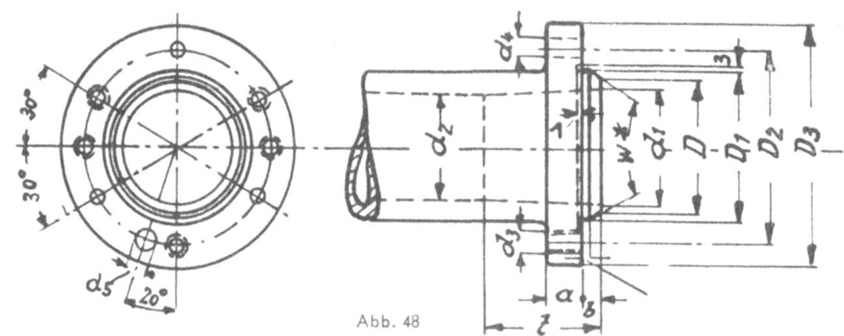

Abb. 48

Für Modell For model Pour modèle	mm											
	d_1	d_2	d_3	d_4	D	D_1	D_2	D_3	a	b	t	d_5
RD II, 47 S	52	47	M 16	17	100	105	130	160	24	12	100	16
RE II 60 u. RE II 60 S	65	60	M 20	20,2	120	125	165	205	24	12	100	20
RH II 105	112	105	M 20	21	160	–	220	265	26	12	140	20

* W = bei RD II 47 S und RE II 60 S 30°
      bei RH II 105 14°

* W = being 30° for RD II 47 S and for RE II 60 S
      14° for RH II 105

* W = 30° sur RD II 47 S et RE II 60 S
      14° sur RH II 105

Spindelköpfe mit Gewinde und Innenkegel
Spindle nose with thread and internal taper
Nez de broche fileté avec cône intérieur

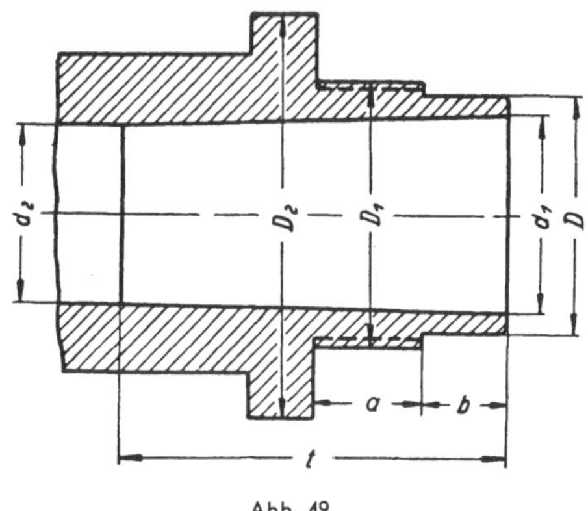

Abb. 49

Für Modell For model Pour modèle	mm							
	D	D₁	D₂	d₁	d₂	t	a	b
RB II 28	40	M 45x3	84	30,5	28	50	18	16
RB II 36	48	M 53x3,5	84	40	36	80	22	18
CRA I, RC II 28	40	M 45x3	68	30,5	28	50	18	16
DRA, RC II 36, RD II 36	48	M 53x3,5	82	40	36	80	22	18
RC IV 36	48	M 53x3,5	74	40	36	80	22	18
RD II 47, RD III 47 [1]	68	M 76x4,5	100	52	47	100	30	24
ERA, RE II 47	68	M 76x4,5	102	52	47	100	30	24
RF II 60	78	M 85x4,5	115	65	60	100	38	26
GRA, RG II 82	115	M 125x5	156	90	82	160	38	26
HRA, RH II 105 [1]	142	M 155x5	192	112	105	140	45	30

[1] Die neueren Maschinen dieses Modells haben Spindelflansch PITTLER-Norm 25 (s. Seite 72).

The more recent design of this model has a spindle flange PITTLER Standard No. 25 (see page 72).

Les plus récentes machines de ce modèle ont des brides de broche exécution Normes PITTLER 25 (voir page 72).

PITTLER-Kundendienstwagen

ABSCHNITT II

Vorteile der Pittler-Revolverdrehbänke

Seite

Kennzeichen der Pittler-Revolverdrehbänke . . . . 75—77

Vorzüge der Pittler-Revolverdrehbänke . . . . 78—84

Vergleich von Werkzeugeinstellungen . . . . 85—90

Stern - Revolver — Pittler-Revolver . . . . 85—87

Plan - Revolver — Pittler-Revolver . . . . 88—90

A B S C H N I T T II
VORTEILE DER PITTLER-REVOLVERDREHBÄNKE

Für die wirtschaftliche Fertigung von Drehteilen sind die Pittler-Revolverdrehbänke schon immer von besonderer Bedeutung gewesen. Sie haben sich durch die Güte ihrer Konstruktion und Ausführung und durch die dadurch erreichbare hohe Genauigkeit der mit ihnen hergestellten Werkstücke im Laufe der Jahrzehnte den Markt erobert. Viele Tausende dieser Maschinen stehen in deutschen und ausländischen Betrieben und haben sich dort stets bestens bewährt. In vielen Betrieben findet man eine besondere Abteilung, die den Namen „Pittlerei" trägt und in der je nach Größe des Betriebes viele Pittler-Revolverdrehbänke im Einsatz stehen und mithelfen, die Forderung nach wirtschaftlicher Fertigung zu erfüllen.

Die Kennzeichen der Pittler-Revolverdrehbänke sind:

a) **große Spanleistung,** starrer Aufbau der Maschine und starke Antriebsmotoren;

b) **höchste Schnittgeschwindigkeiten,** Drehspindel in Wälzlagern gelagert;

c) **hohe und immer gleichbleibende Genauigkeit** der hergestellten Werkstücke;

d) **kurze Stückzeiten,** viele Werkzeuge können gleichzeitig arbeiten, die Schaltwege sind kurz;

e) **die Werkzeuge sind einfach und billig** und können leicht eingerichtet werden;

f) zum **Plandrehen** kann der Revolverkopf verwendet werden;

g) **geringe Abnutzung** und jahrelange Erhaltung der Genauigkeit.

Diese Vorzüge sind auf S. 78 ff. im einzelnen erläutert und begründet.

Neben den **Pittler-Revolverdrehbänken** kommen für Revolverarbeiten hauptsächlich folgende beiden Bauarten in Frage:

1. Stern-Revolver:
Der Revolverkopf hat sechseckige oder runde Form und ist um eine senkrechte Achse schaltbar (Abb. 50). Mit dem Revolverschlitten selbst können Planarbeiten nicht ausgeführt werden; daher werden sie gewöhnlich mit einem zusätzlichen Querschlitten für Plan-, Einstech- und Abstecharbeiten ausgeführt. Diese Bauart wurde zuerst in Amerika entwickelt und hieß daher früher allgemein „amerikanische Revolverdrehbank".

2. Trommel-Revolver-Drehbank mit **seitlich** der Drehspindel angeordnetem Trommel-Revolverkopf **(Plan-Revolver)**: Der Revolverkopf sitzt auf einer waagerechten, mit der Drehspindel parallel laufenden, aber gegen diese seitlich versetzten Achse, um die er geschaltet werden kann. Er hat gewöhnlich 6 bis 8 Werkzeuglöcher (vgl. Abb. 51). Der Revolverschlitten, der den Revolverkopf trägt, ist querverschiebbar, um plandrehen, ein- und abstechen zu können.

Eine weitere Bauart der Revolverköpfe, bei der die Revolverkopfachse ebenfalls waagerecht liegt, aber quer zur Drehspindel angeordnet ist, kommt heute fast ausschließlich im Automatenbau vor.

Jede der drei Maschinentypen hat einen bestimmten Anwendungsbereich, in dem ihre Benutzung Vorteile ergibt. So kann z. B. der Sternrevolver für die Bearbeitung besonders großer und sperriger Werkstücke am Platze sein, während sich manche mittelgroßen und kleinen Teile auf dem Planrevolver vorteilhaft bearbeiten lassen.

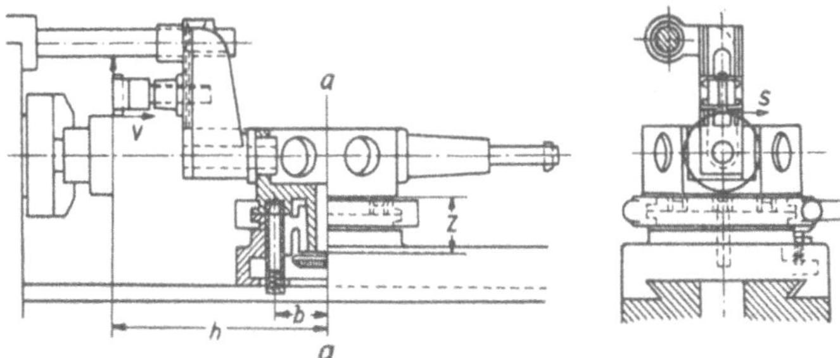

Abb. 50: **Stern-Revolverkopf.** Vorschubdruck V wirkt senkrecht auf Revolverkopfachse a – a und kippt den Revolverkopf. Plandrehen nur mit besonderem Querschlitten möglich. Schnittdruck S wirkt an einem wesentlich längeren Hebelarm (h) als der Sperrbolzen (Hebelarm = b). Höchstens 6 Werkzeuglöcher. Die Revolverkopfachse ist nur einmal kurz gelagert.

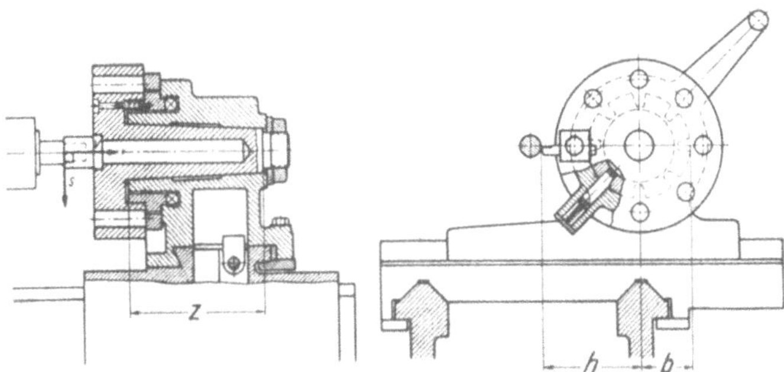

Abb. 51: **Seitlich der Drehspindel angeordneter Trommel-Revolverkopf (Plan-Revolverkopf).** Kurzer Schaltzapfen Z gibt dem Revolverkopf ungenügend starre Lagerung. Zum Plandrehen Anordnung auf Querschlitten, wodurch auch die Starrheit leidet. Schnittdruck S wirkt an einem längeren Hebelarm (h) als der Sperrbolzen (Hebelarm = b). Höchstens 8 Werkzeuglöcher.

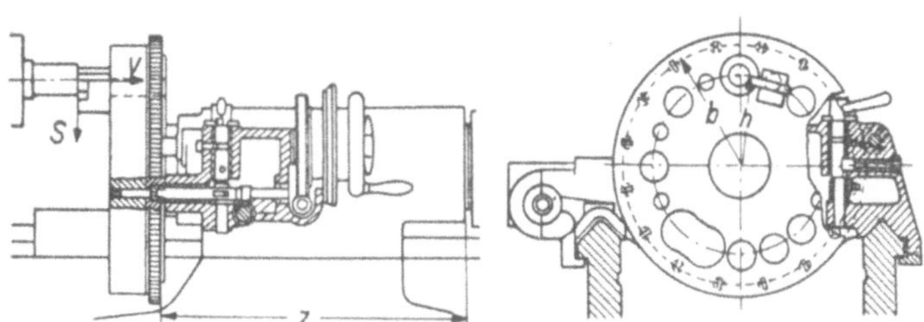

Abb. 52: **Pittler-Revolverkopf.** Vorschubdruck V wirkt in Richtung der Schaltachse; somit erfolgt kein Kippen. Plandrehen durch Drehen des Revolverkopfes um seine Achse. Schnittdruck S wirkt an einem kleineren Hebelarm (h) als der Sperrbolzen (Hebelarm = b). 12 bzw. 16 Werkzeuglöcher gestatten die verschiedenartigste Zusammenstellung von Werkzeugen mit einfachen Werkzeughaltern.

Vorzüge der Pittler-Revolverdrehbänke

Höchste Genauigkeit

Der Revolverkopf ist in einer **sehr langen Doppelkegellagerung** gelagert (Abb. 53). Der Vorschubdruck wirkt in Richtung der Revolverkopfachse; je größer er ist, desto fester wird die Achse des Revolverkopfes durch den Stoßkegel gehalten, um so genauer wird also die Revolverkopfachse geführt.

Im Gegensatz hierzu wirkt beim Stern-Revolverkopf der Vorschubdruck quer zur Revolverkopfachse. Das auftretende Kippmoment beeinflußt die kurze Revolverkopflagerung nachteilig. Als Behelfskonstruktion hat man an den Werkzeughaltern Platten mit Führungen angebracht, die sich in einem Führungsdorn am Spindelkasten abstützen, doch wird auch hiermit die Starrheit der Lagerung des Pittler-Revolverkopfes nicht erreicht.

Beim seitlich der Drehspindel angeordneten Trommel-Revolverkopf (Planrevolver) ist der Zapfen, um den der Revolverkopf geschaltet wird, zwar auch waagerecht gelagert wie beim Pittler-Revolverkopf; er ist aber nur kurz ausgebildet; der Vorschubdruck wirkt zwar in der Richtung des Schaltzapfens, ist aber um den Betrag h gegen diesen versetzt. Auf das Schaltzapfenlager und bei querbeweglichen Revolverschlitten auch auf die Führung des Querschiebers wirkt ein Kippmoment am Hebel b, das durch die Ausladung des Stahles über den Revolverkopfdurchmesser hinaus mit besonders großem Hebelarm angreift und dadurch erheblich stärker als beim Pittler-Revolverkopf den Sperrbolzen beansprucht.

Die **Revolverkopfachse** des Pittler-Revolverkopfes ist in ihren Lagerstellen im Revolverschlitten nachstellbar. Sie liegt zwischen den beiden Bettprismen; der Schwerpunkt liegt tief und begünstigt dadurch die sichere Auflage des Revolverschlittens auf den Bettprismen, so daß genauestes Arbeiten auch bei stärkster Beanspruchung gesichert ist.

Der **Sperrbolzen** zur Feststellung des Revolverkopfes greift außerhalb des Werkzeuglochkreises an. Die Schnittkräfte wirken an einem kleineren Hebelarm als der Sperrbolzen; infolgedessen ist die Verriegelung zuverlässiger und genauer als bei anderen Konstruktionen.

Beim Stern-Revolverkopf greift der Sperrbolzen an einem wesentlich kleineren Hebelarm an als die Schnittdrücke. Der Sperrbolzen wird hoch beansprucht, und die Erfahrung zeigt, daß auch eine Festklemmung des

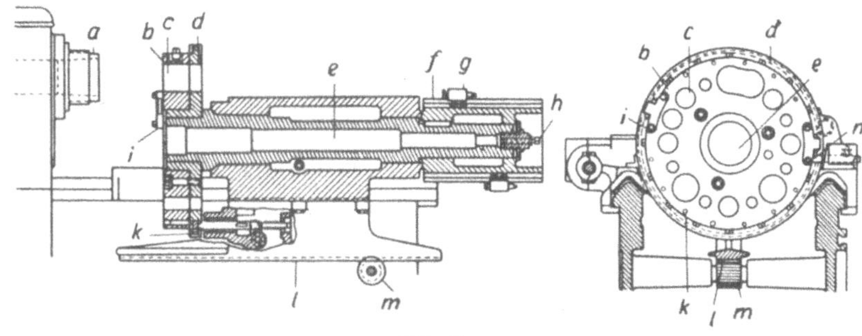

Abb. 53

Schnitt durch den Revolverschlitten einer
Pittler-Revolverdrehbank

Ansicht auf den Pittler-Revolverkopf

a = Drehspindel
b = auswechselbarer
    Revolverkopf
c = Werkzeuglöcher
d = Schaltscheibe
    mit Zahnkranz

e = Revolverkopfachse
f = Anschlagtrommel
g = Anschlagböckchen
    mit Stellschraube
h = Einstellschraube

i = Plananschlagböckchen
    mit Stellschraube
k = Sperrbolzenbüchsen
l = Zahnstange
m = Zahntrieb
n = Plananschlagbolzen

Revolverkopfes in der jeweiligen Arbeitsstellung den Sperrbolzen nicht völlig entlastet. Noch stärker ist die Beanspruchung des Sperrbolzens beim Schalten, da die Schwungmasse des Kopfes mit seinen schweren überhängenden Werkzeugträgern vom Sperrbolzen aufgehalten werden muß. Bereits nach verhältnismäßig kurzer Gebrauchsdauer sagt der Werkstattmann, daß der Revolverkopf nicht mehr richtig „steht".

Beim seitlich der Drehspindel angeordneten Trommel-Revolverkopf ist der Hebel, an dem der Sperrbolzen wirkt, kleiner als der Halbmesser des Werkzeuglochkreises. Wegen der kurzen Revolverkopflagerung muß der Revolverkopf beim Arbeiten stets noch besonders festgeklemmt werden.

Infolge der Anordnung des Sperrbolzens außerhalb des Werkzeuglochkreises kann man auf der Pittler-Revolverdrehbank wesentlich genauer arbeiten als auf Revolverdrehbänken anderer Bauart. Zum gleichen Ergebnis führt auch folgende Vergleichsrechnung:

Es sei angenommen, daß der Sperrbolzen in seiner Bohrung mit einem Spiel von 0,01 mm gelagert ist, während die Revolverkopfachse kein Spiel hat. Bei Prüfung der Maschine wird entsprechend DIN 8610 ermittelt, wie der Revolverkopf „steht". Der Kontrolleur stützt sich mit ganzer Kraft auf das Handrad des Planzuges und prüft am Revolverkopf mittels Meßuhr das durch Rütteln feststellbare Spiel an einem Dorn im Werkzeugloch. Beim Pittler-Revolverkopf wird das Spiel im Werkzeuglochkreis etwa 0,008 mm betragen, da die Entfernung von der Revolverkopfachse zum Werkzeuglochkreis (h) nur etwa $^4/_5$ der Entfernung von der Revolverkopfachse zum Sperrbolzen (b) beträgt.

Beim Stern-Revolver ist das Verhältnis der Abstände von Schneidstahl und Sperrbolzen von der Drehachse (h : b) mindestens 4 : 1. Die mit der Meßuhr feststellbare Abweichung von der ideellen Achse wird also $4 \times 0,01 = 0,04$ mm betragen.

Bei gleichem Schnittdruck am Stahl werden also beim Stern-Revolver die gedrehten Werkstücke etwa fünfmal weitere Toleranzen aufweisen müssen als bei der Pittler-Revolverdrehbank. Wird auch ein Spiel in der Revolverkopflagerung angenommen, so verschiebt sich das Verhältnis noch mehr zugunsten des Pittler-Revolvers. Bei sorgfältiger Ausführung der Lagerung für Revolverkopfachse und Sperrbolzen kann man daher beim Pittler-Revolver ohne Schwierigkeiten auch auf die Dauer Toleranzen der Werkstücke von Hundertsteln von Millimetern einhalten.

Ganz ähnlich liegen die Verhältnisse beim Vergleich mit dem Plan-Revolverkopf. Bei diesem ist der Schaltzapfen nur etwa ein Drittel so lang wie die Schaltachse des Pittler-Revolverkopfes; hierdurch allein sind die Fehlerquellen etwa dreimal so groß wie beim Pittler-Revolver. Dazu kommt noch das ungünstigere Hebelverhältnis zwischen Abstand des Sperrbolzens und der Werkzeuglöcher.

An die Herstellungsgenauigkeit werden im Pittler-Werk sehr hohe Anforderungen gestellt. Jede Maschine wird vor Versand den in den Prüfvorschriften angegebenen Prüfungen unterzogen und wird nur ausgeliefert, wenn die zulässigen Abweichungen überall eingehalten sind.

Kurze Stückzeiten

Beim Schalten sind auf der Pittler-Revolverdrehbank kürzere Wege zurückzulegen als bei allen anderen Bauarten. Aus der waagerechten Lagerung des Pittler-Revolverkopfes und seiner besonderen Stellung zur Drehspindel ergibt sich, daß die unter sich parallelen Werkzeuglöcher beim Schalten des Revolverkopfes nacheinander vor der Drehspindel vorbeigeführt werden. Beim Pittler-Revolverkopf braucht man zum Weiterschalten nur so weit zurückzufahren, daß das Werkzeug gerade am Werkstück vorbeigeht. Man kann den Kopf nach beiden Seiten drehen und beliebig viele Löcher überspringen. Vom Langdrehen zum Plandrehen kann man ohne jede Schaltbewegung des Revolverkopfes übergehen. Das ist besonders für kurze Einstecharbeiten zweckmäßig; Einstiche in einer Bohrung z. B. sind auf andere Weise nur sehr schwer ausführbar.

Im Gegensatz hierzu werden beim Schalten des Stern-Revolverkopfes die Werkzeuge stets vom Werkstück weggeschwenkt, auch dann, wenn der Revolverschlitten nicht weit zurückbewegt wird. Beim Stern-Revolverkopf kann daher immer nur ein Werkzeugloch für den jeweiligen Bearbeitungsgang nutzbar gemacht werden; deshalb sind hier auch umständlich und kompliziert ausgebildete Stahlhalter notwendig, wenn mehrere Werkzeuge gleichzeitig angreifen sollen.

Beim Pittler-Revolverkopf mit den 16 (bei der kleinsten Größe 12) Werkzeuglöchern erübrigt sich die Verwendung dieser großen Stahlhalter. Einfache normale Werkzeuge können zweckentsprechend im Revolverkopf untergebracht werden; Sonderwerkzeuge sind selten erforderlich. Meist greifen mehrere Werkzeuge, die einzeln in benachbarten Werkzeuglöchern befestigt sind, das Werkstück gleichzeitig in einer Revolverkopfstellung an. Der Pittler-Revolverkopf ist demnach nicht nur Revolverkopf, sondern übernimmt auch in erheblichem Umfange die Aufgabe von Mehrfach-Stahlhaltern. Hierdurch ergeben sich gegenüber anderen Revolverbankbauarten erhebliche Ersparnisse an Rüst- und Schaltzeiten. Man kann sogar die Einrichtung für zwei bis drei Aufspannungen für einfache Arbeiten in einem Revolverkopf unterbringen. Die Verwendung von Umspannzangen bzw. Umspannfuttern erleichtert die Bearbeitung von Werkstücken, die nicht in einer Aufspannung fertig gedreht werden können.

Wichtig für die Erreichung kurzer Arbeitszeiten an den Pittler-Revolverdrehbänken ist, daß für alle Längs- und Querbewegungen Selbstgang vorhanden ist.

Einfache Werkzeuge – einfaches Einrichten

Nicht nur die Werkzeughalter, sondern auch die Werkzeuge sind bei den Pittler-Revolverdrehbänken besonders einfach, so daß Selbstherstellung in den meisten Fällen möglich ist. Wir haben für die Käufer unserer Revolverdrehbänke die wichtigsten Normalwerkzeuge zu Werkzeugsätzen zusammengestellt, die wir auf Wunsch mit der Maschine liefern. Mit diesen Werkzeugsätzen können die meisten Dreharbeiten ausgeführt werden. Wenn z. B. mehrere Werkzeuge in einer bestimmten Revolverkopfstellung gleichzeitig am Werkstück angreifen, ist eine gute Anpassung der Befestigungsmöglichkeiten für die Werkzeuge an die zu bearbeitenden Flächen besonders bei großen Werkstücken erwünscht. Je geringer die Abstände von Werkzeugloch zu Werkzeugloch sind, um so besser ist die Anpassungsmöglichkeit. Falls gelegentlich ein besonders großer Schneidkopf oder Stahlhalter ein benachbartes Werkzeugloch teilweise mit überdeckt, macht dies wegen der großen Zahl der Werkzeuglöcher wenig aus.

Das Einrichten der Pittler-Revolverdrehbank wird durch die leicht einstellbaren und genau wirkenden Anschläge sowohl für den Längs- wie für den Planvorschub sehr erleichtert. Die Vorschübe werden durch die Anschläge so genau ausgerückt, daß Toleranzen von Hundertsteln von Millimetern mühelos eingehalten werden.

Die Auswechselbarkeit des Pittler-Revolverkopfes ist besonders bei solchen Drehteilen vorteilhaft, die von Zeit zu Zeit immer wieder in gleicher Ausführung hergestellt werden. Die für das fragliche Drehteil eingestellten Werkzeuge verbleiben in dieser Stellung im Revolverkopf und werden mit ihm auf Lager gelegt. Dadurch wird die Rüstzeit bei Anfertigung eines neuen Loses des gleichen Werkstückes wesentlich herabgesetzt.

Plandrehen mit dem Revolverkopf

Beim Pittler-Revolverkopf kann man plandrehen und einstechen ohne Zuhilfenahme eines Seiten- oder Querschlittens lediglich durch Drehen des Revolverkopfes um seine tiefer als die Drehspindel liegende Achse. Dadurch kann man leicht und schnell vom Langdrehen zum Plandrehen übergehen; die Schaltzeiten des Revolverkopfes werden verkürzt, da die sonst nötigen Leerwege des Zurückführens und Schaltens vermieden werden. Keine andere Revolverdrehbank ist so einfach zu handhaben.

Da Plandreh- und Abstecharbeiten mit dem Pittler-Revolverkopf ausgeführt werden, können die Späne unter dem Werkstück frei herabfallen; besonders bei Bearbeitung von Leichtmetallen und sonstigen Arbeiten mit hohen Schnittgeschwindigkeiten, bei denen große Spanmengen anfallen, ist dieser Gesichtspunkt wichtig.

Mit dem Stern-Revolverkopf kann man nur Längsarbeiten vornehmen; bei diesen Bänken ist für Planarbeiten ein besonderer Querschlitten nötig. Wenn mit den Revolverkopfwerkzeugen Planarbeiten ausgeführt werden sollen, muß der Revolverkopf auf einem besonderen Plan-Querschieber angeordnet werden, wodurch die Starrheit des Revolverkopfes vermindert wird, oder es müssen besondere Werkzeughalter mit einer Einrichtung zur Querverschiebung des Werkzeuges benutzt werden. Die gleiche umständliche Anordnung ist auch für Abstecharbeiten notwendig. Bei dem Planrevolverkopf können Planarbeiten von geringem Durchmesser durch Verschieben des Revolverkopfes auf dem Querschlitten ausgeführt werden. Die starre Ausführung auf die Genauigkeit der Planarbeiten wie beim Pittler-Revolverkopf ist aber auch hier nicht vorhanden.

Geringe Abnutzung

Pittler-Revolverdrehbänke haben den Ruf, unverwüstlich zu sein und auch in jahrzehntelangem Gebrauch kaum an Genauigkeit einzubüßen. Diese Eigenschaft allein würde genügen, um den Pittler-Revolverdrehbänken eine führende Stellung auf dem Weltmarkt zu sichern. Die Ursachen liegen besonders in folgenden Punkten:

Führungsbahnen. Die Betten der Pittler-Revolverdrehbänke werden nach einem besonderen Gießverfahren hergestellt, durch welches die Führungsbahnen eine besonders große Dichte erhalten. Die Gleitflächen werden gehärtet, auf Sonderschleifmaschinen geschliffen und mit Vorrichtungen kontrolliert. Die durch Schleifen bearbeitete harte Oberfläche ist sehr widerstandsfähig, zumal weit überstehende feste Deckleisten das Eindringen von Spänen, Staub und Schmutz in die Führungsbahnen verhindern. Auch nach jahrelangem Arbeiten ist keine merkbare Abnutzung festzustellen.

Entsprechend den Führungsbahnen des Bettes werden alle anderen Führungsflächen aus ausgesuchtem Werkstoff hergestellt und mit größter Sorgfalt und Genauigkeit bearbeitet.

Sichere Verriegelung. Der Sperrbolzen, der den Revolverkopf in seiner Lage festhält, ist gehärtet und geschliffen. Die Sperrbüchsen, in die der Sperrbolzen eingreift, sind ebenfalls gehärtet. Auch nach jahrelanger angestrengter Benutzung ist keine merkbare Abnutzung des Sperrbolzens und der Sperrbüchsen festzustellen.

6*

Getriebe. Sämtliche schnellaufenden Zahnräder werden aus Sonder-Einsatzstahl hergestellt, gehärtet und in den Flanken geschliffen, so daß auch das Getriebe größte Lebensdauer hat.

Lagerungen. Die Spindellagerungen sind bei den Pittler-Revolverdrehbänken als Wälzlager ausgeführt, die leicht nachgestellt werden können, so daß eine Gewähr für dauernde Aufrechterhaltung der Genauigkeit gegeben ist. Diese Wälzlager werden mit größter Sorgfalt ausgesucht; für ihre Genauigkeit sind sehr enge Toleranzen vorgeschrieben, auch bei längerem Betrieb tritt eine merkbare Abnutzung nicht ein.

Nachstellbarkeit der Führungen. Der Revolverschlitten gleitet auf zwei dachförmigen Führungsbahnen. Gegen Abheben ist der Revolverschlitten durch nachstellbare Führungsleisten gesichert. Die Doppelkegellagerung, in der die Revolverkopfachse ruht, ist ohne Verwendung von Zwischenlagern oder exzentrischen Büchsen ebenfalls leicht nachstellbar.

Vergleich von Werkzeugeinstellungen für Stern-Revolver und für Pittler-Revolver.

Stern-Revolver

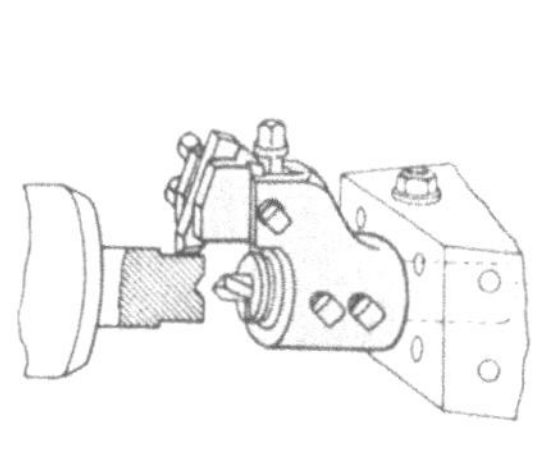

Abb. 54: Teurer, komplizierter Stahlhalter für eine einfache Arbeit. Einstellen des Stahles auf Mitte durch Nachschleifen oder Unterlegen.

Pittler-Revolver

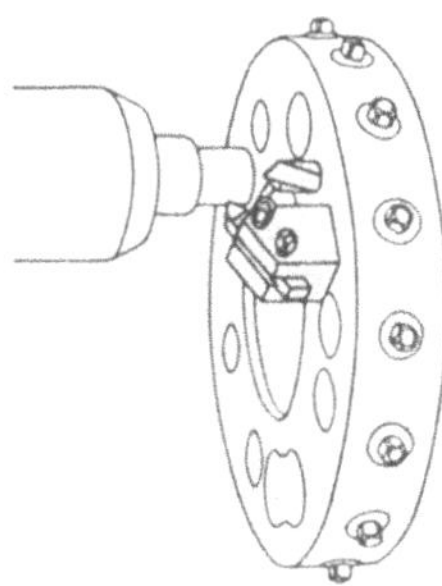

Abb. 55: Einzelne eingespannte Normalwerkzeuge in benachbarten Werkzeuglöchern. Einstellen des Stahles auf Mitte durch Drehen des Stahlhalters.

Abb. 54 und 55: Gleichzeitig Langdrehen und Bohren.

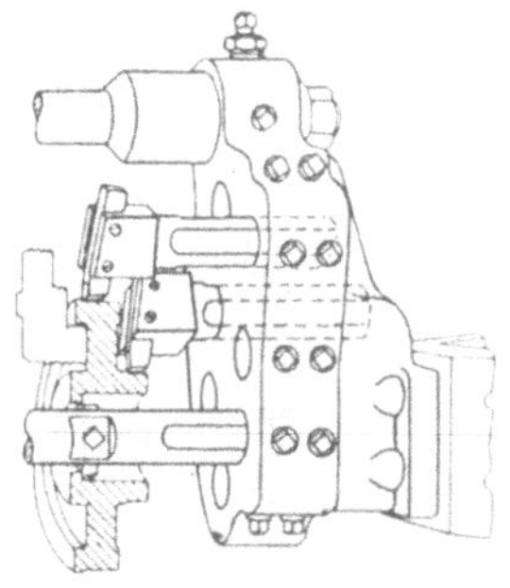

Abb. 56: Große schwere Zwischenplatte mit herausragenden Werkzeugen. Oberstangenführung. Gegenführung für Bohrwerkzeuge. Das eine Werkzeugloch in jeder Stellung reicht oft nicht aus; es werden schwere, komplizierte Stahlhalter benutzt, durch die die Zahl der Werkzeuglöcher vermehrt, aber die Starrheit und Genauigkeit vermindert wird. Schwere Massen müssen geschaltet werden und zerstören durch Stoßwirkung die Genauigkeit und Haltbarkeit der Verriegelung.

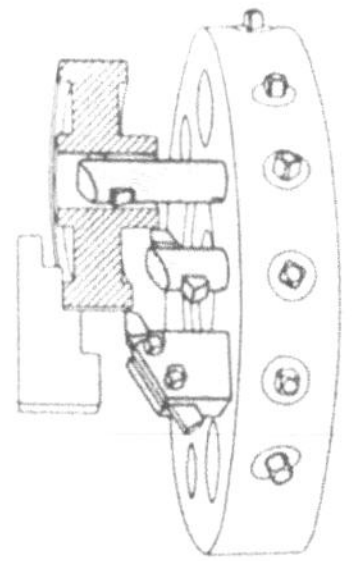

Abb. 57: Einfache Stahlhalter, direkt eingespannt; kurze Werkzeuge. Im Revolverkopf stehen genügend Werkzeuglöcher zur Verfügung; alle Werkzeuglöcher laufen stets parallel mit der Drehspindelachse. Die Werkzeughalter sind leicht und trotzdem stabil.

Abb. 56 und 57: Gleichzeitiges Langdrehen mit mehreren Stählen und Bohren.

Stern-Revolver

Pittler-Revolver

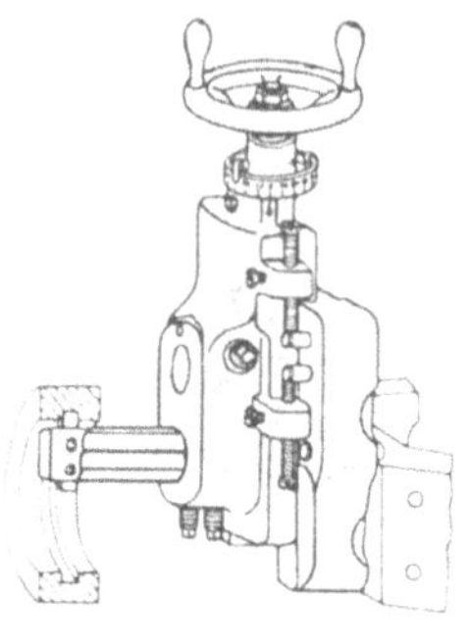

Abb. 58: Umständliches Schlittenwerkzeug, weit ausladend.

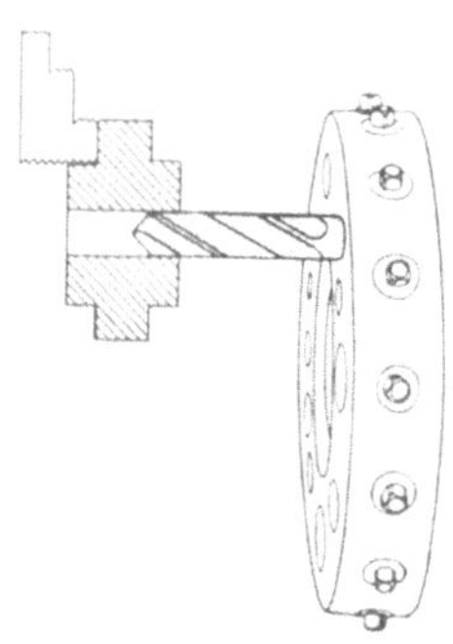

Abb. 59: Normaler kurzer Stahlhalter; Einstechbewegung durch Drehen des Revolverkopfes.

Abb. 58 und 59: Innen einstechen.

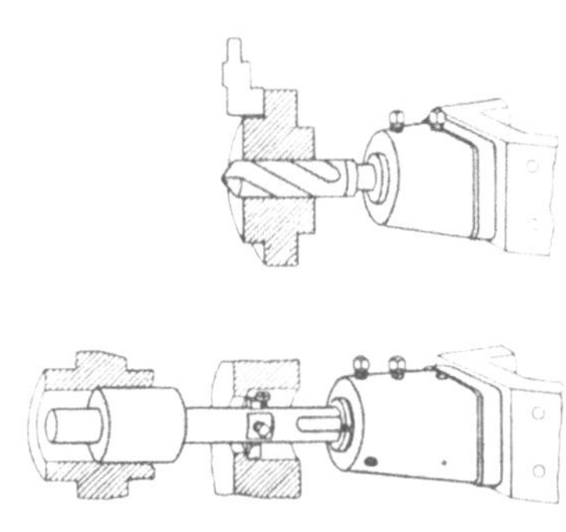

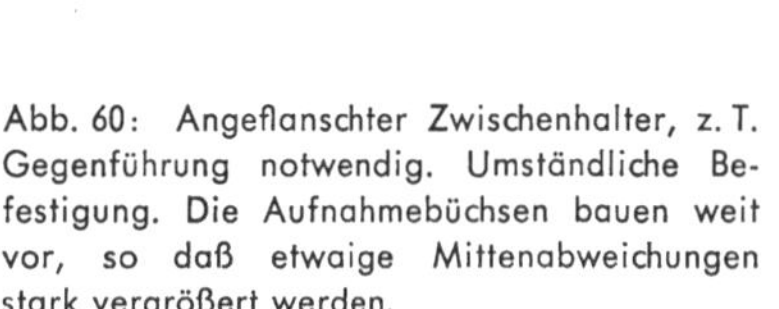

Abb. 60: Angeflanschter Zwischenhalter, z. T. Gegenführung notwendig. Umständliche Befestigung. Die Aufnahmebüchsen bauen weit vor, so daß etwaige Mittenabweichungen stark vergrößert werden.

Abb. 61: Werkzeuge direkt eingespannt. Einfache Befestigung. Die Werkzeuge bauen nur so weit vor, wie es die Arbeit erfordert.

Abb. 60 und 61: Bohrarbeiten

Stern-Revolver

Pittler-Revolver

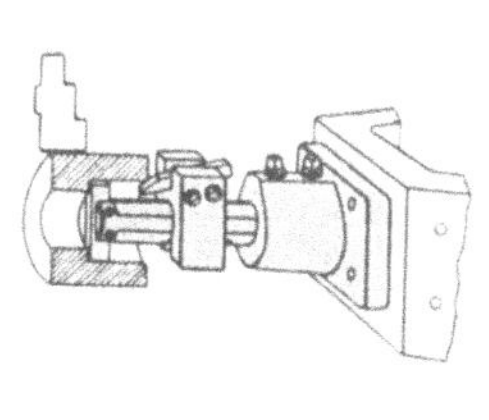

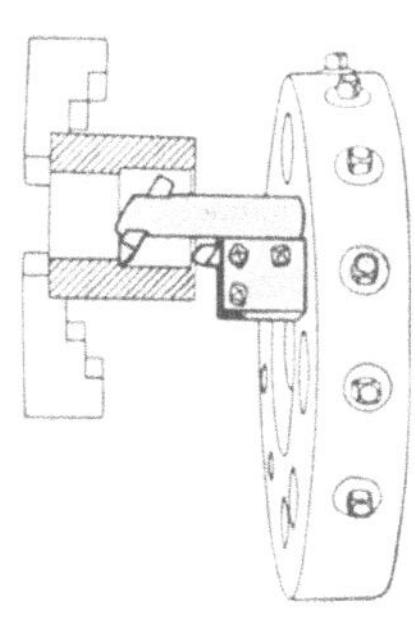

Abb. 62: Aufgeklemmter Halter, weit ausladend und umständlich befestigt, überträgt Schwingungen.

Abb. 63: Einzeln eingespannte Normalwerkzeuge.

Abb. 62 und 63: Gleichzeitig bohren und anfasen.

Vergleich von Werkzeugeinstellungen für seitlich der Drehspindel liegenden Trommel-Revolver (Plan-Revolver) und Pittler-Revolver.

Plan-Revolver

Pittler-Revolver

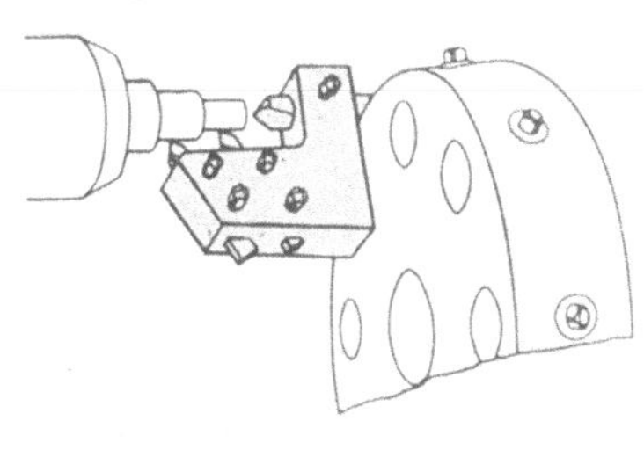

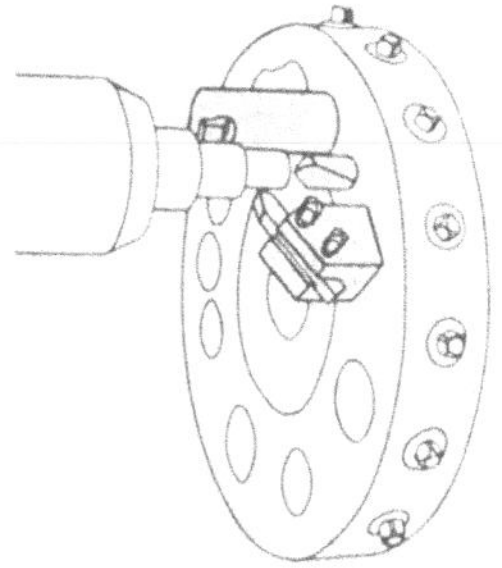

Abb. 64: Seitlich und nach vorn weit ausladende Werkzeuge. Langdrehstähle greifen einseitig an und drücken das Werkstück ab. Sie sind in ihrem Abstand nicht verstellbar.

Abb. 65: Kurz gespannte Werkzeuge. Langdrehen von vorn und von hinten, Werkzeuge einzeln einstellbar.

Abb. 64 und 65: Zentrieren und Langdrehen mit 2 Stählen.

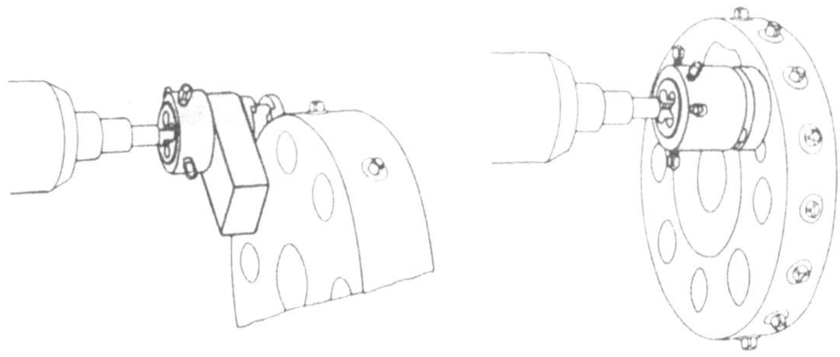

| **Plan-Revolver** | **Pittler-Revolver** |

Abb. 66: Einseitig angeordneter Schneideisenhalter. Mittelstellung muß gesucht werden.

Abb. 67: Einfacher Schneideisenhalter, der in Sperrstellung des Revolverkopfes mit der Drehachse fluchtet.

Abb. 66 und 67: Gewindeschneiden mit Schneideisen.

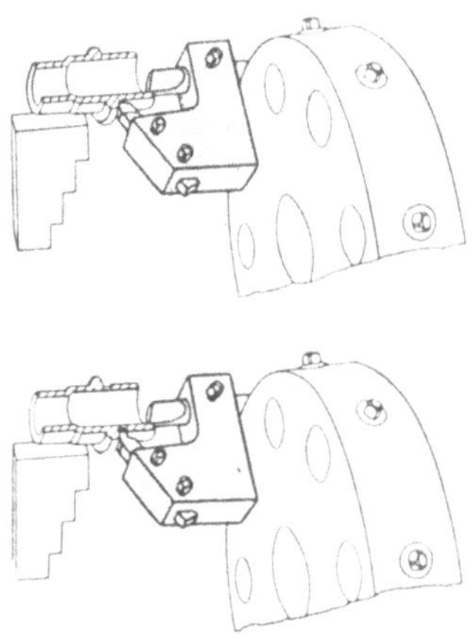

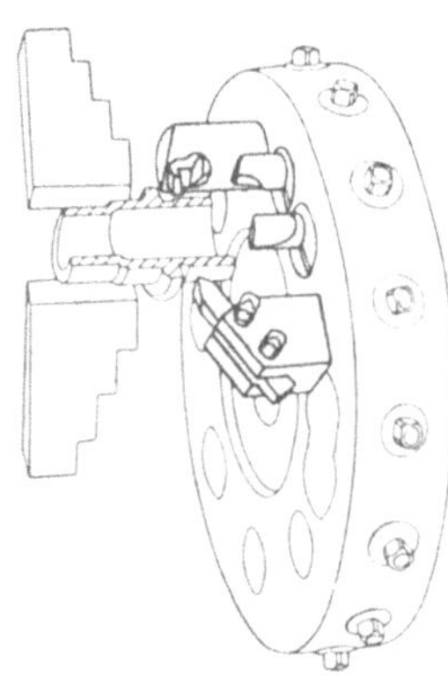

Abb. 68: Einstich und Schlichten der vorderen Planfläche erfordert zweite Arbeitsstufe nach Schalten des Revolverkopfes.

Abb. 69: Langdrehen, Planschruppen und -schlichten sowie Einstechen in einer Arbeitsstufe ohne Schalten des Revolverkopfes.

1. Arbeitsstufe: Langdrehen,
2. Arbeitsstufe: Planschruppen.
Planschlichten,   Einstechen.

Abb. 68 und 69: Langdrehen und Planziehen.

Plan-Revolver

Pittler-Revolver

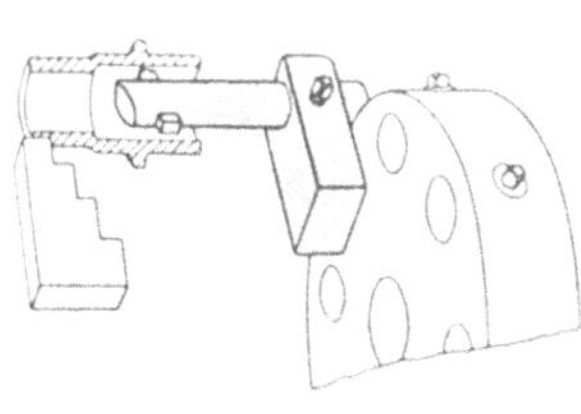

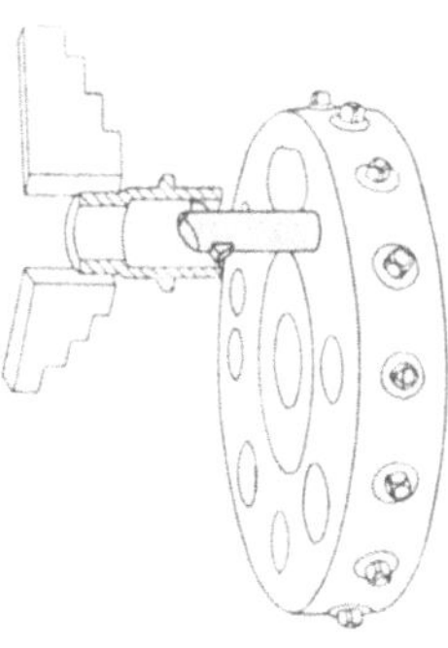

Abb. 70: Einseitig angeordnete Bohrstange mit Zwischenhalter.

Abb. 71: Bohrstange direkt in den Kopf eingesetzt.

Abb. 70 und 71: Ausbohren mit Bohrstange.

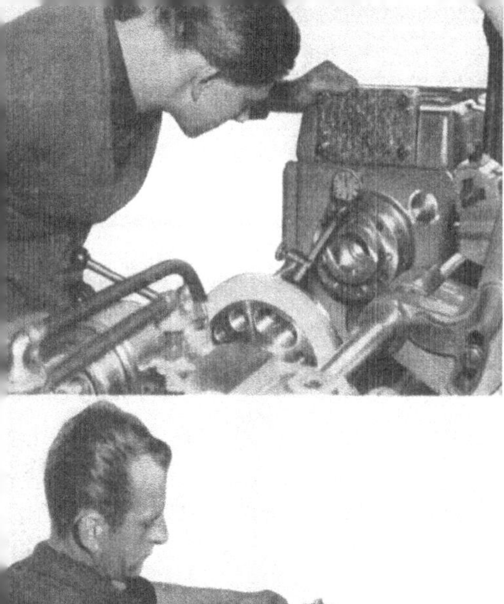

Prüfen des Rundlaufes des
Zentrierkegels der Drehspindel.

Prüfen des Axialspieles der
Drehspindel und des Planlaufes
des Spindelflansches.

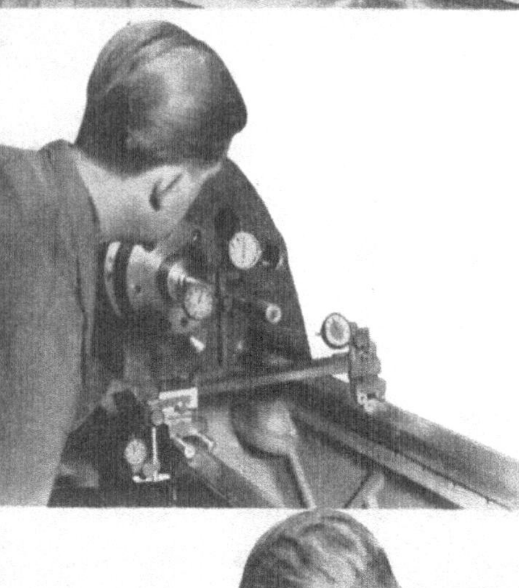

Prüfen der Achsparallelität
der Drehspindel zu den Führungsbahnen des Bettes.

Prüfen der Lage der Werk-
zeuglöcher im Revolverkopf zur
Drehspindel-Mitte.

ABSCHNITT III

Normalwerkzeuge, Spannwerkzeuge

Seite

Allgemeines . . . . 91— 92

Normalwerkzeuge . . . . 93—164

    Anschlag 93

    Zentrierwerkzeug 94

    Spannhülsen, Werkzeughalter . . . . . . 95—96, 120—121

    Plandreh-Klemmhalter . . . . 97—100, 107—108

    Meißelhalter, Klemmring . . . . 101—106, 109—111, 154—155

    Bohrstangen . . . . 112—113

    Abstechmeißelhalter . . . . 114—115

    Schneideisen- und Gewindebohrerhalter . . . . . . 115—119

    Gegenführungen . . . . 129—130

    Rändelhalter . . . . 130—131

    Stahleinsätze mit Feineinstellung . . . . 132—141

    Gewindestrehler . . . . 143—148

    Oberschlitten-Meißelhalter . . . . 152—154

    Quick-Rändelfräswerkzeuge 156

    Lehre zum Einstellen von Drehmeißeln 157

    Gewindeschneidwerkzeuge . . . . 158—164

Werkstoff-Spannung, Werkstoff-Führung,
Werkstoff-Vorschub . . . . 168—179

    Spannbacken . . . . 168—170

    Einsatzbacken 171

    Umspannzangen 172, 176

    Doppelkegel-Spannbacken 166, 167

    Werkstoff-Führungsringe 177, 178

    Vorschubeinsätze für „Pfander"-Vorschubeinrichtung 179

ABSCHNITT III

NORMALWERKZEUGE
SPANNWERKZEUGE

Die Einfachheit und leichte Einstellbarkeit der Werkzeuge für die Pittler-Revolverdrehbänke wird von keiner anderen Bauart von Revolverdrehbänken übertroffen. Sämtliche Bohrer- und Werkzeughalter sind denkbar einfach in der Ausführung. Reicht einmal für eine besondere Arbeit ein normaler Werkzeughalter nicht aus, so kann der Kunde mit einfachen Mitteln einen dem besonderen Verwendungszweck angepaßten Werkzeughalter selbst herstellen. Sämtliche Werkzeuge können mittig zur Werkstückachse gestellt werden, da alle Löcher des Revolverkopfes nacheinander vor die Spindelmitte gebracht werden. Die bei Revolverdrehbänken anderer Bauart erforderlichen gekröpften Stahlhalter, Stahlhalter mit Abnützung, Stahlhalter mit aufgesetztem Querschieber, gekröpfte Halter für Bohrer, Gewindebohrer und Schneideisen usw. sind bei den Pittler-Revolverdrehbänken nicht notwendig (vgl. Seite 81 ff.). Plandrehen und von der Stange abstechen kann man mit dem Revolverkopf; man benutzt daher einen Querschlitten nur, wenn hierdurch besondere Vorteile erzielt werden können; dies trifft hauptsächlich für größere Durchmesser zu. Mit dem Pittler-Revolverkopf kann man im unmittelbaren Anschluß an das Langdrehen o h n e S c h a l t e n durch einfaches Drehen des Revolverkopfes um seine Achse plandrehen, ein- und abstechen und dadurch beträchtlich an Nebenzeiten sparen.

Die Werkzeuge mit schwachen Schäften können durch Verwendung von zentrisch, exzentrisch oder schräg durchbohrten Spannhülsen (Normalwerkzeuge 8, 9, 10, 28, 29 und 30) in den großen Werkzeuglöchern des Pittler-Revolverkopfes verwendet werden. In der als Langloch (Loch 14/15; bei Modell RB Loch 6/7, bei PIREX 32/150, PIROFA 25/150 und PIROFA 40/150 Loch 10/11) ausgebildeten größeren Aussparung können sie nach Einsetzen von zwei großen Büchsen, von denen die eine eine große zentrische, die andere eine kleine exzentrische Bohrung hat, verwendet werden.

Die Werkzeuge werden möglichst kurz eingespannt, damit sie während des Drehens nicht federn können. Bei den Pittler-Revolverdrehbänken kann die Einspannlänge auch deswegen kurz gehalten werden, weil für jedes Werkzeug ein verstellbarer, genau wirkender Längsanschlag vorhanden ist. Die Anschläge werden bei Ausführung des ersten Werkstückes in der Maschine einmal eingestellt und stimmen dann für die nächsten Werkstücke. Dasselbe gilt für die Plananschläge.

Im allgemeinen rüsten wir unsere Werkzeughalter mit Vierkantstählen aus. Die Vierkantstähle ergeben eine bessere Werkstoffausnutzung, da ein runder Stahl erst bis etwa auf Mitte weggeschliffen werden muß, um richtig zum Schnitt zu kommen. Aus dem gleichen Grunde geben sie besseren Halt und eine bessere Wärmeableitung; bei Ausrüstung mit Hartmetallschneiden sind sie daher unbedingt vorzuziehen. Für die Großreihenfertigung bieten Vierkantstähle, bei denen die Schneidwinkel leicht eingehalten werden können, große Vorteile, zumal sie von der Werkzeugmacherei fertig geschliffen geliefert werden können. Rundstähle machen weniger Schleifarbeit, erfordern aber größere Aufmerksamkeit beim Einrichten. Bei häufigem Werkstückwechsel und bei kleinen Fertigungsreihen sind Rundstähle wendiger und anpassungsfähiger; dieser Vorteil trifft auch bei häufigem Übergang von einem Werkstoff auf den anderen zu. Die Schneidstähle 4 bis 7 werden aus bestem Schnellstahl hergestellt. Auf besondere Bestellung können diese Stähle auch mit Hartmetallschneiden geliefert werden.

Auf den Seiten 161 bis 177 haben wir die Spannwerkzeuge für Pittler-Revolverdrehbänke aufgeführt. Auf Grund langjähriger Erprobungen und Erfahrungen stellen wir unseren Kunden Spanneinrichtungen zur Verfügung, mit denen nicht nur schnell, sondern auch sicher und genau gespannt werden kann.

I. Normal-Werkzeuge

Standard Tools

Outils normaux

1. Anschlagbolzen mit Feineinstellung
Work stop with fine adjustment
Butée de barre avec écrou de réglage

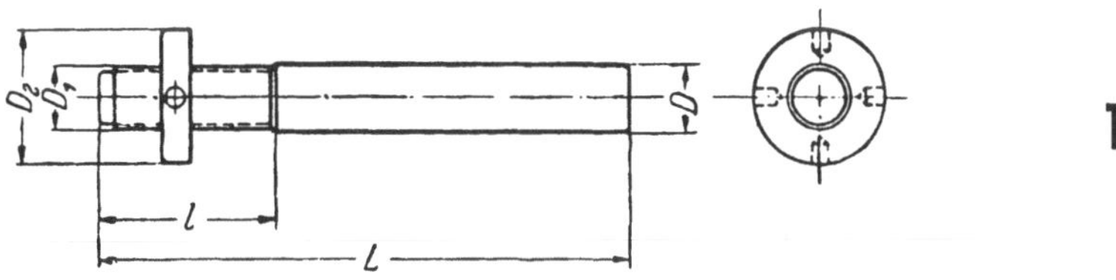

1

Nr.	mm					kg	Für Modell For model Pour modèle
	D_1	D	L	I	D_2		
1.001	M 14 x 1,5	15	120	40	30	0,18	RB - RD, Pr 16, Pa 25, 40, 45, 63.1, P 32, 40.1, 50, 63.1
1.002	M 20 x 1,5	20	140	50	36	0,38	RE - RH II, Pa 45, 63.1, P 50, 63.1
1.003	M 30 x 1,5	30	160	60	50	0,95	RH III, P 80

3. Zentrierwerkzeug für Stahl und Leichtmetalle (HSS)
Centering tool for steel and light metal (HSS)
Foret à centrer pour acier et alliages légers (AcR)

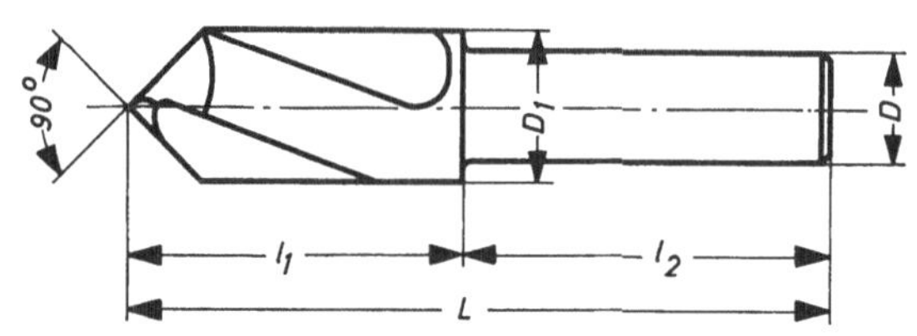

Nr.	mm					kg	Für Modell For model Pour modèle
	D	D₁	L	l₁	l₂		
3.000	15	15	100	38	62	0,10	RB-RC, Pr 16, Pa 25, 40, P 32, 40.1, Pm 23
3.001	15	22	105	45	60	0,15	RB-RD, Pa 25, 40, P 32, 40.1, Pm 23
3.002	20	28	135	65	70	0,40	RE-RH II, Pa 45, 63.1, P 50, 63.1, 80, Pm 35
3.003	30	42	165	80	85	1,05	RH II-III, P 50, 63.1, 80
3.004	20	20	130	50	80	0,35	RE-RH II, Pa 45, 63.1, P 32, 40.1, 50, 63.1, 80, Pm 35

Sämtliche lieferbaren Drehmeißel finden Sie in unserem Prospekt Nr. 416

„PITTLER - Drehmeißel".

Bitte fordern Sie diese Druckschrift an.

All deliverable turning tools are listed in our catalog no. 416

"PITTLER turning tools".

Please ask for this catalog.

Tous les outils de tournage sont énumérés dans notre prospectus no. 416

«Outils de tournage PITTLER»

qui vous sera envoyé gratuitement sur demande.

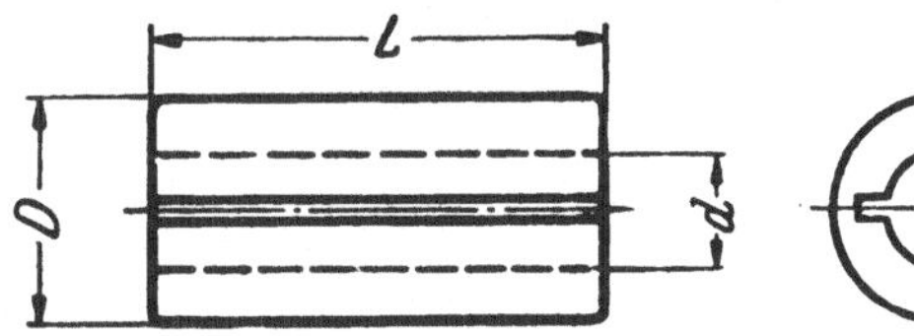

8. Zentrisch durchbohrte Spannhülse
Concentrically bored turret bushing
Douille à alésage concentrique

Nr.	mm			kg	Für Modell For model Pour modèle
	D	d	L		
8.000	20	15	62	0,16	Pa 25, 40, 45, 63.1, P 32, 40.1, 50, 63.1, Pm 23
8.001	30	15	62	0,24	RB-RD, Pr 16, Pa 25, 40, 45, P 32, 40.1, 50, 80, Pm 23
8.003	40	20	83	0,64	RE-RH II, Pa 45, 63.1, P 50, 63.1, Pm 23
8.005	30	20	62	0,18	RB-RC, RD, Pr 16, Pa 25, 40, 45, P 32, 40.1, 50, 80, Pm 23
8.007	40	30	83	0,37	RE-RH II, Pa 45, 63.1, Pm 23
8.025	60	20	83	1,20	Pm 35
8.026	60	30	83	0,90	
8.027	60	40	83	0,70	
8.028	60	50	83	0,55	
8.030	50	20	65	0,80	Pa 63.1[1]), P 32[2]), 40.1[2]) 63.1[1]), 80[1]), Pm 23, 35
8.031	50	30	65	0,60	
8.032	50	40	65	0,35	
8.051	70	30	85	1,95	Pa 45[2]), 63.1[2]), P 50[2]), 63 1[2])
8.052	70	40	85	1,60	
8.053	70	50	85	1,15	
8.054	70	60	85	0,65	

[1]) Für Werkzeuglöcher.   For tool holes.   Pour trous d'outils.

[2]) Für Schwenkarm zur Aufnahme von Schneidköpfen. Bohrung des Schwenkarmes Pa 25, Pa 40 = 40 mm.
For swing-over arm for fixture of die-heads. Location hole in swing-over arm Pa 25, Pa 40 = 40 mm.
Pour bras pivotant, pour montage de têtes à fileter. Alésage du bras pivotant Pa 25, P 40 = 40 mm.

9. Exzentrisch durchbohrte Spannhülse
Eccentrically bored turret bushing
Douille à alésage excentrique

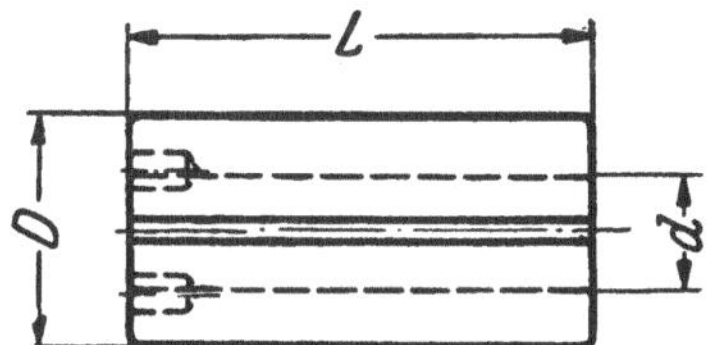
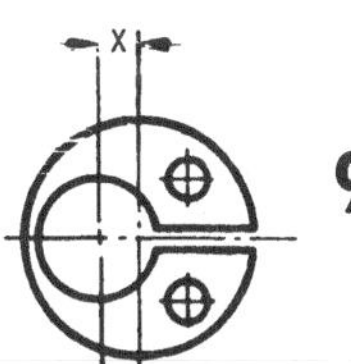

Nr.	mm				kg	Für Modell For model Pour modèle
	D	d	L	x		
9.001	30	15	62	5,5	0,24	RB-RC, RD, Pr 16, Pa 25, 40, 45, 63.1, P 32, 40.1, 50, 63.1, 80, Pm 23
9.003	40	20	83	7	0,62	RE-RH II, Pa 45, 63.1, P 50, 63.1, Pm 23
9.005	30	20	62	3	0,18	RB-RC, RD, Pr 16 , Pa 25, 40, 45, 63.1, P 32, 40.1, 50, 63.1, 80, Pm 23
9.008	40	30	83	3	0,37	RE-RH II, Pa 45, 63.1, P 50, 63.1, Pm 23
9.010	40	20	62	7	0,45	Pa 45, 63.1, P 50, 63.1, Pm 23
9.019	50	20	83	10	0,95	Pa 63.1, P 63.1, 80, Pm 23, 35
9.020	50	30	83	5	0,85	
9.025	60	20	83	15	1,5	Pm 35, P 80
9.026	60	30	83	10	1,3	
9.027	60	40	83	5	1,1	
9.031	80	30	87	20	1,8	P 80
9.032	80	40	87	15	1,6	
9.033	80	50	87	10	1,4	

10. Schräg durchbohrte Spannhülse   Turret bushing with angular bore
Douille à alésage oblique

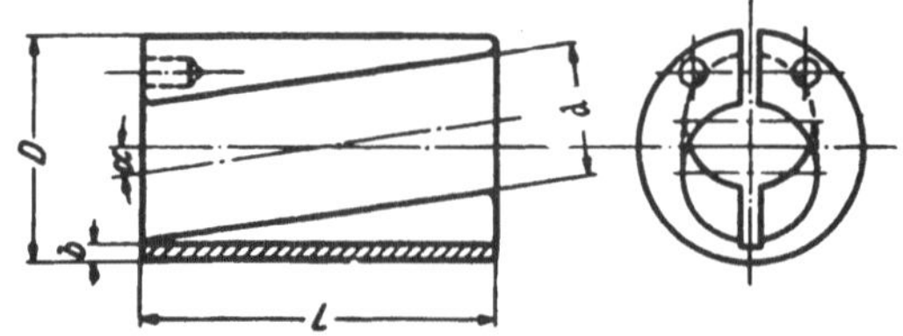

Nr.	mm					kg	Für Modell For model Pour modèle
	D	d	L	$\sphericalangle\,\alpha$	b		
10.002	30	15	50	10°	3,5	0,18	RB-RD, Pr 16, Pa 25, 40, 45, 63.1, P 32, 40.1, 50, 63.1, 80, Pm 23
10.003	40	20	65	10°	4	0,45	RE-RH II, Pa 45, 63.1, P 50, 63.1, Pm 23
10.004	50	30	82	8°	4	0,74	} Pa 63.1, P 63.1, 80, Pm 22, 35
10.005	50	20	80	15°	4	0,85	
10.006	60	20	80	15°	4	1,5	} Pm 35
10.007	60	30	80	10°	4	1,3	
10.008	60	40	80	10°	4	1,2	Pm 35
10.031	80	30	85	15°	4	1,95	} P 80
10.033	80	50	85	15°	4	1,7	

11. Stiftschlüssel zum Einstellen der exzentrisch und schräg durchbohrten Spannhülsen 9 und 10
Pin spanner, for adjusting turret bushings 9 and 10
Clé à ergots pour réglage des douilles 9 et 10

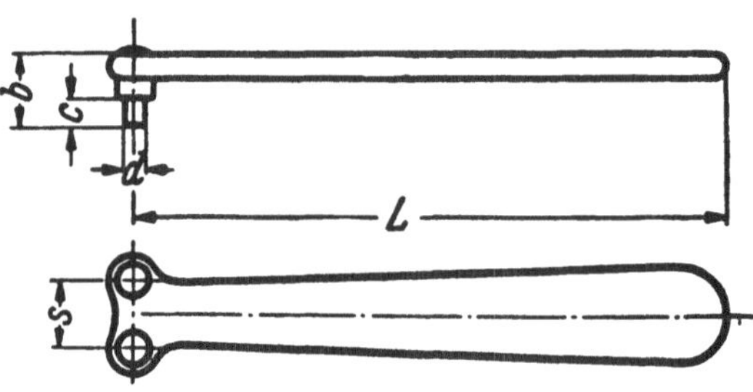

Nr.	mm					Für Spannhülse For turret bushing Pour douille		kg	Für Modell For model Pour modèle
	L	S	b	c	d	9	10		
11.001	110	12	13	5	3,5	9.005	–	0,08	RB-RD, Pr 16, Pa 25, 40, P 32, 40.1, Pm 23
11.002	130	16	13	5	4	9.001	10.002	0,10	RB-RH II, Pr 16, Pa 45, 63.1, P 50, 63.1, 80. Pm 23, 35
						9.003	10.003		
						9.008			
						9.010	10.004		
						9.019	10.005		
						9.020			
						9.025	10.006		
						9.026	10.007		
						9.027	10.008		
						9.031	10.031		
						9.032			
						9.033	10.033		

11.₁ Plandreh-Klemmhalter, rund. Gerade - rechts.
Facing tool holder. Round shank. R.H.
Porte-outil rond à surfacer avec serrage arrière. Droit - à droite.

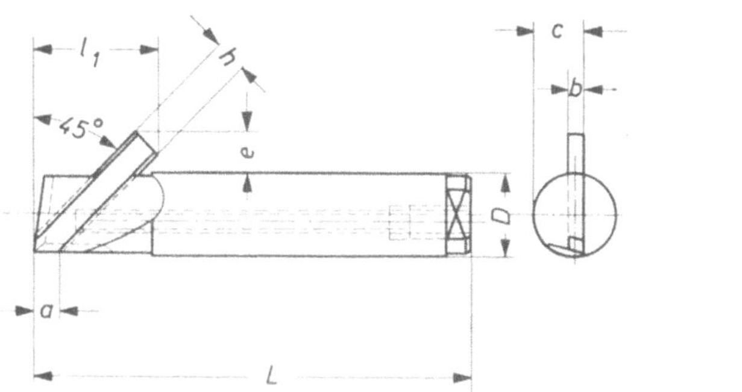

11.₁

Nr.	mm								kg	
	D	L	a	e	l₁	c	b	h		
11.115	15	90	6	8	26	9,5	3	7	0,11	Für alle Modelle
11.120	20	110	7,5	10	32	12	3,5	8	0,23	For all models
11.130	30	150	10	15	48	17	6	12	0,73	Pour tous les modèles

11.₂ Plandreh-Klemmhalter, rund. Gerade - links.
Facing tool holder. Round shank. L.H.
Porte-outil rond à surfacer avec serrage arrière. Droit - à gauche.

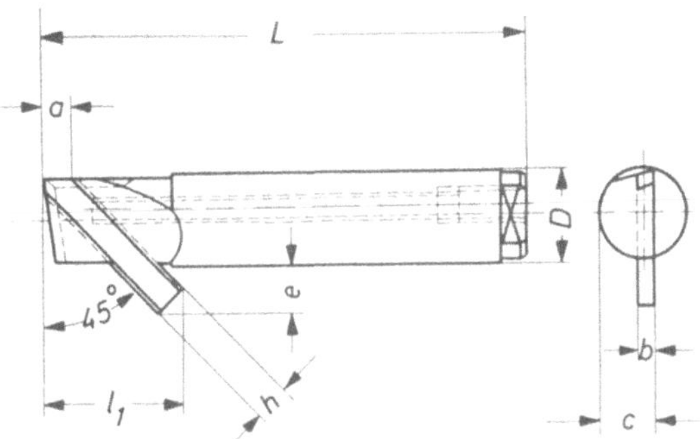

11.₂

Nr.	mm								kg	
	D	L	a	e	l₁	c	b	h		
11.215	15	90	6	8	26	9,5	3	7	0,11	Für alle Modelle
11.220	20	110	7,5	10	32	12	3,5	8	0,23	For all models
11.230	30	150	10	15	48	17	6	12	0,73	Pour tous les modèles

11.3 Plandreh-Klemmhalter, rund. Schräg - rechts.
Angular facing tool holder. Round shank. R.H.
Porte-outil rond à surfacer avec serrage arrière. Oblique - à droit

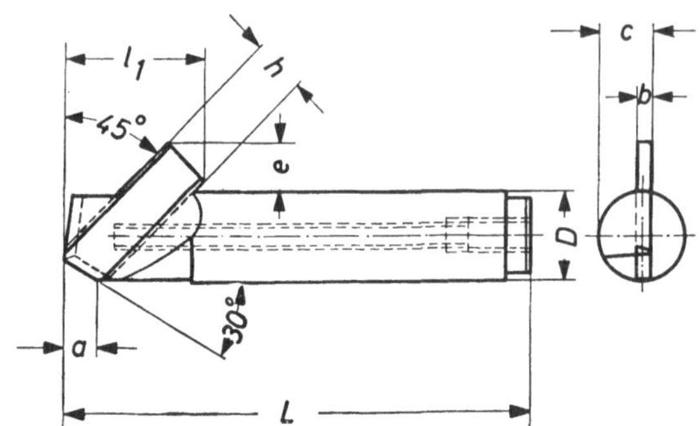

Nr.	mm								kg	
	D	L	a	e	l_1	c	b	h		
11.315	15	90	6	10	26	9,5	3	8	0,11	Für alle Modelle
11.320	20	110	7,5	12	32	12	3,5	12	0,23	For all models
11.330	30	150	14	17	48	17	6	18	0,73	Pour tous les modèle:

11.4 Plandreh-Klemmhalter, rund. Schräg - links.
Angular facing tool holder. Round shank. L.H.
Porte-outil rond à surfacer avec serrage arrière. Oblique - à gauch

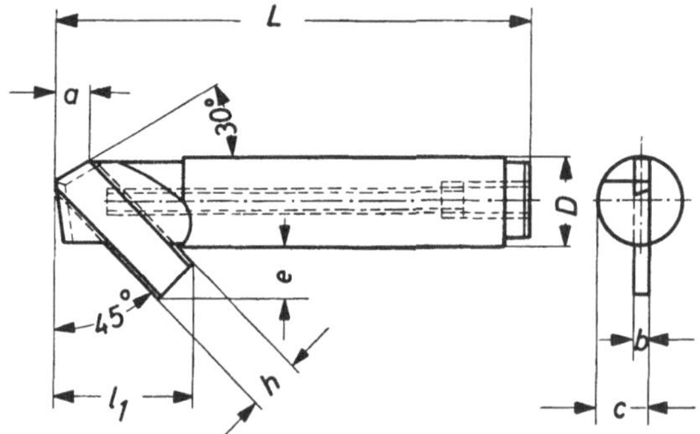

Nr.	mm								kg	
	D	L	a	e	l_1	c	b	h		
11.415	15	90	6	10	26	9,5	3	8	0,11	Für alle Modelle
11.420	20	110	7,5	12	32	12	3,5	12	0,23	For all models
11.430	30	150	14	17	48	17	6	18	0,73	Pour tous les modèle:

11.5 Schneideinsatz zum Plandreh-Klemmhalter, rund
Tool bit for facing tool holder, round
Outil pour porte-outil rond à surfacer avec serrage arrière

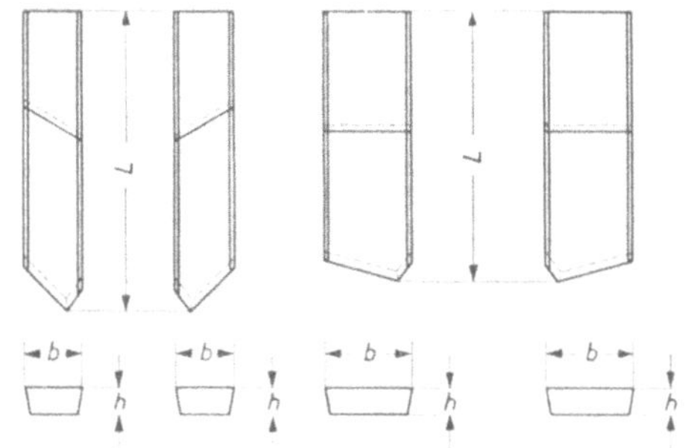

11.5
11.6
11.7
11.8

HSS AcR	Hartmetall Carbide tipped Carburé					kg	mm			Passend für Suitable for Convenable pour
	P 10	P 20	P 30	K 10	K 20		b	h	L	
Nr.	Nr.	Nr.	Nr.	Nr.	Nr.		b	h	L	
11.510	11.511	11.512	11.513	11.516	11.517	0,25	7	3	32	11.115
11.520	11 521	11.522	11.523	11.526	11.527	0,30	8	3,5	40	11.120
11.530	11.531	11.532	11.533	11.536	11.537	0,45	12	6	62	11.130
11.610	11.611	11.612	11.613	11.616	11.617	0,25	7	3	32	11.215
11.620	11.621	11.622	11.623	11.626	11.627	0,30	8	3,5	40	11.220
11.630	11.631	11.632	11.633	11.636	11.637	0,45	12	6	62	11.230
11.710	11.711	11.712	11.713	11.716	11.717	0,25	8	3	32	11.315
11.720	11.721	11.722	11.723	11.726	11.727	0,30	12	3,5	36	11.320
11.730	11.731	11.732	11.733	11.736	11.737	0,50	18	6	55	11.330
11.810	11.811	11.812	11.813	11.816	11.817	0,25	8	3	32	11.415
11.820	11.821	11.822	11.823	11.826	11.827	0,30	12	3,5	36	11.420
11.830	11.831	11.832	11.833	11.836	11.837	0,50	18	6	55	11.430

7*

11.15 **Schleifhalter zum Plandreh-Klemmhalter, rund**
Grinding holder for facing tool holder, round
Support d'affûtage pour porte-outil rond à surfacer
avec serrage arrière

11.15
11.25
11.35
11.45

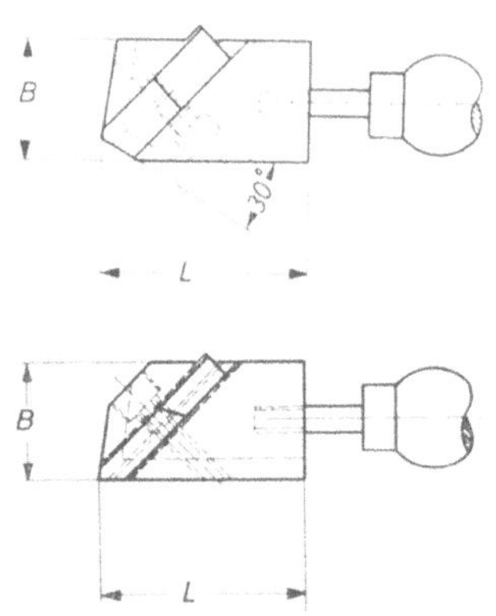

Nr.	mm		kg	Passend für Suitable for Convenable pour
	B	L		
11.151	28	50	0,29	11.115
11.152	28	50	0,29	11.120
11.153	28	50	0,29	11.130
11.251	28	50	0,29	11.215
11.252	28	50	0,29	11.220
11.253	28	50	0,29	11.230
11.351	28	50	0,29	11.315
11.352	28	50	0,29	11.320
11.353	28	50	0,29	11.330
11.451	28	50	0,29	11.415
11.452	28	50	0,29	11.420
11.453	28	50	0,29	11.430

11.16 **Schleiflehre zum Plandreh-Klemmhalter, rund**
Grinding gauge for facing tool holder, round
Calibre d'affûtage pour porte-outil rond à surfacer
avec serrage arrière

11.16
11.26
11.36
11.46

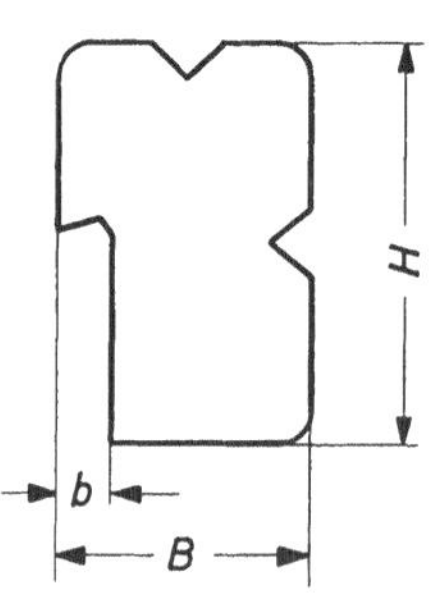

Nr.	mm			kg	Passend für Suitable for Convenable pour
	H	B	b		
11.161	60	40	8	0,02	11.115
11.162	60	40	8	0,02	11.120
11.163	60	40	12	0,02	11.130
11.261	60	40	8	0,02	11.215
11.262	60	40	8	0,02	11.220
11.263	60	40	12	0,02	11.230
11.361	60	40	9	0,02	11.315
11.362	60	40	12	0,02	11.320
11.363	60	40	18	0,02	11.330
11.461	60	40	9	0,02	11.415
11.462	60	40	12	0,02	11.420
11.463	60	40	18	0,02	11.430

12.1 Gerader Meißelhalter für Vierkantmeißel mit Feineinstellung und mittigem Vorderteil
Straight tool holder for square tool with fine adjustment and concentric head
Porte-outil droit pour outil carré avec vis de réglage et corps en ligne

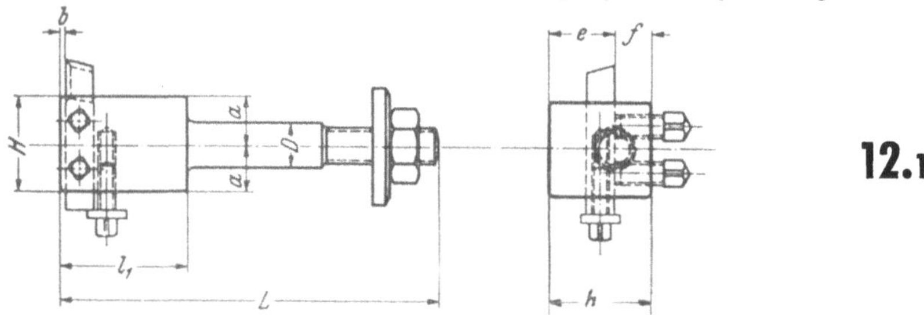

12.1

Nr.	mm									Drehmeißel Tool Outil		kg	Für Modell For model Pour modèle
	D	L	l₁	H	a	b	e	f	h	Nr.	mm		
12.103	15	136	45	32	23	3	23	13	36	6.104	10x10x50	0,59	RB-RD
12.104	15	156	65	32	23	3	23	13	36	6.104	10x10x50	0,78	RB-RD
12.105	20	167	50	46	29	3	29	17	46	6.107	12x12x65	1,20	RE-RH II
12.106	20	187	70	46	29	3	29	17	46	6.107	12x12x65	1,50	RE-RH II
12.107	30	192	55	56	36	3	36	20	56	6.113	16x16x75	1,90	RH III
12.108	30	212	75	56	36	3	36	20	56	6.113	16x16x75	2,10	RH III

12.2 Gerader Meißelhalter für Vierkantmeißel mit Feineinstellung und außermittigem Vorderteil
Straight tool holder for square tool with fine adjustment and eccentric head
Porte-outil droit pour outil carré avec vis de réglage et corps décalé

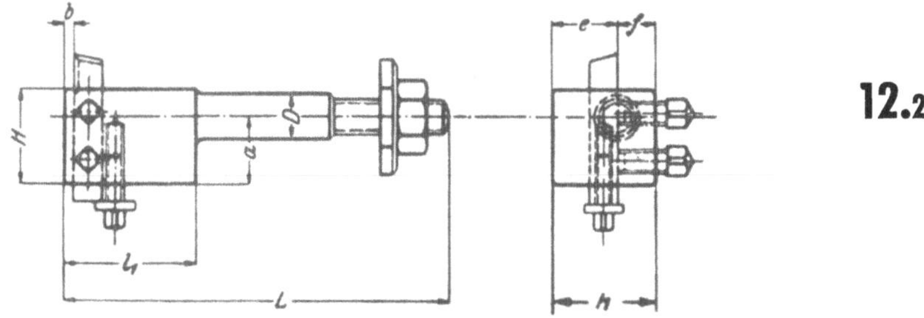

12.2

Nr.	mm									Drehmeißel Tool Outil		kg	Für Modell For model Pour modèle
	D	L	l₁	H	a	b	e	f	h	Nr.	mm		
12.203	15	136	45	32	16	3	23	13	36	6.104	10x10x50	0,59	RB-RD
12.204	15	156	65	32	16	3	23	13	36	6.104	10x10x50	0,78	RB-RD
12.205	20	167	50	46	23	3	29	17	46	6.107	12x12x65	1,20	RE-RH II
12.206	20	187	70	46	23	3	29	17	46	6.107	12x12x65	1,50	RE-RH II

12.3 Gerader Meißelhalter für Vierkantmeißel mit mittigem Vorderteil, Druckplatte und Klemmring
Straight tool holder for square tool with concentric head, pressure plate and clamping ring

Porte-outil droit pour outil carré,
avec corps en ligne,
plaque de pression et bague de serrage

12.3

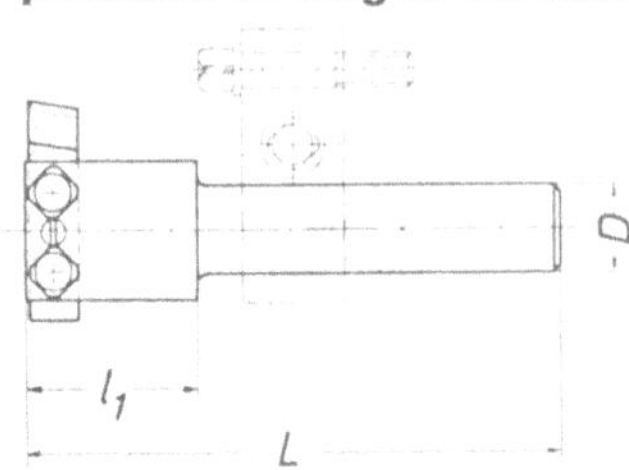
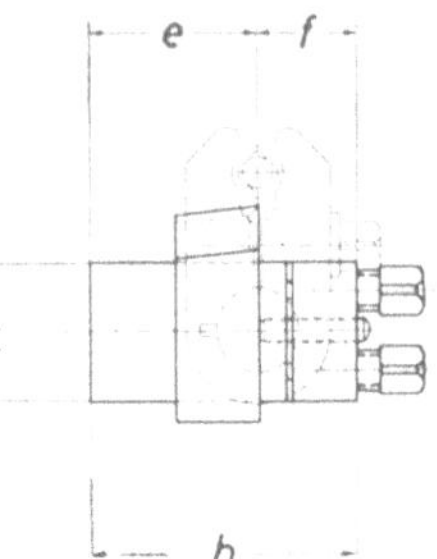

Nr.	mm							Drehmeißel Tool Outil		Klemmring [1] Clamping ring [1] Bague de serrage [1]	kg	Für Modell For model Pour modèle
	D	L	l₁	H	e	f	h	Nr.	mm			
12.303	20	125	40	32	40	23	63	6.114	12x20x50	12.5..	0,9	} Pa 25, 40, 45, 63.1, P 32, 40.1, 50, 63.1, Pm 23
12.304	30	125	40	32	40	23	63	6.114	12x20x50	12.5..	1,2	
12.305	30	185	60	46	50	30	80	6.115	16x25x75	12.5..	2,5	} Pa 63.1, P 63.1, 80, Pm 23, 35
12.306	40	185	60	46	50	30	80	6.115	16x25x75	12.5..	3,1	

[1] Klemmring muß gesondert bestellt werden   Clamping ring must be ordered separately
La bague de serrage doit être commandée spécialement

12.4 Gerader Meißelhalter für Vierkantmeißel mit außermittigem Vorderteil, Druckplatte und Klemmring
Straight tool holder for square tool with eccentric head, pressure plate and clamping ring

Porte-outil droit pour outil carré,
avec corps décalé,
plaque de pression et bague de serrage

12.4

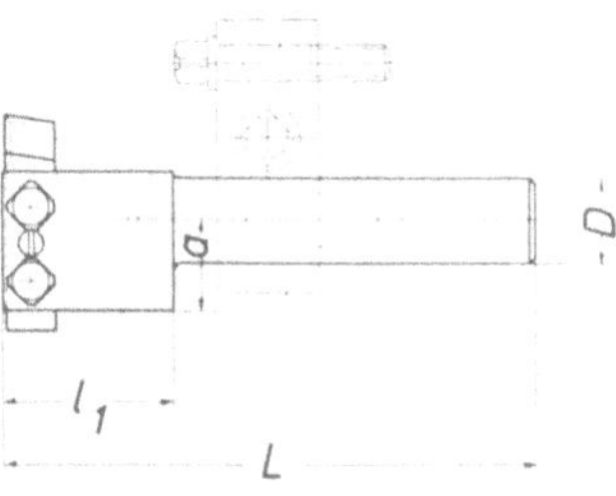
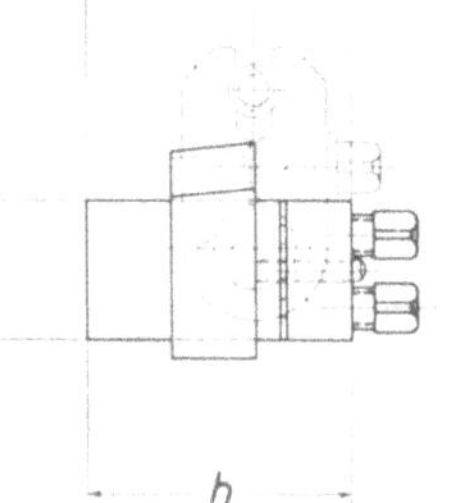

Nr.	mm								Drehmeißel Tool Outil		Klemmring [1] Clamping ring [1] Bague de serrage [1]	kg	Für Modell For model Pour modèle
	D	L	l₁	H	a	e	f	h	Nr.	mm			
12.403	20	125	40	32	21	40	23	63	6.114	12x20x50	12.5..	1,3	Pa 25, 40, 45, 63.1, P 32, 40.1, 50, Pm 23
12.405	30	185	60	46	30	50	30	80	6.115	16x25x75	12.5..	2,5	Pa 63.1, P 63.1, 80, Pm 23, 35

[1] Klemmring muß gesondert bestellt werden   Clamping ring must be ordered separately
La bague de serrage doit être commandée spécialement

12.51 Klemmring
Clamping ring
Bague de serrage

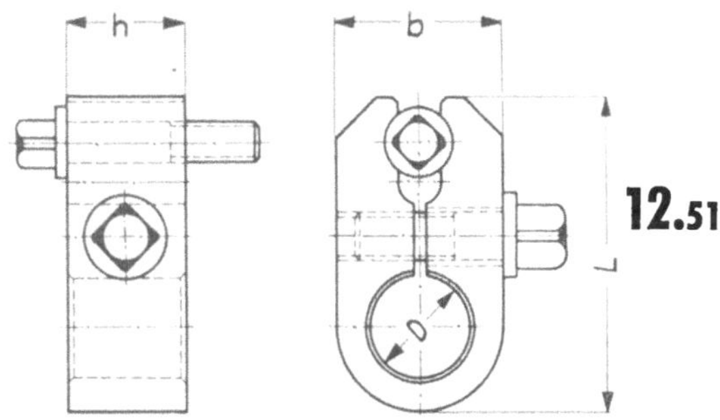

12.51

Nr.	mm				kg	Für Modell For model Pour modèle
	D	h	b	L		
12.512	15	24	30	63	0,5	} Pr 16, Pa 25, 40, 45, P 32, 40.1, 50
12.513	20	24	34	63	0,6	
12.514	30	24	44	68	0,7	Pr 16, Pa 25, 40, 45, P 32.0, 50
12.515	20	28	34	90	0,8	
12.516	30	28	44	93	0,9	
12.517	40	28	54	98	1,0	} P 80, Pm 35
12.518	50	40	70	107	1,3	
12.519	20	24	34	85	0,7	
12.520	30	24	44	85	0,8	} Pa 63.1, P 63.1, Pm 23
12.521	40	28	54	90	1,2	
12.522	30	24	44	70	0,7	P 32.1, 40.1

12.6 Nachstellbarer Feindreh-Meißelhalter, gerade
Adjustable finish turning tool holder, straight
Porte-outil de précision réglable, droit

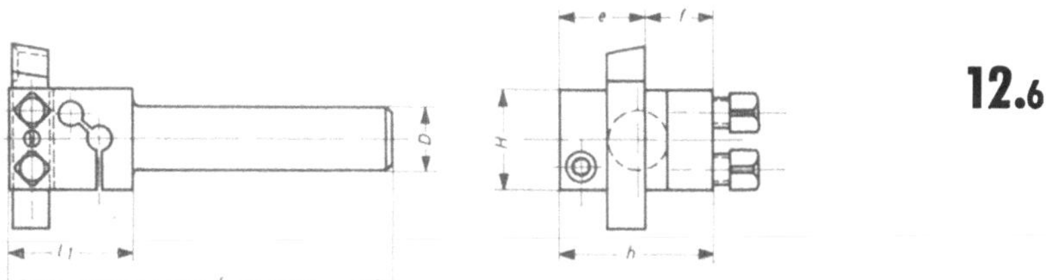

12.6

Nr.	mm							Drehmeißel Tool Outil		Klemmring [1) Clamping ring [1) Bague de serrage [1)	kg	Für Modell For model Pour modèle
	D	L	l_1	H	h	e	f	Nr.	mm			
12.603	20	125	40	32	50	27	23	6.107	12x12x65	12.5..	0,8	} Pa 25, 40, 45, 63.1,
12.604	30	125	40	32	50	27	23	6.107	12x12x65	12.5..	1,1	} P 32, 40.1, 50, 63.1, Pm 23
12.605	30	185	60	46	60	34	26	6.113	16x16x75	12.5..	2,4	} Pa 63 1, P 63.1, 80
12.606	40	185	60	46	60	34	26	6.113	16x16x75	12.5..	3,0	} Pm 23, 35
12.613	20	145	60	32	50	27	23	6.107	12x12x65	12.5..	0,9	} Pa 25, 40, 45, 63.1,
12.614	30	145	60	32	50	27	23	6.107	12x12x65	12.5..	1,2	} P 32, 40.1, 50, 63.1, Pm 23
12.615	30	205	80	46	60	34	26	6.113	16x16x75	12.5..	2,5	} Pa 63.1, P 63.1, 80
12.616	40	205	80	46	60	34	26	6.113	16x16x75	12.5..	3,1	} Pm 23, 35

[1) Klemmring muß gesondert bestellt werden   Clamping ring must be ordered separately
La bague de serrage doit être commandée spécialement

13.1 Schräger Meißelhalter für Vierkantmeißel mit Feineinstellung und außermittigem Vorderteil

Angular tool holder for square tool with fine adjustment and eccentric head

Porte-outil oblique pour outil carré, avec vis de réglage et corps décalé

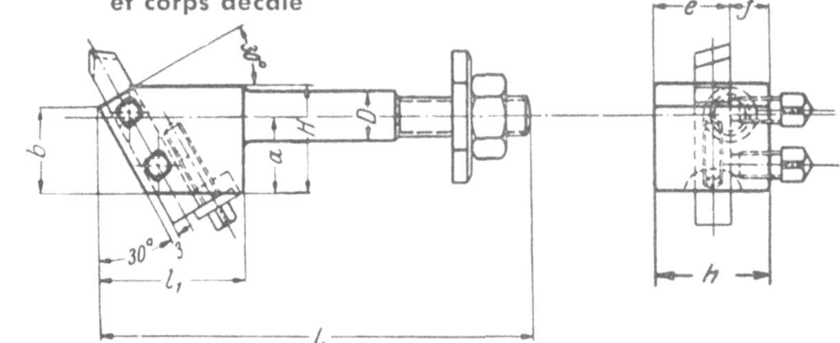

13.1

Nr.	mm									Drehmeißel Tool Outil		kg	Für Modell For model Pour modèle
	D	L	l₁	b	a	H	e	f	h	Nr.	mm		
13.103	15	136	45	26	23	32	23	13	36	6.304	10x10x60	0,53	RB-RD
13.104	15	156	65	26	23	32	23	13	36	6.304	10x10x60	0,70	RB-RD
13.105	20	177	60	32	29	46	29	17	46	6.307	12x12x75	1,20	RE-RH II
13.106	20	197	80	32	29	46	29	17	46	6.307	12x12x75	1,50	RE-RH II
13.107	30	212	75	41	36	56	36	20	56	6.314	16x16x90	2,40	RH III
13.108	30	232	95	41	36	56	36	20	56	6.314	16x16x90	2,60	RH III

13.2 Schräger Meißelhalter für Vierkantmeißel mit Feineinstellung und mittigem Vorderteil

Angular tool holder for square tool with fine adjustment and concentric head

Porte-outil oblique pour outil carré, avec vis de réglage et corps en ligne

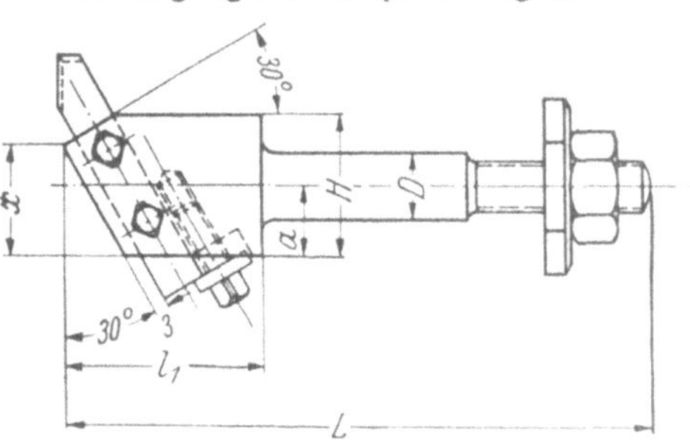
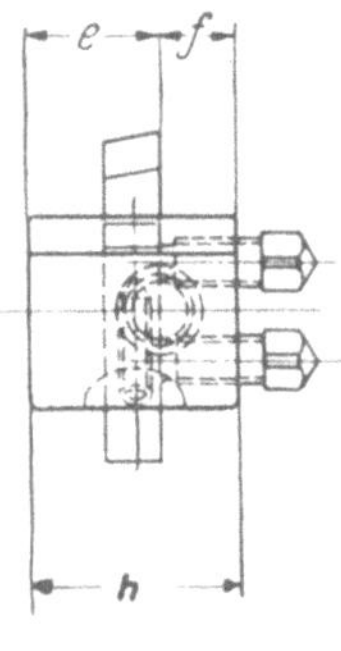

13.2

Nr.	mm									Drehmeißel Tool Outil		kg	Für Modell For model Pour modèle
	D	L	l₁	X	a	H	e	f	h	Nr.	mm		
13.203	15	136	45	26	16	32	23	13	36	6.304	10x10x60	0,60	RB – RD
13.204	15	156	65	26	16	32	23	13	36	6.304	10x10x60	0,70	RB – RD
13.205	20	177	60	32	23	46	29	17	46	6.307	12x12x75	1,20	RE-RH II
13.206	20	197	80	32	23	46	29	17	46	6.307	12x12x75	1,50	RE-RH II

13.3 Schräger Meißelhalter für Vierkantmeißel mit mittigem Vorderteil, Druckplatte und Klemmring
Angular tool holder for square tool with concentric head, pressure plate and clamping ring
Porte-outil oblique pour outil carré, avec corps en ligne, plaque de pression et bague de serrage

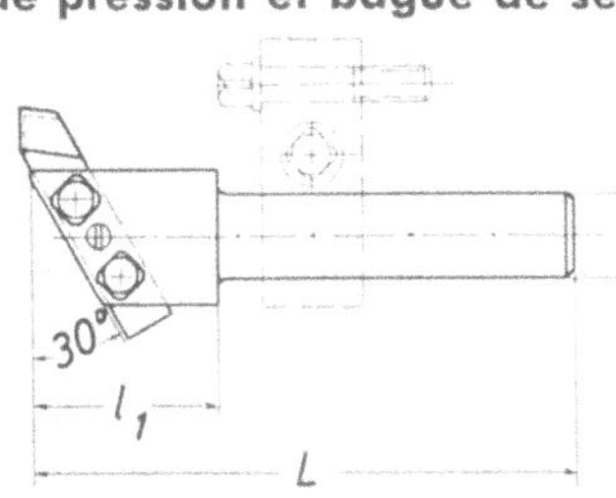

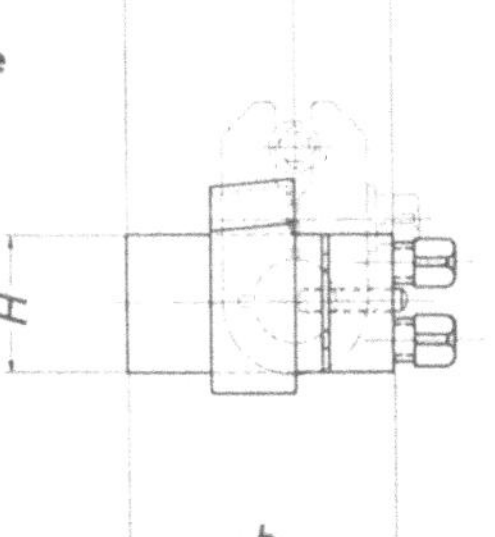

Nr.	mm							Drehmeißel Tool Outil		Klemmring [1] Clamping ring [1] Bague de serrage[1]	kg	Für Modell For model Pour modèle
	D	L	l₁	H	e	f	h	Nr.	mm			
13.303	20	130	45	32	40	23	63	6.315	12x20x60	12.5..	0,8	⎫ Pa 25, 40, 45, 63.1,
13.304	30	130	45	32	40	23	63	6.315	12x20x60	12.5..	1,2	⎰ P 32, 40.1, 50, 63.1, Pm 23
13.305	30	195	70	46	50	30	80	6.316	16x25x85	12.5..	2,5	⎱ Pa 63.1, P 63.1, 80
13.306	40	195	70	46	50	30	80	6.316	16x25x85	12.5..	3,1	⎰ Pm 23, 35
13.308	60	212	107	72	62	33	75	6.317	20x32x160	–	7,0	Pm 35
13.310	15	115	45	32	23	23	46	6.304	10x10x60	12.5..	0,6	Pr 16

[1] Klemmring muß gesondert bestellt werden   Clamping ring must be ordered separately
La bague de serrage doit être commandée spécialement

13.4 Schräger Meißelhalter für Vierkantmeißel mit außermittigem Vorderteil, Druckplatte und Klemmring
Angular tool holder for square tool with eccentric head, pressure plate and clamping ring
Porte outil oblique pour outil carré, avec corps décalé, plaque de pression et bague de serrage

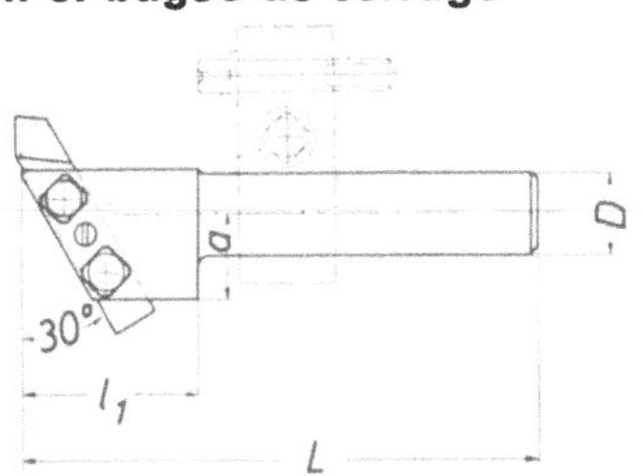

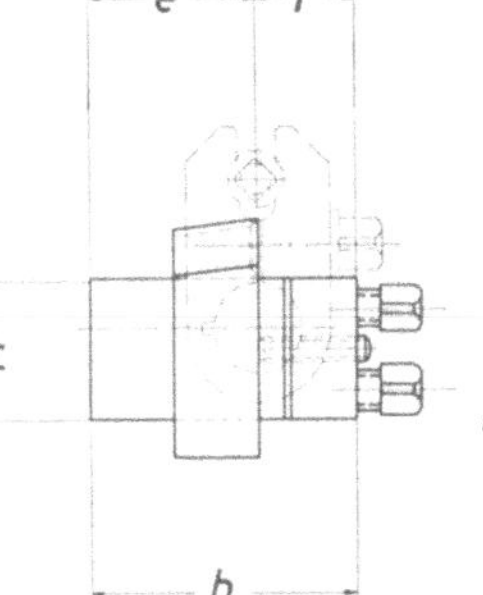

Nr.	mm								Drehmeißel Tool Outil		Klemmring [1] Clamping ring [1] Bague de serrage[1]	kg	Für Modell For model Pour modèle
	D	L	l₁	H	a	e	f	h	Nr.	mm			
13.403	20	130	45	32	21	40	23	63	6.315	12x20x60	12.5..	1,3	Pa 25, 40, 45, 63.1, P 32, 40.1, 50, Pm 23
13.405	30	195	70	46	30	50	30	80	6.316	16x25x85	12.5..	2,5	Pa 63.1, P 63.1, 80 Pm 23, 35
13.410	15	115	45	32	23	23	23	46	6.304	10x10x60	12.5..	0,6	Pr 16

[1] Klemmring muß gesondert bestellt werden   Clamping ring must be ordered separately
La bague de serrage doit être commandée spécialement

13.₆ Nachstellbare Feindreh-Meißelhalter, schräg

Adjustable finish turning tool holder, angular

Porte-outil de précision réglable, oblique

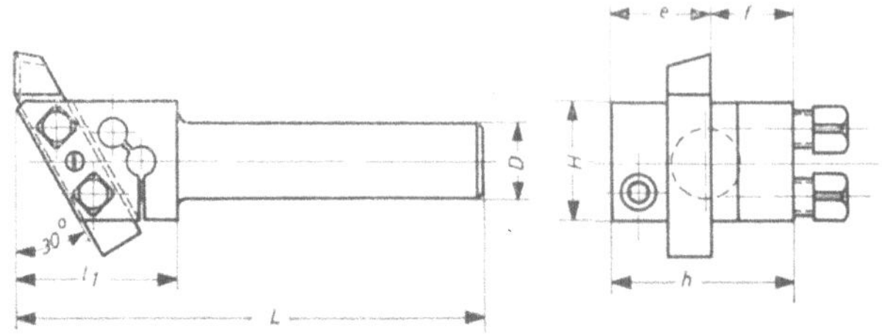

Nr.	mm							Drehmeißel Tool Outil		Klemmring[1] Clamping ring[1] Bague de serrage[1]	kg	Für Modell For model Pour modèle
	D	L	l_1	H	h	e	f	Nr.	mm			
13.603	20	130	45	32	50	27	23	6.307	12x12x75	12.5..	0.7	Pa 25, 40, 45, 63.1, P 32, 40.1, 50, 63.1, Pm 23
13.604	30	130	45	32	50	27	23	6.307	12x12x75	12.5..	1.1	
13.605	30	195	70	46	60	34	26	6.313	16x16x75	12.5..	2.4	Pa 63.1, P 63.1, 80, Pm 23, 35
13.606	40	195	70	46	60	34	26	6.313	16x16x75	12.5..	3.0	
13.613	20	150	65	32	50	27	23	6.307	12x12x75	12.5..	0.9	Pa 25, 40, 45, 63.1, P 32, 40.1, 50, 63.1, Pm 23
13.614	30	150	65	32	50	27	23	6.307	12x12x75	12.5..	1.3	
13.615	30	215	90	46	60	34	26	6.313	16x16x75	12.5..	2.6	Pa 63.1, P 63.1, 80, Pm 23, 35
13.616	40	215	90	46	60	34	26	6 313	16x16x75	12.5..	3.2	

[1] Klemmring muß gesondert bestellt werden
Clamping ring must be ordered separately
La bague de serrage doit être commandée spécialement

13.70 Klemmhalter mit Feineinstellung
Clamping tool holder with fine adjusting
Porte-outil avec serrage arrière avec réglage micrométrique

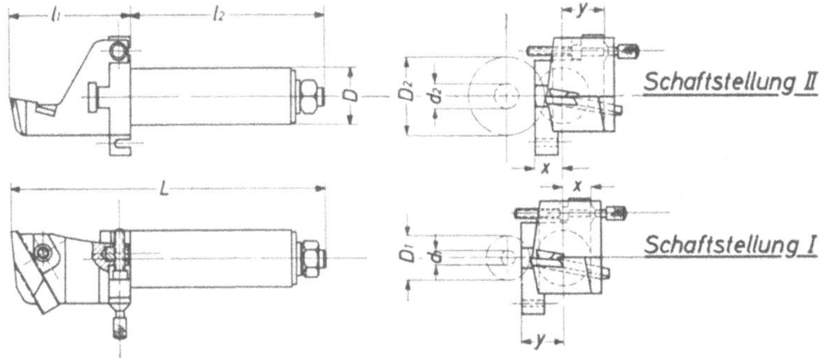

13.70

13.71

Nr.	Benennung Designation Désignation	l_1 mm	kg	Nr.	Benennung Designation Désignation	D	l_2	x	y	kg	Für Modell For model Pour modèle
								mm			
13.700	Vorderteil	64	0,34	13.710	Schaft	30	85	15	23	0,6	Pa 25, 40, P 32, 40.1
13.700	Front part	64	0,34	13.711	Shank	30	108	15	23	0,74	Pa 45, P 50
13.700	Partie avant	64	0,34	13.712	Queue	30	133	15	23	0,88	Pa 63.1, P 63.1, 80

Erreichbare Drehdurchmesser und Drehlängen bei Indexstellung des Revolverkopfes.
Possible turning diameter and turning length at index position of turret head.
Diamètres et longueurs à tourner lors de l'indexage de la tourelle revolver.

Modell Model Modèle	Schaftstellung I Shank position I Position I de la queue				Schaftstellung II Shank position II Position II de la queue			
	Drehdurchm. turning dia. dia. de tournage		Erreichb. Drehlängen Poss. turning length Long. à tourner		Drehdurchm. turning dia. dia. de tournage		Erreichb. Drehlängen Poss. turning length Long. à tourner	
			max. f. Durchm. for dia. pour dia.	47 mm f. Durchm. for dia. pour dia.			max. f. Durchm. for dia. pour dia.	47 mm f. Durchm. for dia. pour dia.
	d_1 mm	D_1 mm	mm	mm	d_2 mm	D_2 mm	mm	mm
P 32.1, P 40.1 (Lochabstand = 33,2 mm) (Dist. between holes = 33,2 mm) (Dist. des trous = 33,2 mm)	0	30	0 – 30	–	10	46	10 – 34	35 – 46
Pa 25, 40, P 32.0 (Lochabstand = 39 mm) (Dist. between holes = 39 mm) (Dist. des trous = 39 mm)	6	42	6 – 32	33 – 42	22	58	22 – 34	35 – 58
Pa 45, P 50 (Lochabstand = 39 mm) (Dist. between holes = 39 mm) (Dist. des trous = 39 mm)	6	42	6 – 32	33 – 42	22	58	22 – 39	40 – 58
Pa 63, P 63 (Lochabstand = 45 mm) (Dist. between holes = 45 mm) (Dist. des trous = 45 mm)	18	54	18 – 44	45 – 54	34	70	34 – 49	50 – 70
P 80 (Lochabstand = 68,3 mm) (Dist. between holes = 68,3 mm) (Dist. des trous = 68,3 mm)	65	100	65 – 79	80 – 100	80	116	–	80 – 116

13.₇₅. Schleifhalter   Grinding holder   Support d'affûtage

13.75

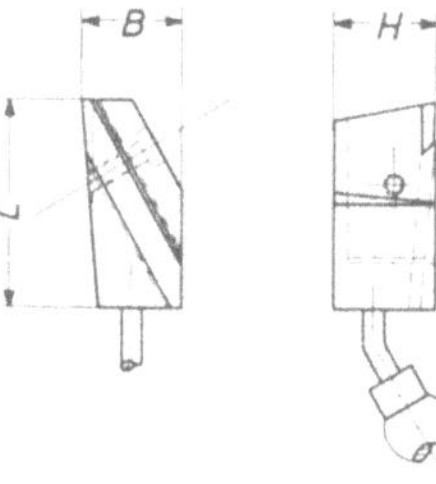

Nr.	H mm	B mm	L mm	kg	Passend für Suitable for Convenant à
13.750	30	30	60	0,29	13.78 · in 13.700

13.₇₆. Schleiflehre   Grinding gauge   Calibre d'affûtage

13.76

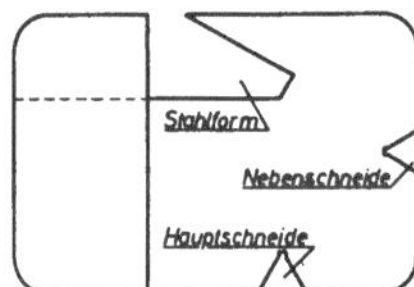

Nr.	kg		Passend für Suitable for Convenant à
13.760	0,04		13.78 · in 13.700

13.₇₈. Schneideinsatz   Tool bit   Outil de coupe

13.78

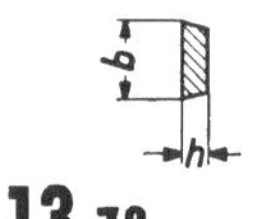
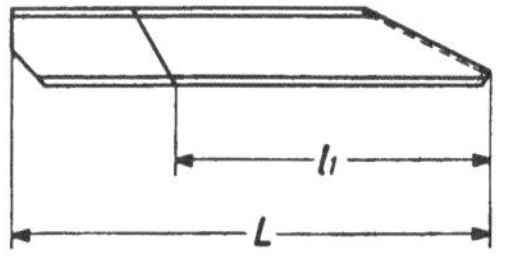

Nr.	L mm	l₁ mm	b mm	h mm	kg	Stahlqualität Material of tool Matériel des outils
13.780	50	30	10	4	0,11	HSS
13.781	50	30	10	4	0,15	HM P 10
13.782	50	30	10	4	0,15	HM P 20
13.783	50	30	10	4	0,15	HM P 30
13.786	50	30	10	4	0,15	HM K 20
13.787	50	30	10	4	0,15	HM K 10

Um ein einwandfreies Arbeiten der Schneideinsätze zu gewährleisten, sind diese stets in dem Schleifhalter 13.750 nach Schleiflehre 13.760 zu schleifen.

Auf Wunsch liefern wir auch Schneideinsätze aus anderen Hartmetall-Qualitäten und anderer Fabrikate.

In order to ensure correct working of the tool bits they must always be ground in the grinding holder 13.750 in accordance with grinding gauge 13.760.

On request, we also supply tool bits of other qualities of hard metal and produced by other makers.

Pour obtenir un travail irréprochable des outils de coupe, ceux-ci doivent toujours être affutés dans le support d'affûtage 13.750 suivant calibre d'affûtage 13.760.

Sur demande, nous fournissons aussi des outils de coupe d'autres qualités de carbure et d'autres marques.

14. Gerader Meißelhalter für Rund- bzw. Vierkantmeißel

Straight tool holder for round and square tools respect.

Porte-outil droit pour outil rond resp. carré

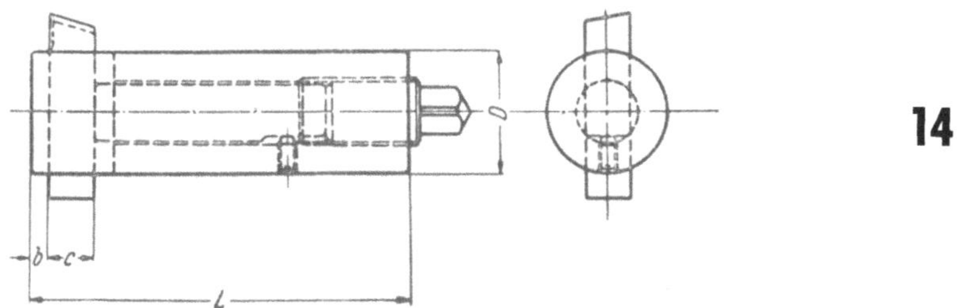

14

Nr.	mm				Drehmeißel Tool Outil		kg	Für Modell For model Pour modèle
	D	L	b	c	Nr.	mm		
14.0C0	30	100	6,5	12	6.107	12 × 12 × 65	0,65	RB-RD, Pr 16, Pa 25, 40, 45, P 32, 40.1, 50, Pm 23, 35
14.001	30	125	6,5	12	6.107	12 × 12 × 65	0,69	
14.011	30	150	6,5	12	6.107	12 × 12 × 65	0,83	
14.012	30	200	6,5	12	6.107	12 × 12 × 65	1,05	
14 002	40	110	6	16	6.113	16 × 16 × 75	1,10	RE-RH II, Pa 45, 63.1, P 50, 63.1, 80, Pm 23, 35
14.003	40	125	6	16	6.113	16 × 16 × 75	1,20	
14.004	40	150	6	16	6.113	16 × 16 × 75	1,40	
14.005	40	175	6	16	6.113	16 × 16 × 75	1,70	
14.006	40	200	6	16	6.113	16 × 16 × 75	1,95	
14.007	50	175	8	20	6.112	20 × 20 × 100	2,0	RH III, Pa 63.1, P 63.1, 80, Pm 35
14.008	50	200	8	20	6.112	20 × 20 × 100	2,2	
14.009	50	225	8	20	6.112	20 × 20 × 100	2,4	
14.010	50	250	8	20	6.112	20 × 20 × 100	2,6	
14.013	50	300	8	20	6.112	20 × 20 × 100	3,0	
14.061	30	125	3	15⌀	4.101	15⌀ × 55	0,7	RB-RD, Pr 16, Pa 25, 40, 45, P 32, 40.1, 50, Pm 23, 35
14.062	40	110	5	20⌀	4.104	20⌀ × 65	1,1	RE-RH II, Pa 45, 63.1, P 50, 63.1, 80, Pm 23, 35
14.063	40	125	5	20⌀	4.104	20⌀ × 65	1,2	
14.064	40	150	5	20⌀	4.104	20⌀ × 65	1,4	
14.065	40	175	5	20⌀	4.104	20⌀ × 65	1,7	
14.066	40	200	5	20⌀	4.104	20⌀ × 65	1,95	
14.067	40	250	5	20⌀	4.104	20⌀ × 65	2,4	
14.068	40	300	5	20⌀	4.104	20⌀ × 65	2,9	
14.071	30	150	3	15⌀	4.101	15⌀ × 55	0,9	RB-RD, Pr 16, Pa 25, 40, 45, P 32, 40.1, 50, Pm 23, 35
14.072	30	200	3	15⌀	4.101	15⌀ × 55	1,1	

15. Schräger Meißelhalter für Rund- bzw. Vierkantmeißel
Angular tool holder for round and square tools respect.
Porte-outils oblique pour outil rond resp. carré

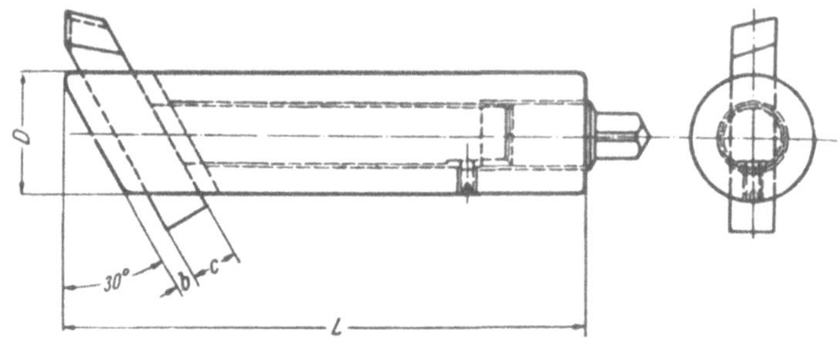

Nr.	mm				Grad	Drehmeißel Tool Outil		kg	Für Modell For model Pour modèle
	D	L	b	c		Nr.	mm		
15.001	30	110	6	12	30	6.307	12×12×75	0,68	RB-RD, Pr 16, Pa 25, 40, 45, P 32, 40.1, 50, Pm 23, 35
15.002	30	125	6	12	30	6.307	12×12×75	0,70	
15.003	30	150	6	12	30	6.307	12×12×75	0,80	
15.014	30	175	6	12	30	6.307	12×12×75	0,93	
15.015	30	200	6	12	30	6.307	12×12×75	1,05	
15.004	40	110	6	16	30	6.313	16×16×75	1,10	RE-RH II, Pa 45, 63.1, P 50, 63.1, 80, Pm 23, 35
15.005	40	130	6	16	30	6.313	16×16×75	1,30	
15.006	40	150	6	16	30	6.313	16×16×75	1,40	
15.007	40	175	6	16	30	6.313	16×16×75	1,70	
15.008	40	200	6	16	30	6.313	16×16×75	1,90	
15.016	40	275	6	16	30	6.313	16×16×75	2,60	
15.009	50	175	8	20	30	6.312	20×20×100	2,00	RH III, Pa 63.1, P 63.1, 80, Pm 35
15.010	50	200	8	20	30	6.312	20×20×100	2,20	
15.011	50	225	8	20	30	6.312	20×20×100	2,40	
15.012	50	250	8	20	30	6.312	20×20×100	2,60	
15.013	50	300	8	20	30	6.312	20×20×100	3,00	
15.060	30	90	3	15⌀	15	4.101	15⌀×55	0,4	RB-RD, Pr 16, Pa 25, 40, 45, P 32, 40.1, 50, Pm 23, 35
15.061	30	110	3	15⌀	15	4.101	15⌀×55	0,7	
15.062	30	125	3	15⌀	15	4.101	15⌀×55	0,75	
15.063	30	150	3	15⌀	15	4.101	15⌀×55	0,85	
15.064	40	110	5	20⌀	15	4.104	20⌀×65	1,1	RE-RH II, Pa 45, 63.1, P 50, 63.1, 80, Pm 23, 35
15.065	40	130	5	20⌀	15	4.104	20⌀×65	1,3	
15.066	40	150	5	20⌀	15	4.104	20⌀×65	1,4	
15.067	40	175	5	20⌀	15	4.104	20⌀×65	1,7	
15.068	40	200	5	20⌀	15	4.104	20⌀×65	1,9	
15.074	30	175	3	15⌀	15	4.101	15⌀×55	0,95	RB-RD, Pr 16, Pa 25, 40, 45 P 32, 40.1, 50, Pm 23, 35
15.075	30	200	3	15⌀	15	4.101	15⌀×55	1,05	

14.6 Nachstellbare Feindreh-Meißelhalter, gerade
Adjustable finish turning tool holder, straight
Porte-outil de précision réglable, droit

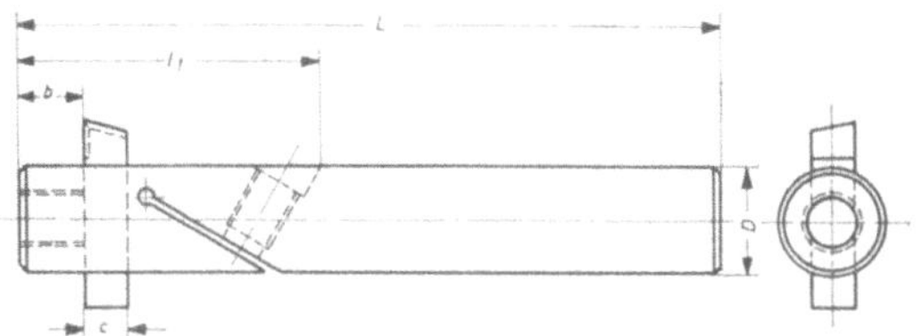

14.6

Nr.	mm					Drehmeißel Tool Outil		kg	Für Modell For model Pour modèle
	D	L	b	l₁	c	Nr.	mm		
14.612	30	200	12	60	12□	6.107	12 x 12 x 65	1.05	RB-RD, Pr 16, Pa 25, 40, 45, P 32, 40.1, 50, Pm 23, 35
14.606	40	200	12	76	16□	6.113	16 x 16 x 75	1.95	RE-RH II, Pa 45, 63,1 P 50, 63.1, 80, Pm 23, 35
14.672	30	200	10	60	15⌀	4.101	15 ⌀ x 55	1.1	RB-RD, Pr 16, Pa 25, 40, 45, P 32, 40.1, 50, Pm 23, 35
14.666	40	200	13	81	20⌀	4.104	20 ⌀ x 65	1.95	RE-RH II, Pa 45, 63,1 P 50, 63.1, 80, Pm 23, 35

15.6 Nachstellbare Feindreh-Meißelhalter, schräge
Adjustable finish turning tool holder, angular
Porte-outil de précision réglable, oblique

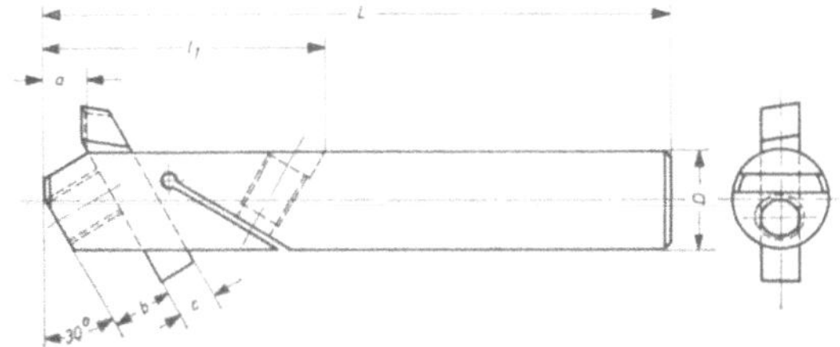

15.6

Nr.	mm						Grad	Drehmeißel Tool Outil		kg	Für Modell For model Pour modèle
	D	L	a	b	l₁	c		Nr.	mm		
15.615	30	200	7	12	60	12□	30	6.307	12 x 12 x 75	1.1	RB-RD, Pr 16, Pa 25, 40, 45, P 32, 40.1, 50, Pm 23, 35
15.608	40	200	7	12	73	16□	30	6.313	16 x 16 x 75	1.9	RE-RH II, Pa 45, 63.1, P 50, 63.1, 80, Pm 23, 35
15.675	30	200	5	19	60	15⌀	30	4.301	15 ⌀ x 55	1.1	RB-RD, Pr 16, Pa 25, 40, 45, P 32, 40.1, 50, Pm 23, 35
15.668	40	200	7	19	78	20⌀	30	4.304	20 ⌀ x 65	1.9	RE-RH II, Pa 45, 63.1, P 50, 63.1, 80, Pm 23, 35

16. Gerade Bohrstange für Rund- bzw. Vierkantmeißel
Straight boring bar for round and square tools respect.
Barre d'alésage droite pour outil rond resp. carré

16

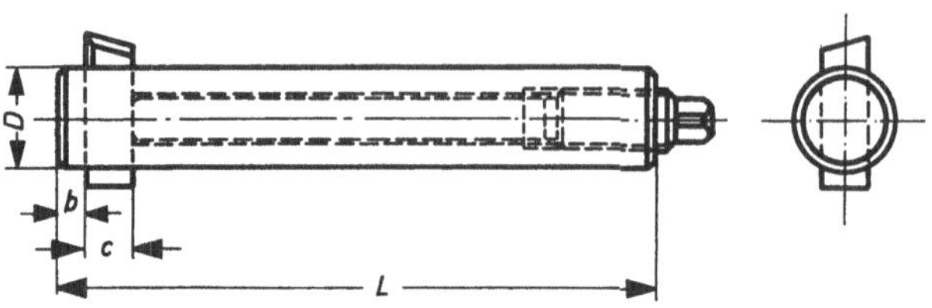

Nr.	mm				Drehmeißel Tool Outil		kg	Für Modell For model Pour modèle
	D	L	b	c	Nr.	mm		
16.001	15	90	2,5	8 ⌀	5.103	8 ⌀ x 30	0,12	
16.002	15	125	2,5	8 ⌀	5.103	8 ⌀ x 30	0,17	
16.005	20	125	3	10 ⌀	5.102	10 ⌀ x 40	0,31	Für alle Modelle
16.006	20	150	3	10 ⌀	5.102	10 ⌀ x 40	0,37	For all models
16.003	20	125	6	10 ▱	6.104	10 x 10 x 50	0,31	Pour tous les modèles
16.004	20	150	6	10 ▱	6.104	10 x 10 x 50	0,37	
16.007	20	100	6	10 ▱	6.104	10 x 10 x 50	0,28	
16.012	20	200	6	10 ▱	6.104	10 x 10 x 50	0,45	

16.6 Nachstellbare Feindreh-Bohrstange, gerade
Adjustable finish boring bar, straight
Barre d'alésage de précision réglable, droit

16.6

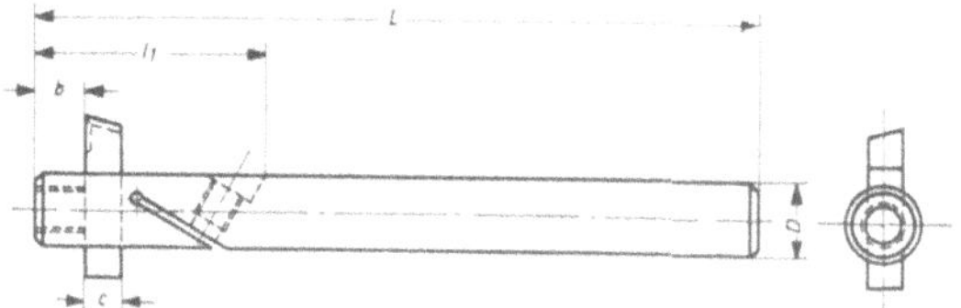

Nr.	mm					Drehmeißel Tool Outil		kg	Für Modell For model Pour modèle
	D	L	b	l₁	c	Nr.	mm		
16.612	20	200	12	45	10 □	6.104	10 x 10 x 50	0,5	Für alle Modelle For all models
16.613	20	200	9	45	10 ⌀	5.102	10 ⌀ x 40	0,5	Pour tous les modèles

17. Schräge Bohrstange für Rund- bzw. Vierkantmeißel
Angular boring bar for round and square tools respect.
Barre d'alésage oblique pour outil rond resp. carré

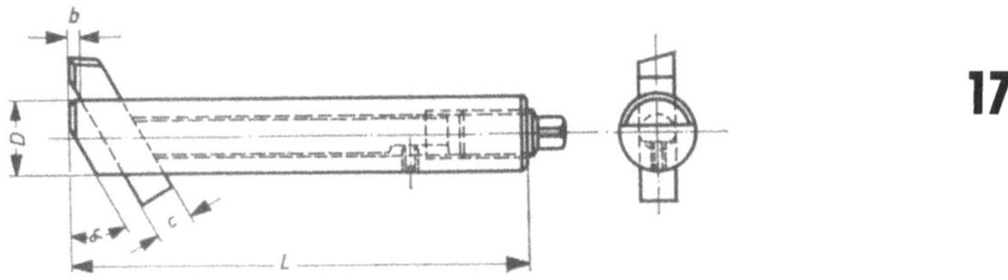

17

Nr.	mm					Drehmeißel Tool Outil		kg	Für Modell For model Pour modèle
	D	L	α	c	b	Nr.	mm		
17.001	15	90	15⁰	8 ⌀	2,5	5.103	8 ⌀ x 30	0,12	
17.002	15	125	15⁰	8 ⌀	2,5	5.103	8 ⌀ x 30	0,15	
17.006	20	100	15⁰	10 ⌀	3	5.102	10 ⌀ x 40	0,28	
17.007	20	125	15⁰	10 ⌀	3	5.102	10 ⌀ x 40	0,30	Für alle Modelle
17.008	20	150	15⁰	10 ⌀	3	5.102	10 ⌀ x 40	0,37	For all models
17.003	20	100	30⁰	10 ▱	3	6.304	10 x 10 x 60	0,28	Pour tous les modèles
17.004	20	125	30⁰	10 ▱	3	6.304	10 x 10 x 60	0,30	
17.005	20	150	30⁰	10 ▱	3	6.304	10 x 10 x 60	0,37	
17.012	20	200	30⁰	10 ▱	3	6.304	10 x 10 x 60	0,45	

17.6 Nachstellbare Feindreh-Bohrstange, schräge
Adjustable finish boring bar, angular
Barre d'alésage de précision réglable, oblique

17.6

Nr.	mm						Grad	Drehmeißel Tool Outil		kg	Für Modell For model Pour modèle
	D	L	a	b	l₁	c		Nr.	mm		
17.612	20	200	7	12	45	10 □	30	6.304	10 x 10 x 60	0,5	Für alle Modelle For all models
17.613	20	200	6	14	40	10 ⌀	30	5. . . . auf Anfrage		0,5	Pour tous les modèles

18. Abstechmeißelhalter mit schwachem Schaft
Parting-off tool holder with a reduced shank
Porte-outil à tronçonner à tige mince

18

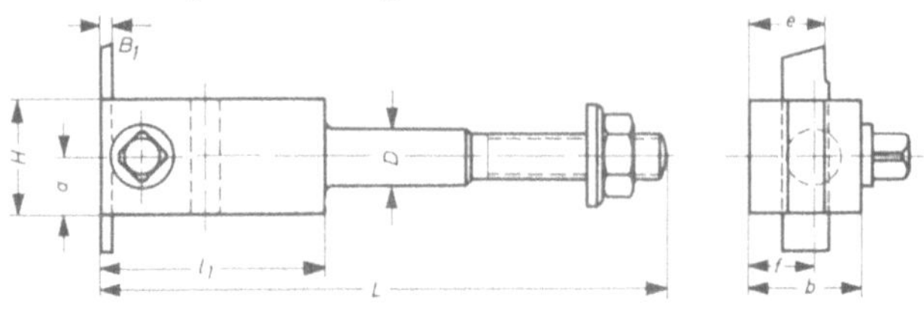

Nr.	mm									Abstechmeißel Tool Nr. Outil mm		kg	Für Modell For model Pour modèle
	D	B₁	L	l₁	a	b	f	e	H				
18.003	15	3	126	35	15	30	20	19	30	7.001	3x12x65	0,43	RB-RD, Pa 25, 40, 45, 63.1,
18.004	15	3	151	60	15	30	20	19	30	7.001	3x12x65	0,60	P 32, 40.1, 50, 63.1
18.005 ¹)	20	5	157	40	25	35	24	23	40	7.003	5x15x70	0,90	RE-RH II, Pa 45, 63.1,
18.006	20	5	189	72	25	40	28	27	40	7.003	5x15x70	1,10	P 32, 40.1, 50, 63,1
18.007	30	5	180	50	35	55	39	38	55	7.008	5x25x100	1,40	RH III, Pa 63.1, P 63.1, 80
18.008	30	5	215	85	35	55	39	38	55	7.008	5x25x100	1,60	
18.051	15	3	121	36	12	30	20	19	24	7.001	3x12x65	0,40	Pr 16

¹) Bei Verwendung auf Pa 25, 40, 45, P 32, 40, 50 Schaft um 20 mm kürzen.
When used on Pa 25, 40, 45, P 32, 40, 50 shorten shank by 20 mm.
Pour montage sur Pa 25, 40, 45, P 32, 40, 50 il faut raccourcir la tige de 20 mm.

19. Kurzer Abstechmeißelhalter mit starkem Schaft
Short parting-off tool holder with a strengthened shank
Porte-outil à tronçonner, modèle court à tige forte

19

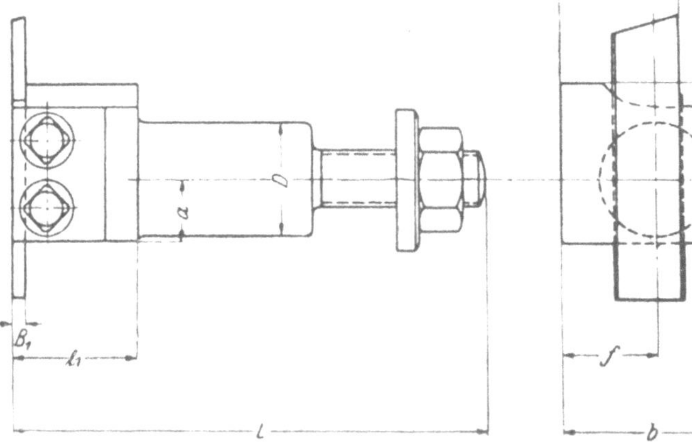

Nr.	mm										Abstechmeißel Tool Nr. Outil mm		kg	Für Modell For model Pour modèle
	D	B₁	L	l₁	a	b	e	f	H	c				
19.002	30	4	131	40	20	40	29	23	40	2	7.006	4x18x65	0,95	RB-RD, Pa 25,40,45, P32,40.1,50
19.012	30	4	147	40	20	40	29	23	40	2	7.006	4x18x65	1,10	Pa 25, 40, 45, 63.1, P 50, 63.1, 80
19.003¹)	40	5	172	50	22	55	43	33	55	6	7.008	5x25x100	2,10	RE-RH II, Pa45,63.1, P50,63.1,80
19.005	50	7	202	60	29	69	49	35	69	9	7.010	7x35x150	4,00	P 80
19.006¹)	40	7	172	50	28	65	49	32	65	10	7.010	7x35x150	3,60	RH II, Pa 63.1, P 50, 63.1, 80

¹) Bei Verwendung auf Pa 45, P 50 Schaft um 20 mm kürzen.
When used on Pa 45, P 50 shorten shank by 20 mm.
Pour montage sur Pa 45, P 50 il faut raccourcir la tige de 20 mm.

19.1 Langer Abstechmeißelhalter mit starkem Schaft
Long parting-off tool holder with strengthened shank
Porte-outil à tronçonner, modèle long à tige forte

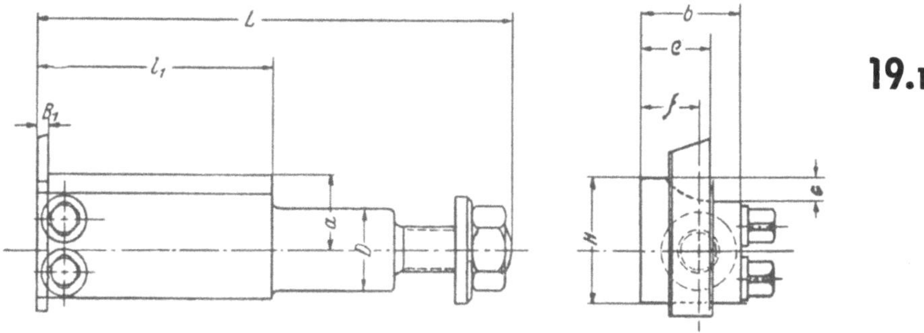

19.1

Nr.	mm										Abstechmeißel Tool Nr. Outil mm		kg	Für Modell For model Pour modèle
	D	B₁	L	l₁	a	b	e	f	H	c				
19.102	30	4	181	90	20	40	29	23	40	2	7.006	4 × 18 × 65	1,70	RB-RD, Pa 25, 40, 45, P 32, 40.1, 50
19.112	30	4	197	90	20	40	29	23	40	2	7.006	4 × 18 × 65	1,90	Pa 45, 63.1, P 50, 63.1, 80
19.103¹)	40	5	222	100	32	55	43	33	55	6	7.008	5 × 25 × 100	3,32	RE-RH II, Pa 45, 63.1, P 50, 63.1, 80
19.105	50	7	262	120	40	69	46	35	69	9	7.010	7 × 35 × 150	6,50	RH III, P 80
19.106¹)	40	7	222	100	38	65	46	32	65	10	7.010	7 × 35 × 150	5,50	RH II, Pa 63.1, P 50, 63.1, 80
19.107	40	5	205	120	32	55	42	33	55	6	7.008	5 × 25 × 100	5,00	P 80

¹) Bei Verwendung auf Pa 45, P 50 Schaft um 20 mm kürzen.
 When used on Pa 45, P 50 shorten shank by 20 mm.
 Pour montage sur Pa 45, P 50 il faut raccourcir la tige de 20 mm.

20.7. Schneideisenhalter für selbsttätigen Drehrichtungswechsel der Drehspindel
Die holder for automatic reversing device of spindle rotation
Porte-filière pour dispositif inverseur

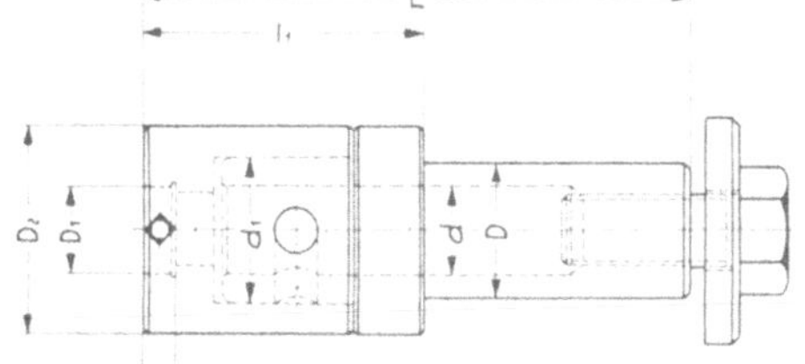

20.7

Halter mit Vorderteil Holder with head Queue avec tête Nr.	Vorderteil Head Tête mm			Halter Holder Queue mm					Nr.		Für Gewinde For threads Pour filets	Für Modell For model Pour modèle
									Vorderteil allein Head only Tête seule	Hinterteil allein Rearpart only Part. arr. seul		
	D₁	D₂	a	L	l₁	D	d	d₁				
20.703	20	46	6,2	124	64	30	21	32	20.803	22.900	1/8″ - 1/4″ M 3 - M 6	Pa 25, 40, 45 P 32, 40.1, 50
20.704	25	46	8,2	124	64	30	21	32	20.804	22.900	5/16″ M 7 - M 9	
20.705	30	46	10	124	64	30	21	32	20.805	22.900	3/8″ - 7/16″ M 10 - M 11	
20.706	38	60/46	11,5	124	64	30	21	32	20.806	22.900	1/2″ - 9/16″ M 12 - M 14 R 1/8″ - R 1/4″	
20.707	45	65/46	15,5	128	68	30	21	32	20.807	22.900	5/8″ - 13/16″ M 16 - M 20 R 3/8″ - R 1/2″	
20.708	55	80/54	18,5	141	81	40	22	35	20.808	22.902	7/8″ - 1″ M 22 - M 24 R 5/8″	Pa 45, 63.1 P 50, 63.1
20.709	65	90/54	21	146	86	40	22	35	20.809	22.902	1 1/8″ - 1 3/8″ M 27 - M 36 R 3/4″ - R 1″	

20.₂ Schneideisenhalter für nichtselbsttätigen Drehrichtungswechsel der Drehspindel

Die holder used in case where reversing of spindle rotation is not effected automatically

Porte-filière pour l'inversion non-automatique du sens de rotation

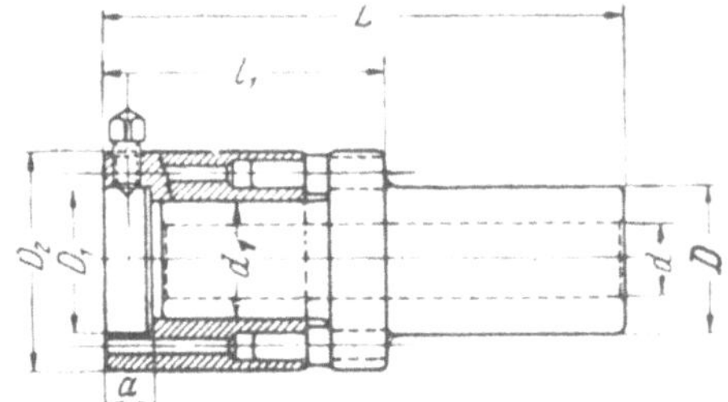
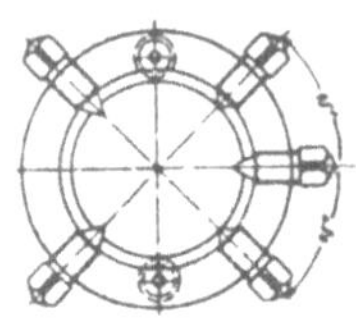

20.2

Halter m.Vorderteil — Holder with head — Queue avec tête	Vorderteil — Head — Tête — mm			Halter — Holder — Queue — mm					Nr. Vorderteil allein — Head only — Tête seule	Nr. Hinterteil allein — Rear-part only — Partie arrière seule	Nr. 1 Satz Ablaufstifte — 1 set reversingpins — 1 jeu de taquets	kg	Für Gewinde — For threads — Pour filets	Für Modell — For model — Pour modèle
Nr.	D₁	D₂	a	L	l₁	D	d	d₁						
20.201	20	40	7,8	103	53	30	13	18	20.311	20.101	20.291	0,60	1/8″ - 1/4″ M3 - M6	RB-RC, Pr 16, Pa 25, 40, P 32, 40.1
20.221	25	40	8,5	103	53	30	13	18	20.321	20.101	20.291	0,60	5/16″ M7 - M9	RB-RC, Pr 16, Pa 25, 40, P 32, 40.1
20.202	30	45	10	109	59	30	15	24	20.312	20.102	20.291	1,20	3/8″ - 7/16″ M10 - M11	RC-RH II, Pr 16, Pa 25, 40, 45, P 32, 40.1, 50
20.203	38	60/65	11,5	124	74	30	15	35	20.313	20.103	20.292	1,55	1/2″ - 9/16″ M12 - M14 R 1/8″ - R 1/4″	RD-RH II, Pr 16, Pa 25, 40, 45, P 32, 40.1, 50
20.223	45	65	15,5	124	74	30	15	35	20.323	20.103	20.292	2,10	5/8″ - 13/16″ M16 - M20 R 3/8″ - R 1/2″	RD-RH II, Pr 16, Pa 25, 40, 45, P 32, 40.1, 50
20.204	55	85/90	18,5	155	90	40	20	50	20.314	20.104	20.293	3,60	7/8″ - 1″ M22 - M24 R 5/8″	RE-RH II, Pa 63.1, P 50, 63.1, 80
20.224	65	90	21	155	90	40	20	50	20.324	20.104	20.293	3,70	1 1/8″ - 1 3/8″ M 27 - M 36 R 3/4″ - R 1″	RE-RH II, Pa 63.1, P 50, 63.1, 80
20.205	75	103	24	161	96	40	20	65	20.315	20.105	20.294	4,70	1 1/2″ - 1 5/8″ M39 - M42 R 1 1/4″	RD-RH II, Pa 45, 63.1, P 50, 63.1, 80
20.206	55	85/90	18,5	165	90	50	20	50	20.314	20.106	20.293	3,65	7/8″ - 1″ M22 - M24 R 5/8″	RE-RH, Pa 63.1, P 63.1, 80
20.226	65	90	21	165	90	50	20	50	20.324	20.106	20.293	3,70	1 1/8″ - 1 3/8″ M27 - M36 R 3/4″ - R 1″	RE-RH, Pa 63.1, P 63.1, 80
20.207	75	103	24	171	96	50	20	65	20.315	20.107	20.294	4,50	1 1/2″ - 1 5/8″ M39 - M42 R 1 1/4″	RE-RH, Pa 63.1, P 63.1, 80
20.227	90	120	29	176	101	50	20	65	20.318	20.107	20.294	5,20	1 3/4″ - 2″ M45 - M52 R 1 1/2″	RE-RH, Pa 63.1, P 63.1, 80

22.5 Gewindebohrerhalter für nichtselbsttätigen Drehrichtungswechsel der Drehspindel
Tap holder used in case where reversing of spindle rotation is not effected automatically
Porte-taraud pour l'inversion non-automatique du sens de rotation

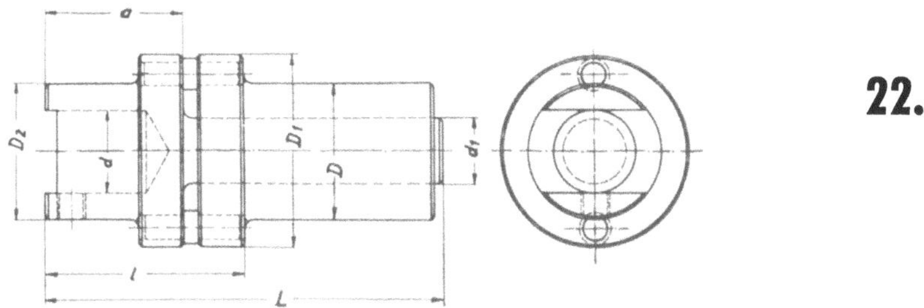

22.5

Halter mit Vorderteil Holder with head Queue avec tête	mm								Nr.				kg	Für Modell For model Pour modèle
									Büchse Bushing Douille	Vorderteil allein Head only Tête seule	Hinterteil allein Rearpart only Partie arrière seule	1 Satz Ablaufstifte 1 set reversing pins 1 jeu de taquets		
Nr.	D	D₁	D₂	d₁	d	a	l	L						
22.512	30	43	32	16	20	42	61	112	23.112 23.112a	22.612	22.112	20.291	1.10	RB-RD, Pr 16, Pa 25, 40, 45, 63.1 P 32, 40.1, 50, 63.1
22.513	30	65	46	16	28	48	70	120	23.113	22.613	22.113	20.292	1.35	RB-RD, Pa 25, 40, 45, 63.1, P 32, 40.1, 50, 63.1
22.514	40	65	46	22	28	48	70	135	23.113	22.614	22.114	20.292	1.65	RE-RH II, Pa 45, 63.1, P 50, 63.1, 80

¹) Falls das Gewinde vor- u. nachgeschnitten werden muß, ist noch ein zweites Vorderteil 22.6 zu bestellen.

For threads that must be cut twice, a second head 22.6 has to be ordered.

Lorsque le filet doit être taillé en deux fois, il faut encore commander une deuxième tête 22.6.

22.7. Gewindebohrerhalter für selbsttätigen Drehrichtungswechsel der Drehspindel
Tap holder for automatic reversing device of spindle rotation
Porte-taraud pour dispositif inverseur

22.7

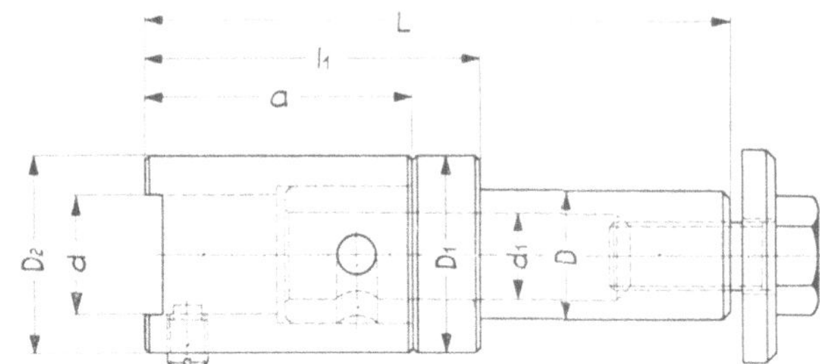

Halter mit Vorderteil Holder with head Queue avec tête	mm								kg	Nr. Büchse Bushing Douille	Vorderteil allein Head only Tête seule	Hinterteil allein Rearpart only Partie arrière seule	Schaft-∅ des Gewindebohrers Shank-dia. of the tap Queue ∅ du taraud	Für Modell For model Pour modèle
Nr.	D	D₁	D₂	d₁	d	a	l₁	L					mm	
22.700	30	46	32	21	20	61	77	137	1.00	23.112 23.112a	22.800	22.900	max. 8 max. 14	Pa 25, 40, 45, 63,1, P 32, 40.1, 50, 63.1
22.701	30	46	46	21	28	64	80	140	1.10	23.113	22.801	22.900	max. 22	Pa 25, 40, 45, 63.1, P 32, 40.1 50, 63.1,
22.702	40	54	46	22	28	69	85	145	1.65	23.113	22.802	22.902	max. 22	Pa 45, 63.1, P 50, 63.1

23.1 Büchse für Gewindebohrer-halter

Bushing for tap holder

Douille intermédiaire pour porte-taraud

23.1

Nr.	mm				Für Gewindebohrer For tap Pour taraud	kg
	d	L	d₂ *) vorgeb.	d 2		
23.112	20	28	6	max. 8	$7/32''$ - $7/16''$ M5 - M11 R $1/8''$	0,10
23.112a	20	36	9	max. 14	$1/2''$ - $3/4''$ M12 - M18 R $1/4''$ - R $3/8''$	0,11
23.113	28	40	16	max 22	$13/16''$ - $1 1/8''$ M20 - M30 R $1/2''$ - R $7/8''$	0,12

*) Die Büchsen werden mit 6, 9 und 16 mm⌀ vorgebohrt geliefert; andere Abmessungen gegen Mehrpreis.

Bushings for tap holder will be supplied prebored to 6, 9, 16 mm diameter; other size are available additional costs.

Les douilles intermédiaires sont fournies ébauchées à 6, 9, 16 mm de diamètre; d'autres dimensions seulement à prix supplémentaire.

27. Hülse mit Morse-Innenkegel

Turret bushing with M.T. bore

Douille intermédiaire avec cône intérieur Morse

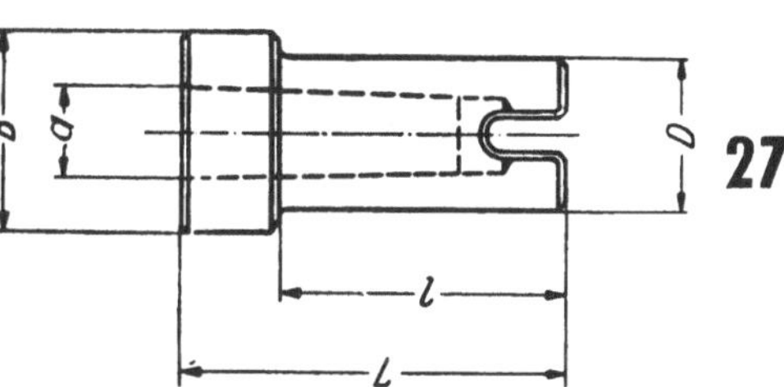

27

Nr.	mm					M. K. M. T. C. M.	kg	Für Modell For model Pour modèle
	D	L	l	B	a			
27.000	20	65	–	–	12,065	1	0,25	R3-RD, Pr 16, Pa 25, 40, 45, 63.1, P 32, 40.1, 50, 63.1, Pm 23, 35
27.001	30	65	–	–	12,065	1	0,30	
27.002/A	30	80	–	–	17,781	2	0,38	
27.012/A	30	100	75	48	23,826	3	0,70	
27.012/B	30	100	–	–	23,826	3	0,60	
27.003	40	65	–	–	12,065	1	0,57	RE-RH, Pa 45, 63.1, P 50, 63.1, Pm 23, 35
27.004	40	80	–	–	17,781	2	0,65	
27.005/A	40	95	–	–	23,826	3	0,75	
27.006/A	40	120	95	48	31,269	4	1,00	
27.006/B	40	120	–	–	31,269	4	0,85	
27.007	50	80	–	–	17,781	2	0,75	RE-RH, Pa 63.1, P 63.1, 80, Pm 35
27.008	50	95	–	–	23,826	3	0,85	
27.009	50	120	40	–	31,269	4	1,00	
27.010	50	155	80	65	44,401	5	1,40	

Die Hülsen können auch mit dem entsprechenden metrischen Kegel geliefert werden.

These bushings can also be equipped with corresponding metric tapers.

Ces douilles peuvent également être fournies avec le cône métrique correspondant.

28. Zentrisch durchbohrte Spannhülse mit Bund
Turret bushing with shoulder, concentric bore
Douille à épaulement à alésage concentrique

28

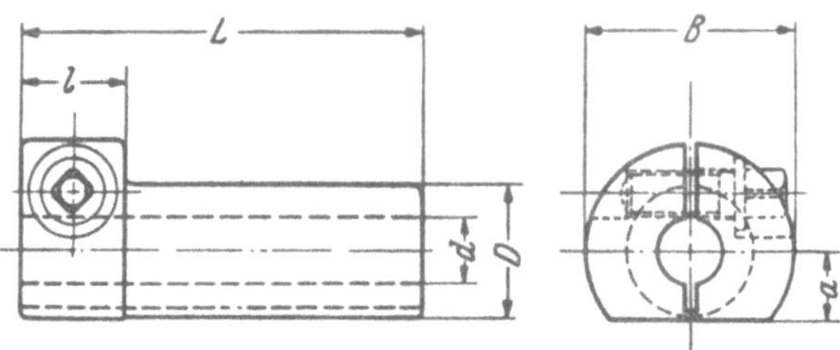

Nr.	mm						kg	Für Modell For model Pour modèle
	D	d	L	l	B	a		
28.001	30	15	75	25	50	15,5	0,55	RB-RD, Pa 25, 40, 45, 63.1, P 32, 40.1, 50, 63.1, Pm 23, 35
28.002	40	20	100	35	60	21	1,20	RE-RH II, Pa 45, 63.1, P 50, 63.1, Pm 23, 35
28.003	50	30	127	45	78	26	1,50	RE-RH III, Pa 63.1, P 63.1, 80, Pm 23, 35
28.004	60	40	132	50	82	31	1,80	Pm 35

29. Exzentrisch durchbohrte Spannhülse mit Bund
Turret bushing with shoulder, eccentric bore
Douille à épaulement à alésage excentrique

29

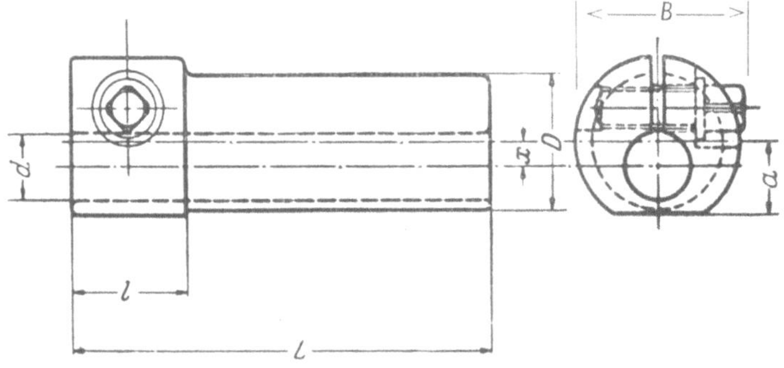

Nr.	mm							kg	Für Modell For model Pour modèle
	D	d	L	l	B	a	x		
29.001	30	15	75	25	40	15,5	5,5	0,45	RB-RD, Pa 25, 40, 45, 63.1, P 32, 40.1 50, 63.1, Pm 23, 35
29.002	40	20	100	35	50	21	7	1,00	RE-RH II, Pa 45, 63,1, P 50, 63.1, Pm 23, 35
29.003	50	30	127	45	70	26	5	1,30	RE-RH III, Pa 63,1, P 63.1, 80, Pm 23, 35
29.004	60	30	132	50	70	31	10	1,50	Pm 35
29.005	60	40	132	50	75	31	5	1,75	Pm 35

30. Schräg durchbohrte Spannhülse mit Bund
Turret bushing with shoulder, angular bore
Douille à épaulement à alésage oblique

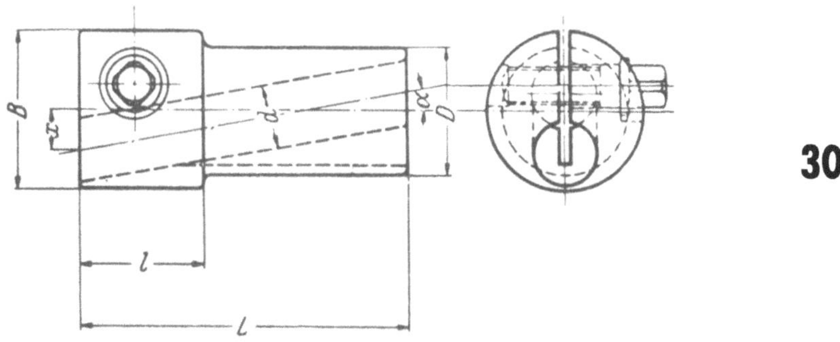

30

Nr.	mm							kg	Für Modell For model Pour modèle
	D	d	L	l	B	x	$\angle\,\alpha$		
30.001	30	15	85	35	40	10,5	10⁰	0,45	RB-RD, Pa 25, 40, 45, 63,1, P 32, 40.1, 50, 63.1, Pm 23, 35
30.002	40	20	105	40	50	13	10⁰	0,90	RE-RH II, Pa 45, 63.1, P 50, 63.1, Pm 23, 35
30.003	50	30	125	45	65	12	8⁰	1,30	RE-RH III, Pa 63.1, P 63.1, 80, Pm 23, 35
30.004	60	30	130	50	65	12	10⁰	1,50	Pm 35

31. Hülse mit Mutter für Spannzange
Bushing with nut for split collet
Douille avec écrou pour pince de serrage

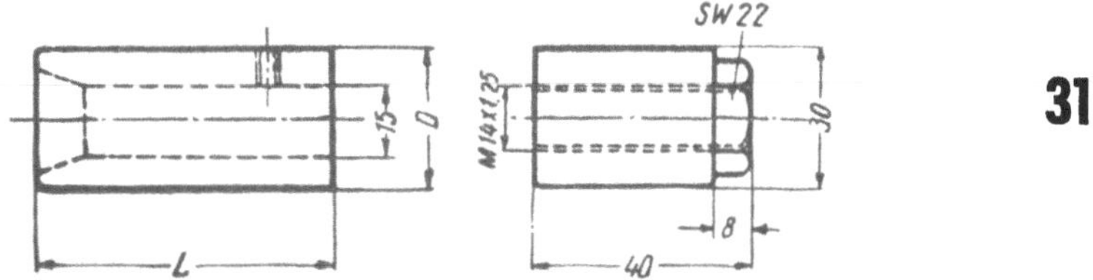

31

Nr.	mm		Spannzange Split collet Pince de serrage	kg	Für Modell For model Pour modèle
	D	L			
31.001	30	65	} 32.001	0,25	RB-RD, Pr 16, Pa 25, 40, 45, 63.1, P 32, 40.1, 50, 63.1
31.002	40	65		0,53	RE-RH II, Pa 45, 63.1, P 50, 63.1
31.003	50	65		0,70	RH III, Pa 63.1, P 63,1, 80

31.1 Bohrerhalter für kleine Bohrer (zum Vorschieben von Hand)
Twist-drill holder for small twist drills (feeding by hand)
Porte-foret pour petits forets (avance à main)

31.1

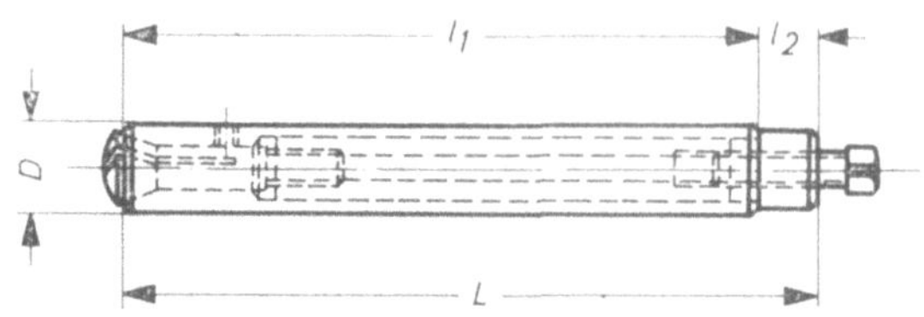

Nr.	mm				Spannzange Split collet Pince de serrage	Griffring grip ring anneau à poignée	kg	Für Modell For model Pour modèle
	D	L	l_1	l_2				
31.101	15	120	110	10	32.002	31.111	0,2	Pr 16, Pa 25, 40, 45, 63 P 32, 40.1, 50, 63,1
31.102	20	160	150	10	32.002	31.112	0,4	Pa 45, 63.1, P 50, 63.1

31.11 Griffring mit Führungshülse und Anschlagring
Grip ring with guide bush and stop ring
Poignée avec douille de guidage et bague de butée

31.11

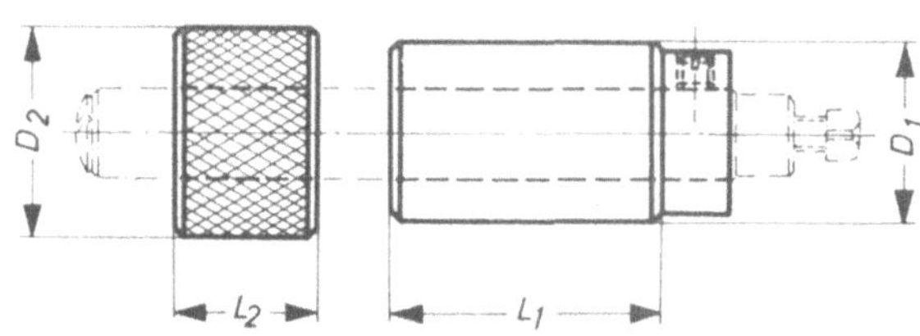

Nr.	mm				Passend für Suitable for Convenable pour	kg	Für Modell For model Pour modèle
	D_1	D_2	L_1	L_2			
31.111	30	35	45	24	31.101	0,2	Pr 16, Pa 25, 40, 45, 63.1 P 32, 40.1, 50, 63.1
31.112	40	45	65	24	31.102	0,3	Pa 45, 63.1, P 50, 63.1

Es ist zu empfehlen, 31.1 und 31.11 zusammen zu bestellen.
We recommend to order 31.1 and 31.11 together.
Nous recommandons de commander 31.1 et 31.11 ensemble.

32. Spannzange mit Mutter
Split collet with nut
Pince de serrage avec écrou

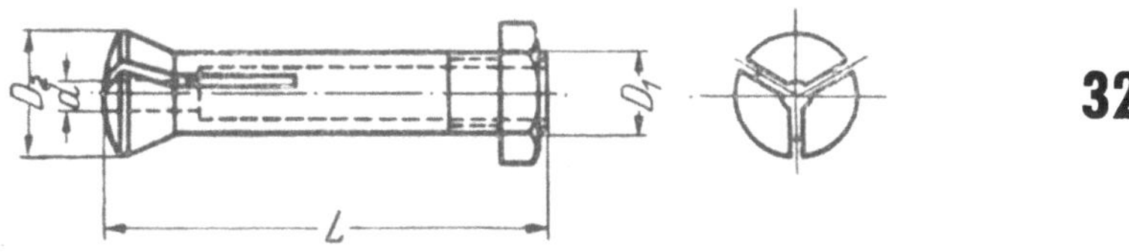

32

Nr.	mm			d *)	Passend für Suitable for Convenable pour	kg
	D_1	D_2	L			
32.001	15	22	81	2 – 9	31.001, 31.002, 31.003	0,09
32.002	8	13	36	1 – 6	31.101 31.102	

*) Die Spannzangen werden jeweils um 0,5 mm steigend geliefert; Zwischenabmessungen gegen Mehrpreis.
   Split collets are deliverable in sizes rising by .5 mm; intermediate sizes against additional costs.
   Les pinces de serrage sont fournies montant par 0,5 mm; tailles intermédiaires seulement à prix suppl.

33. Werkzeugfutter mit Uberwurfmutter für Spannzange 34.1 mit zylindrischem Schaft
Tool chuck with cap screw for split collet 34.1 with cylindrical shank
Mandrin porte-pince avec écrou pour pince de serrage 34.1 avec tige cylindrique

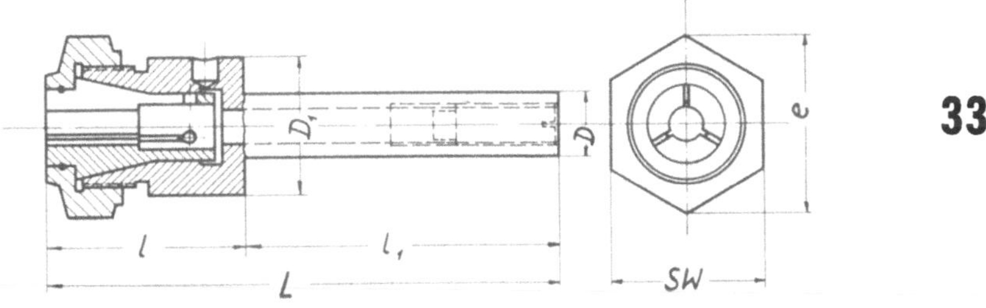

33

Nr.	mm								Max. Spann- Ø Max. chucking dia. Max. dia. de serrage mm	Spann- zange Split collet Pince de serrage Nr.	kg	Für Modell For model Pour modèle
	L	l	l_1	D_1	e	D	d_1	SW				
33.002	120	45	75	32	41,6	15	8	36	10,5	34.103	0,34	RB-RD, Pr 16, Pa 25, 40, 45, P 32, 40.1, 50
33.003	145	55	90	40	47,3	20	12	41	14	34.104	0,56	RE-RH II, Pa 45, 63.1, P 50, 63.1
33.004	178	78	100	40	47,3	30	18	41	14	34.104	0,75	RH III, Pa 63.1, P 50, 63.1, 80

34.1 Spannzange mit zylindrischer Führung
Split collet with cylindrical shank
Pince de serrage à guidage cylindrique

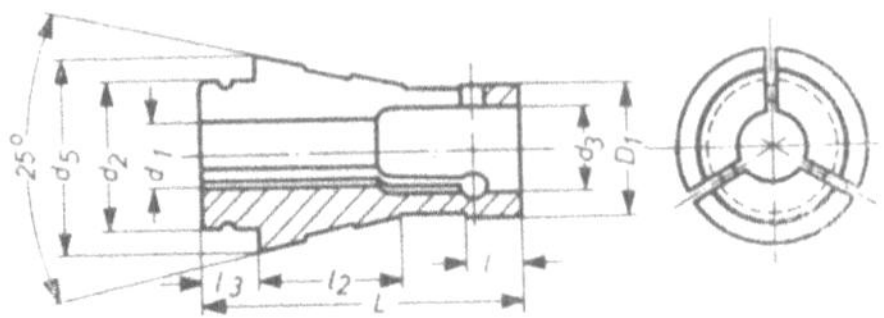

Nr.	mm										kg	Max. Spann-$\varnothing$ Max. chucking dia. Max. dia. de serrage mm	Passend für Suitable for Convenable pour
	D_1	L	d_1	d_2	d_3	d_5	l	l_2	l_3				
34.103	16	40	Nach Angabe acc. to order à la demande	18	10,5	24	7	18	7	0,05	10,5	33.002
34.104	20	50		22	15	30	10	22	8	0,09	14	{ 33.003 33.004

Bitte beachten Sie: Die Spannzangen werden jeweils um 0,5 mm steigend geliefert; Zwischenabmessungen gegen Mehrpreis.

Please pay attention to the following points: Split collets are deliverable in sizes rising by .5 mm; intermediate sizes against additional costs.

Veuillez noter: Les pinces de serrage sont fournies montant par 0,5 mm; tailles intermédiaires à prix supplémentaire.

37. Hülse mit Bajonettverschluß
Turret bushing with bayonet joint
Douille à baïonnette

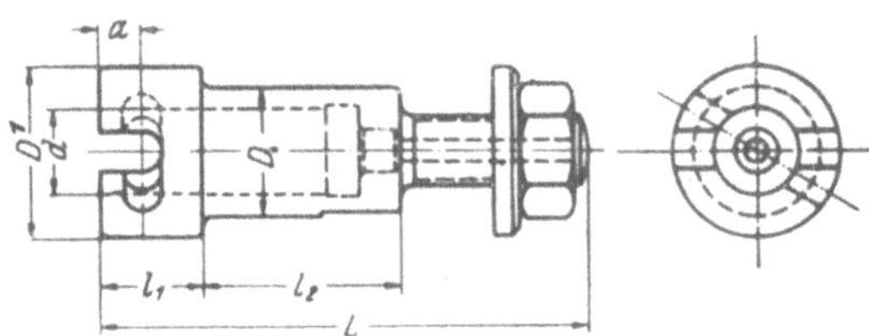

Nr.	mm							kg	Für Modell For model Pour modèle
	D	D_1	d	L	l_1	l_2	a		
37.001	30	40	20	116	30	42	10	0,46	RB-RD, Pr 16, Pa 25, 40, 45, P 32, 40.1, 50, Pm 23
37.003	40	50	20	141	20	62	10	1,00	} RE-RH II, Pa 45[1]), 63.1, P 50[1]), 63.1,
37.004	40	50	28	151	30	62	12,5	0,94	} Pm 23
37.005	50	60	28	172	30	102	12,5	1,70	RH III, Pm 35
37.006	50	60	28	160	30	85	12,5	1,40	} P 80, Pm 35
37.007	50	60	20	160	30	85	10	1,50	

[1]) Gewinde 16 mm kürzen!   Threads to be shortened by 16 mm!   Raccourcir le filetage de 16 mm!

38. Pendelnder Halter
mit Morse-Innenkegel für Reibahlen usw., passend für Hülse mit Bajonettverschluß 37

Floating tool holder
with M.T. bore for reamers etc. to fit bushing with bayonet joint 37

Porte-alésoir flottant
à cône intérieur Morse pour alésoirs et autres outils, s'adaptant sur la douille à baïonnette 37

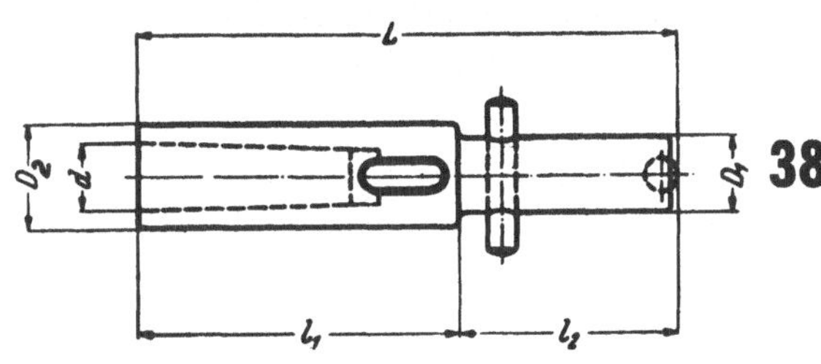

Nr.	mm						M. K. M. T. C. M.	Passend für Modell Suitable for model Convenable pour modèle
	D_1	D_2	d	L	l_1	l_2		
38.001	20	22	12,065	133	74	59	1	siehe Tabelle bei 37.0 (Seite 124) look up table at 37.0 (page 124) voir table 37.0 (page 124)
38.002	20	28	17,781	148	89	59	2	
38.003	28	35	23,826	189	110	79	3	
38.004	28	46	31,269	211	135	79	4	

Die pendelnden Halter werden auch mit dem entsprechenden metrischen Kegel geliefert.
These holders can also be equipped with corresponding metric tapers.
Les porte-alésoir flottants sont également fournis avec le cône métrique correspondant.

39. Pendelnder Halter
für Reibahlen usw. mit zylindrischem Schaft, passend für Hülse mit Bajonettverschluß 37

Floating tool holder
for reamers etc. with cylindrical shank to fit turret bushing with bayonet joint 37

Porte-alésoir flottant
pour alésoirs et autres outils à tige cylindrique, s'adaptant sur la douille à baïonnette 37

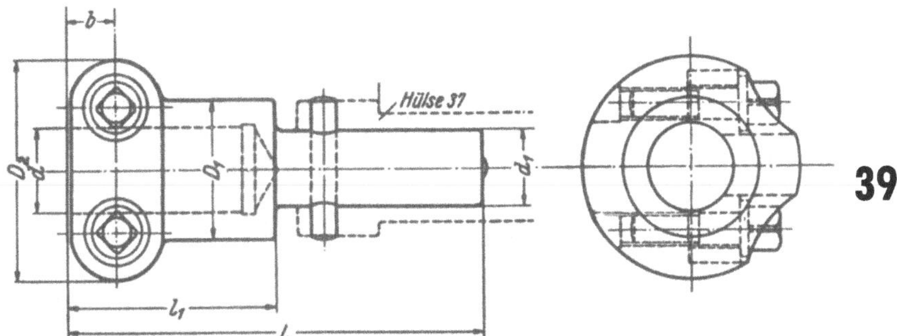

Nr.	mm							Passend für Modell Suitable for model Convenable pour modèle
	D_1	D_2	d	d_1	L	l_1	b	
39.000	30	52	18	20	111	50	13	siehe Tabelle bei 37.0 (Seite 122) look up table at 37.0 (page 122) voir table 37.0 (page 122)
39.001	40	56	24	20	126	65	13	
39.002	50	74	32	28	158	80	16	

37.₁ Hülse mit Bajonettverschluß
Turret bushing with bayonet joint
Douille à baïonnette

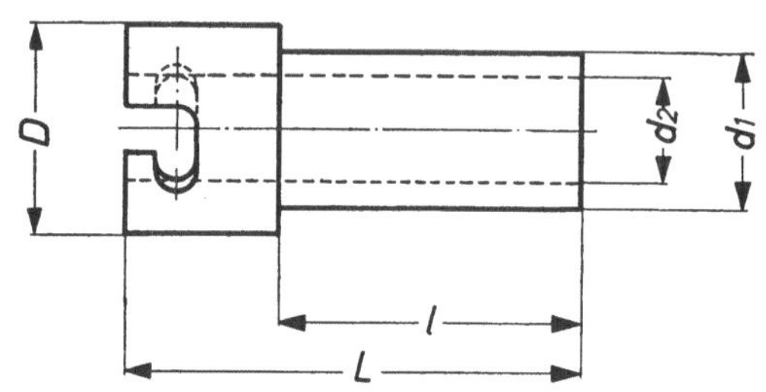

Nr.	mm					kg	Für For Pour	
	D	d₁	d₂	L	l			
37.100	40	30	20	90	60	0,40	38.100	Für alle Modelle For all models Pour tous les modèles

38.₁ Halter mit Morse-Innenkegel und achsparalleler Pendelung
**   für Reibahlen usw.**
Tool holder with M. T. bore with floating parallel to axis
**   for reamers etc.**
Porte-alésoir à cône intérieur Morse flottant parallèlement
**   à l'axe pour alésoirs et autres outils.**

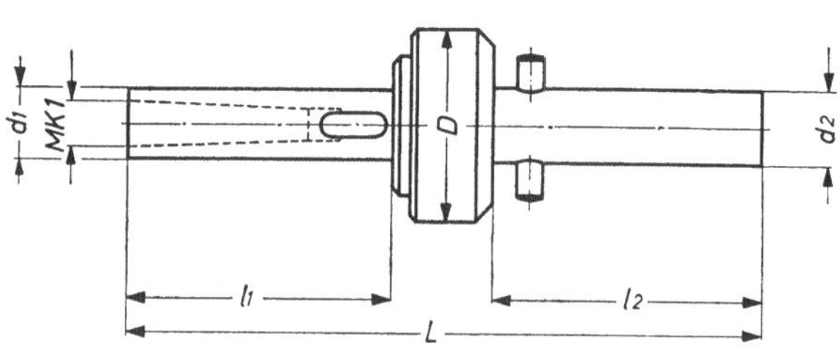

Nr.	mm							kg	Für For Pour	
	D	d₁	MK MT C.M.	d₂	L	l₁	l₂			
38.101	52	19	1	20	185	74	80	0,67	37.100	Für alle Modelle For all models Pour tous les modèles
38.102	70	28	2	20	208	90	80	1,40		

Weitere Größen und Ausführungen auf Anfrage.
Further sizes and designs available upon request.
Autres grandeurs et exécutions sur demande.

42. Meißelhalter für drehbaren Vierkantmeißel
Tool holder for swivelling square tool
Porte-outil pour outil carré orientable

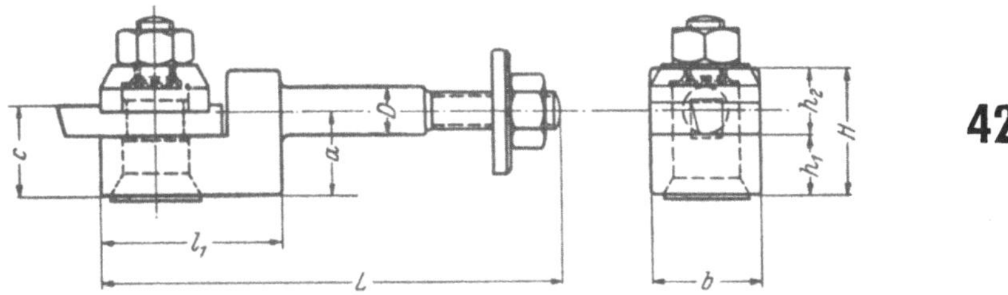

42

Nr.	mm									Meißel Tool		kg	Für Modell For model Pour modèle
	D	L	l_1	c	a	b	h_1	h_2	H	Nr.	Outil mm		
42.001	15	136	50	28	26	32	18	18	36	6.105	10 x 10 x 60	0,60	RB-RC, Pr 16, Pa 25, 40, 45, P 32, 40.1
42.002	15	151	60	29	27	36	19	21	40	6.105	10 x 10 x 60	0,79	RD, Pa 25, 40, 45, P 32, 40.1, 50
42.003	20	192	75	37	34	46	22	35	57	6.109	15 x 15 x 75	1,65	RE-RH II, Pa 45, 63.1, P 50, 63.1, 80
42.004	30	223	85	47	44	52	27	42	69	6.111	20 x 20 x 75	2,1	RH III, P 80

45.1 Schräge starke Bohrstange für runden Drehmeißel
Angular heavy boring bar for round tool
Barre d'alésage oblique, à tige forte, pour outil rond

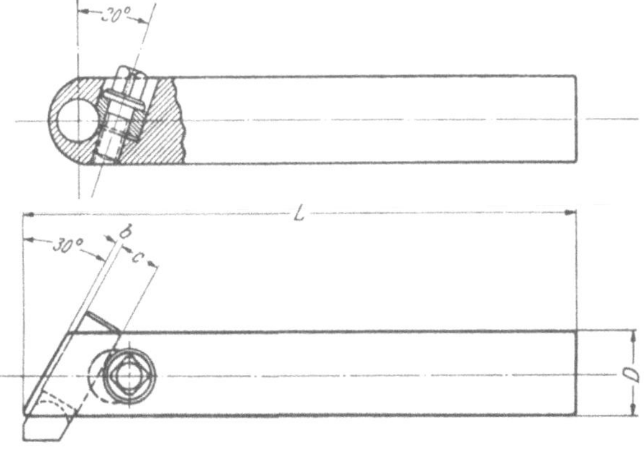

45.1

Nr.	mm				Meißel Tool		kg	Für Modell For model Pour modèle
	D	L	b	c	Nr.	Outil mm		
45.101	30	200	3	15∅	4.401	15∅ x 55	1,10	RC-RD, Pr 16, Pa 25, 40, 45, P 32, 40.1, 50
45.102	40	275	5	20∅	4.404	20∅ x 55	2,80	RE-RH, Pa 45, 63.1, P 50, 63.1, 80

44.1 Schälmeißelhalter mit Schaft für Vierkantmeißel und Rollengegenführung

Roller box with shank for square tools

Porte-outil à charioter avec lunette à galets pour outil carré, modèle à queue

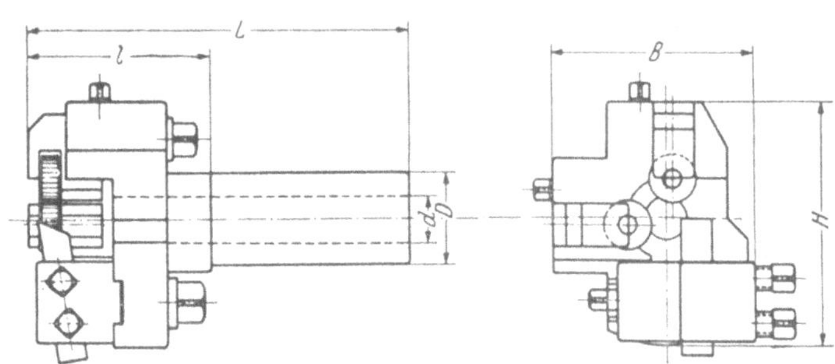

Nr.	mm						Meißel Tool Outil		Dreh-Ø Turning dia. Dia. de tournage		kg	Für Modell For Model Pour modèle
	D	d	L	l	B	H	Nr.	mm	min. mm	max. mm		
44.102	30	18	137	65	79	98	7500	12 x 12 x 55	5	17	2,10	RC-RD, Pa 25 ,40, 45, P 32, 40.1, 50

Der Schälmeißelhalter wird mit Rollen aus W.St. geliefert. Auf besonderen Wunsch liefern wir gegen Mehrpreis die Rollen auch aus HSS oder HM G3. Bei Verwendung eines Schälmeißels mit HM bestückt sind Rollen aus HM G3 einzusetzen.

The rollers are made from tool steel. If required, we can supply rollers made from high speed steel or carbide G 3 at an additional charge. With carbide cutting tools rollers made of carbide G 3 should be used.

Le porte-outil à charioter avec lunette à galets est fourni avec galets en acier au carbone. Sur demande et contre supplément de prix, nous livrons également les galets en acier rapide ou en carbure G 3. Lorsqu'on utilise le porte-outil avec un outil au carbure, il faut l'équiper de galets en carbure G 3.

46. Rollengegenführung mit Schaft

Roller steady with shank

Lunette à galets à queue

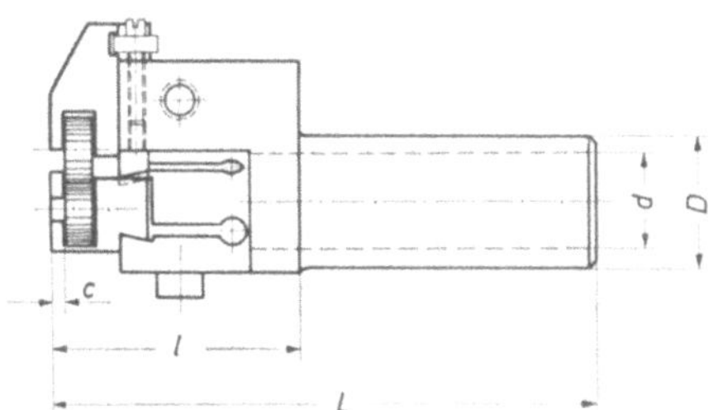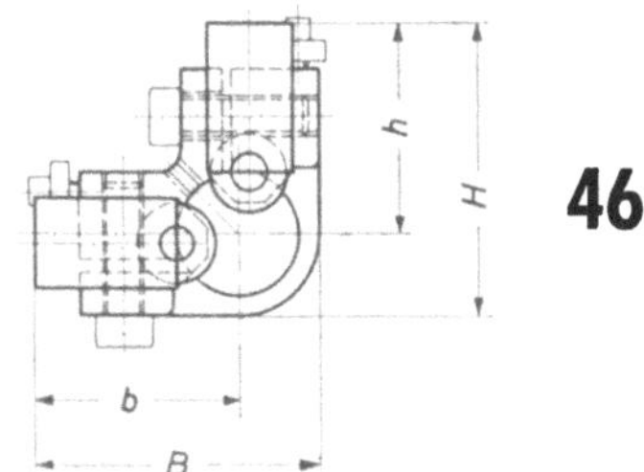

46

Nr.	mm									Dreh-⌀ Turning dia. Dia. de tournage		kg	Für Modell For model Pour modèle
	D	d	L	l	B	b	H	h	c	min. mm	max. mm		
46.001	30	20	113	50	72	44	60	44	2,5	5	19	0,80	RB-RC
46.002	30	22	118	48	91	57	77	57	3	6	21	0,92	RD
46.003	40	28	158	66	116	74	95	74	3	7	27	1,75	RE
46.004	40	28	156	64	125	78	100	78	3	8	27	2,20	RF-RH III
46.010	30	22	126	58	55	39	55	39	3	5	21	0,90	RB-RD, Pa 25, 40, 45, 63.1, P 32, 40.1, 50, 63.1
46.020	40	30	144	62	73	50	73	50	4	7	29	1,60	Pa 45, 63.1, P 50, 63.1, 80

Die Rollengegenführungen werden mit Rollen aus W. St. geliefert, auf besonderen Wunsch und **gegen** Mehrpreis liefern wir Rollen aus HSS oder HM-G3.

The rollers are made from tool steel. If required we can supply rollers made from high speed steel or carbide G 3.

Les lunettes à galets sont fournies avec des galets en acier au carbone. Sur demande et contre supplément de prix, nous pouvons livrer les galets en acier rapide ou en carbure G 3.

9

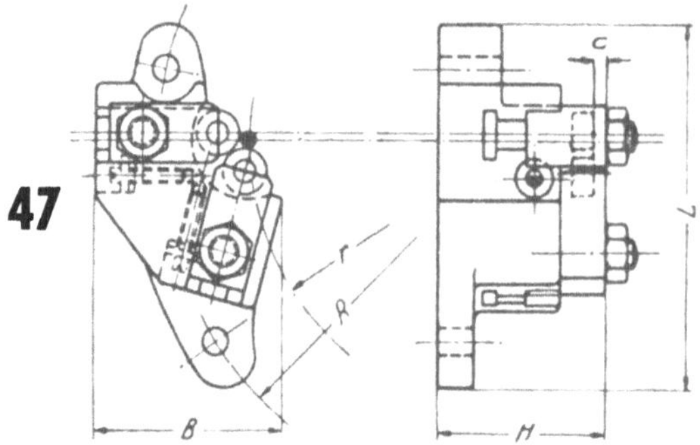

47. Rollengegenführung mit Flansch
Roller steady with flange
Lunette à galets avec bride

Nr.	mm						Rollen-∅ Rollerdia. dia. des galets mm	Dreh-∅ Turning dia. Dia. de tournage		kg	Für Modell For model Pour modèle
	L	B	H	R	r	c		min. mm	max. mm		
47.000	112	60	48	92	67,5	3	16	5	28	0,30	RB
47.001	102	54	48	101	75	3	16	5	24	0,70	RC
47.002	120	72	49	120,5	95	3	18	6	30	1,00	RD
47.003	156	85	64,5	155	115	4	25	5	38	2,15	RE, Pa 63.1, P 63.1
47.004	170	100	65,5	180	135	5	30	8	38	3,00	RF-RH II
47.005	205	105	65	227	175	5	30	8	48	4,00	RH III
47.010	86	67	51	105	75	3	16	5	28	0,80	Pa 25, 40, P 32.0
47.011	97	78	53	115	85	3	16	5	28	0,80	P 32.1, 40.1
47 015	135	108	69	227	175	5	30	8	48	3,80	P 80
47.020	116	85	55	136	100	4	22	7	39	1,10	Pa 45, P 50

Die Rollengegenführungen werden mit Rollen aus W.St. geliefert, auf besonderen Wunsch und gegen Mehrpreis liefern wir Rollen aus HSS oder HM–G3.

The rollers are made form tool steel. If required, we can supply rollers made from high speed steel or carbide G 3.

Les lunettes à galet sont fournies avec des galets en acier au carbone. Sur demande et contre supplément de prix, nous pouvons livrer les galets en acier rapide ou en carbure G 3.

48. Rändelhalter mit schwachem Schaft für ein Rädchen[1]
Knurling tool holder with small dia. shank for one knurl[1]
Porte-molette à tige mince, pour une molette[1]

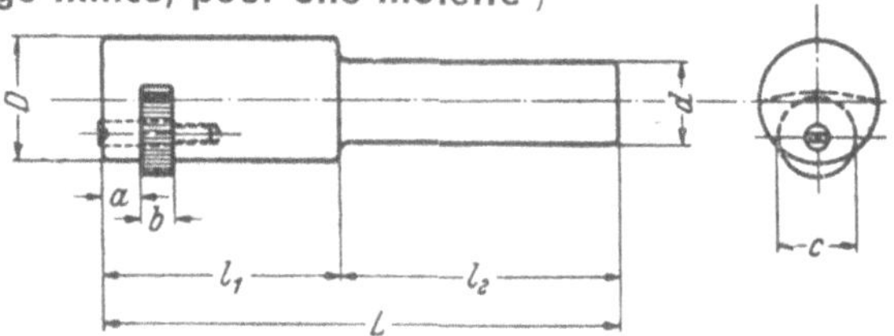

Nr.	mm								kg	Für Modell For model Pour modèle
	D	d	L	l_1	l_2	a	b	c		
48.001	20	15	100	50	50	6	5	15	0,19	RB-RD, Pr 16, Pa 25, 40, P 32, 40.1
48.002	30	20	130	60	70	8	8	20	0,47	RE-RH, Pa 45, 63.1, P 50, 63.1, 80

[1] Bei Bestellung ist die Form und Teilung des Rädchens anzugeben.
Orders should state clearly profile and pitch of knurls required.
A la commande, prière d'indiquer la forme et le pas de la molette.

49. Rändelhalter mit starkem Schaft und pendelndem Vorderteil, für zwei Rädchen[1]

Knurling tool holder with large dia. shank and floating head, for two knurls[1]

Porte-molettes à tige forte à tête oscillante, pour deux molettes[1]

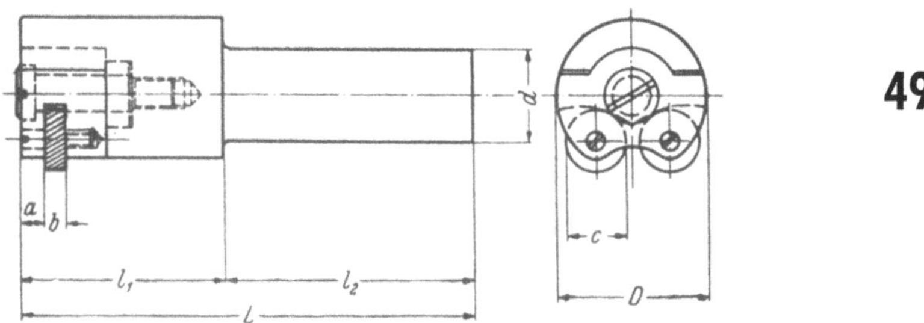

49

Nr.	mm								kg	Für Modell For model Pour modèle
	D	d	L	l₁	l₂	a	b	c		
49.001	40	30	120	50	70	7	5	15	0,90	RB-RD, Pr 16, Pa 25, 40, P 32, 40.1
49.002	50	30	152	68	84	8	8	20	1,30	RB-RH II, Pa 45, 63.1, P 50, 63.1, 80

[1] Bei Bestellung ist die Form und Teilung der Rädchen anzugeben.

Orders should state clearly profile and pitch of knurls required.

A la commande, prière d'indiquer la forme et le pas de la molette.

9*

51. Stahleinsatz mit Feineinstellung nach Konstruktion PITTLER (BGM)

zum genauen Einstellen der Meißel beim Drehen von Außen- und Innen-Passungen bei verriegeltem Revolverkopf.

Tool inset with fine adjusting device as per PITTLER design (BGM)

for exact setting of the tools when turning outside and internal diameters with locked turret.

Outil interchangeable avec réglage micrométrique suivant construction PITTLER (BGM)

pour régler précisément les outils pour le tournage de diamètres extérieurs et intérieurs, avec tourelle revolver bloquée.

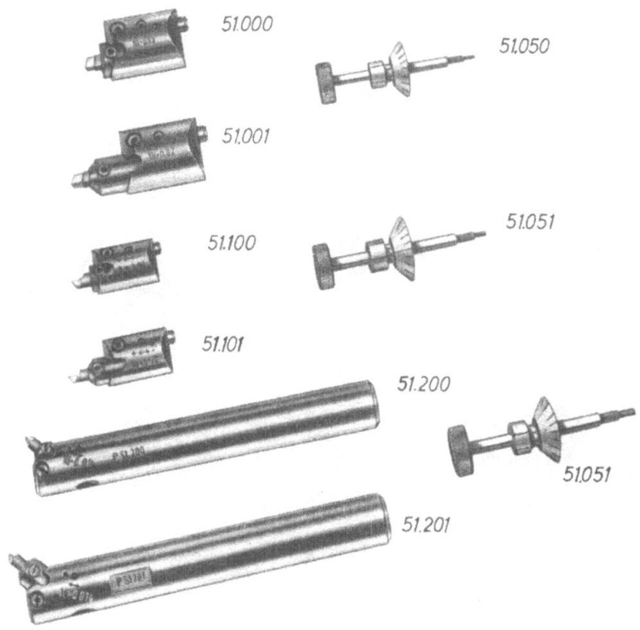

Stahleinsätze und Bohrstangen mit Feineinstellung und den dazugehörigen Skalensteckschlüsseln.

Tool insets and boring bars with fine adjusting device and the appropriate allen key with scale discs.

Outils interchangeables et barres d'alésage avec réglage micrométrique et les clefs à douille avec disques gradués respectives.

132

Anwendung / Application / Application	Stahleinsatz tool inset outil interchangeable — Nr.	Abmessung dimension dimension — mm	Skalen-Steckschlüssel allen key with scale disc clef à douille avec disque gradué — Nr.	Meißel / Tools / Outils — Größe Qualität dimension quality grandeur qualité — mm	rechter Seitenmeißel R. H. side tool outil à côté à droite — Nr.	linker Seitenmeißel L. H. side tool outil à côté à gauche — Nr.	rechter Drehmeißel R. H. cutting tool outil à charioter à droite — Nr.	linker Drehmeißel L. H. cutting tool outil à charioter à gauche — Nr.
für Innen- und Außenbearbeitung, durchgehend / for internal and external right through turning / pour usinage intérieur et extérieur continu	51.000	D = 30 ∅ L = 40	51.050 mit SW 3 51.050 with SW 3 51.050 avec SW 3	**6 x 6 x 32** H S S T T 20 [1] T H 10 [1]	6.001 6.009 6.021	6.026 6.034 6.046	6.051 6.059 6.071	6.076 6.084 6.096
für Innen- und Außenbearbeitung, bis zu einem Absatz / for internal and external turning up to a shoulder / pour usinage intérieur et extérieur jusqu'à épaulement	51.001							
für Innen- und Außenbearbeitung, durchgehend / for internal and external right through turning / pour usinage intérieur et extérieur continu	51.100	D = 20 ∅ L = 30	51.051 mit SW 2,5 51.051 with SW 2,5 51.051 avec SW 2,5	**5 ∅ x 20** H S S T T 20 [2] T H 10 [2]			5.001 5.011 5.026	5.051 5.061 5.076
für Innen- und Außenbearbeitung, bis zu einem Absatz / for internal and external turning up to a shoulder / pour usinage intérieur et extérieur jusqu'à épaulement	51.101			**5 ∅ x 25** H S S T T 20 [2] T H 10 [2]	5.031 5.037 5.046	5.081 5.087 5.096		
für Innenbearbeitung, durchgehend / for internal right through turning / pour usinage intérieur continu	51.200	20 ∅ x 150 lg. als Bohrstange used as boring bar en barre d'alésage		**5 ∅ x 30** H S S T T 20 [2] T H 10 [2]			5.003 5.013 5.028	5.053 5.063 5.078
für Innenbearbeitung, bis zu einem Absatz / for internal turning up to a shoulder / pour usinag. intérieur jusqu'à épaulement	51.201							

[1] Diese Vierkantmeißel sind hartmetallbestückt
[2] Diese Meißel sind aus Vollhartmetall

[1] These square tools are carbide tipped
[2] These tools are made of solid carbide

[1] Ces outils carrés sont à carbure
[2] Ces outils sont faits en carbure plein

Auf Wunsch liefern wir auch Meißel mit Hartmetallqualitäten anderer Fabrikate.
On request we also supply carbide tipped cutting tools of other make.
Sur demande, nous fournissons également des outils comportant des plaquettes rapportées en carbure métallique d'autres provenances.

51.3 Gerader Meißelhalter für Stahleinsätze
Straight tool holder for tool insets
Porte-outil droit pour outils interchangeables

Nr.	mm				Für Stahleinsatz For tool inset Pour outil interchangeable Nr.	
	D	L	d	a		
51.301	30	200	20	7,5	51.100, 51.101	Für alle Modelle For all models Pour tous les modèles
51.302	40	200	30	10	51.000, 51.001	

51.4 Schräger Meißelhalter für Stahleinsätze
Angular tool holder for tool insets
Porte-outil oblique pour outils interchangeables

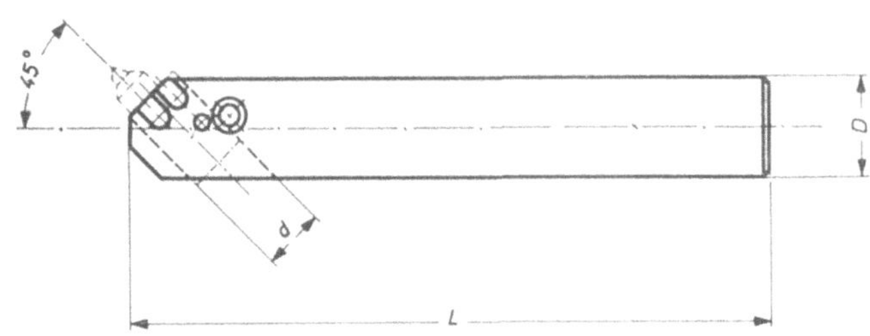

Nr.	mm			Für Stahleinsatz For tool inset Pour outil interchangeable Nr.	
	D	L	d		
51.401	30	200	20	51.101	Für alle Modelle For all models Pour tous les modèles
51.402	40	200	30	51.001	

51.5 Verstellbarer Meißelhalter für Stahleinsätze
Adjustable tool holder for tool insets
Porte-outil réglable pour outils interchangeables

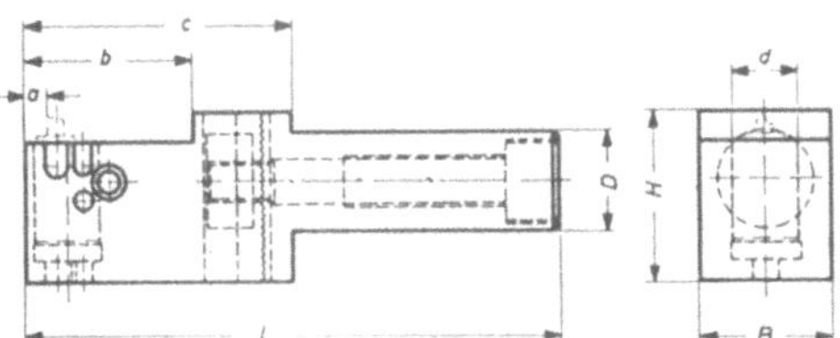

51.5

Nr.	mm								Für Stahleinsatz For tool inset Pour outil interchangeable Nr.	
	D	L	B	H	d	b	c	a		
51.501	30	160	40	50	20	52	82	7,5	51.100, 51.101	Für alle Modelle For all models Pour tous les modèles

51.6 Verstellbarer Meißelhalter für Stahleinsätze
Adjustable tool holder for tool insets
Porte-outil réglable pour outils interchangeables

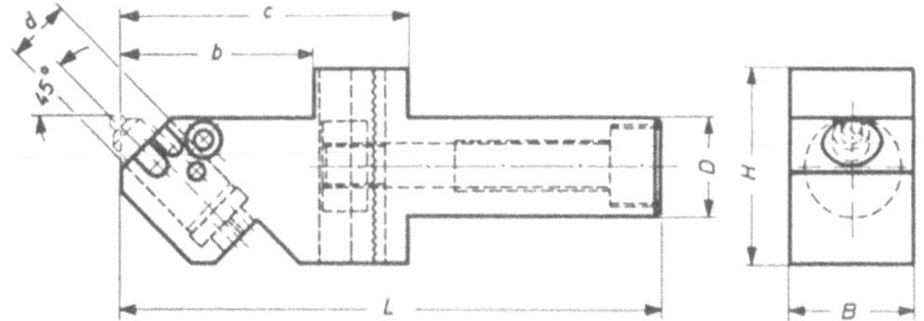

51.6

Nr.	mm							Für Stahleinsatz For tool inset Pour outil interchangeable Nr.	
	D	L	B	H	d	b	c		
51.601	30	170	40	60	20	62	92	51.101	Für alle Modelle For all models Pour tous les modèles

Anmerkungen zu nachfolgenden Tabellen
Remarks on the following tables
Observations aux tableaux suivants

1) Die kleinste zu drehende Bohrung ist für Stahleinsätze:

51.000	42 mm ⌀	51.100	32 mm ⌀	51.200	23 mm ⌀
51.001	52 mm ⌀	51.101	38 mm ⌀	51.201	32 mm ⌀.

Für alle anderen angegebenen Drehdurchmesser kann bei Verwendung von exzentrischen Spannhülsen die doppelte Exzentrizität der Hülse hinzugefügt oder abgezogen werden.

1) The smallest bores that can be turned by using tool insets are as follows:

51.000	42 mm ⌀	51.100	32 mm ⌀	51.200	23 mm ⌀
51.001	52 mm ⌀	51.101	38 mm ⌀	51.201	32 mm ⌀.

For all other diameters mentioned double the eccentricity of the bushing may be added or deducted when using eccentrically bored turret bushings.

1) L'alésage minimum est pour les outils interchangeables:

51.000	42 mm ⌀	51.100	32 mm ⌀	51.200	23 mm ⌀
51.001	52 mm ⌀	51.101	38 mm ⌀	51.201	32 mm ⌀.

Pour tous les autres diamètres de tournage, on peut ajouter ou soustraire double l'excentricité de la douille si l'on prend des douilles de serrage excentriques.

2) Bei „Geradem Einbau" der Stahleinsätze werden durchgehende Innen- und Außendurchmesser bearbeitet, bei „Schrägem Einbau" Innen- und Außendurchmesser bis zu einem Absatz.

2) Tool insets with "straight fixation" are used for right through turning of internal and external diameters. Tool insets with "angular fixation" are used for turning internal and external diameters up to a shoulder.

2) En cas de «montage droit» des outils interchangeables on travaille des diamètres intérieurs et extérieurs continus, en cas du «montage oblique» des diamètres intérieurs et extérieurs jusqu'à un épaulement.

3) 0 = Meißelhalter im Revolverkopf in Stellung „Arbeitsmitte"
   1 = Meißelhalter im Revolverkopf im 1. Loch von „Arbeitsmitte"
   2 = Meißelhalter im Revolverkopf im 2. Loch von „Arbeitsmitte"
   3 = Meißelhalter im Revolverkopf im 3. Loch von „Arbeitsmitte"

3) 0 = position of tool holder in the turret head in alignment with spindle bore, i. e. "working middle"
   1 = position of tool holder in the turret head in hole number 1 off the "working middle"
   2 = position of tool holder in the turret head in hole number 2 off the "working middle"
   3 = position of tool holder in the turret head in hole number 3 off the "working middle"

3) 0 = porte-outil dans la tourelle en position «centre d'usinage»
   1 = porte-outil dans le 1er trou du «centre d'usinage»
   2 = porte-outil dans le 2me trou du «centre d'usinage»
   3 = porte-outil dans le 3me trou du «centre d'usinage»

Anwendungsbereich der Stahleinsätze mit Feineinstellung
Applicable range for tool insets with fine adjusting device
Application pour outil interchangeable avec réglage micrométrique

Stahleinsatz Tool inset Outil interchangeable Nr.	Für Innenbearbeitung[1] For internal turning Pour usinage intérieur			Für Außenbearbeitung For external turning Pour usinage extérieur			Für Modell For model Pour modèle
	Meißelhalter tool holder porte-outil Nr.	Gerader Einbau[2] straight fixation montage droit mm ∅		Meißelhalter tool holder porte-outil Nr.	Gerader Einbau[2] straight fixation montage droit mm ∅		
51.000	51.302 40 ∅ × 200	42 – 70 120 – 148 195 – 223	0[3] 1 2		8 – 34 80 – 106 155 – 175	1[3] 2 3	Pa 45.1, P 50.1
		42 – 70 132 – 160 218 – 246	0 1 2	51.302 40 ∅ × 200	20 – 46 105 – 130 190 – 210	1 2 3	Pa 63.1, P 63.1, Pm 23
		42 – 70 178 – 206 310 – 338	0 1 2		66 – 92 164 – 222 324 – 344	1 2 3	P 80, Pm 35

Stahleinsatz Tool inset Outil interchangeable Nr.	Für Innenbearbeitung[1] For internal turning Pour usinage intérieur						Für Modell For model Pour modèle
	Meißelhalter tool holder porte-outil Nr.	Gerader Einbau[2] straight fixation montage droit mm ∅		Meißelhalter tool holder porte-outil Nr.	Schräger Einbau[2] angular fixation montage oblique mm ∅		
51.001	51.302 40 ∅ × 200	70 – 90 148 – 168 223 – 243	0[3] 1 2		52 – 62 138 – 148 213 – 223	0[3] 1 2	Pa 45.1, P 50.1
		70 – 90 160 – 180 246 – 266	0 1 2	51.402 40 ∅ × 200	52 – 62 150 – 160 236 – 246	0 1 2	Pa 63.1, P 63.1, Pm 23
		70 – 90 206 – 226 338 – 358	0 1 2		52 – 62 196 – 206 328 – 338	0 1 2	P 80, Pm 35

Stahleinsatz Tool inset Outil interchangeable Nr.	Für Außenbearbeitung For external turning Pour usinage extérieur						Für Modell For model Pour modèle
	Meißelhalter tool holder porte-outil Nr.	Gerader Einbau[2] straight fixation montage droit mm ∅		Meißelhalter tool holder porte-outil Nr.	Schräger Einbau[2] angular fixation montage oblique mm ∅		
51.001	51.302 40 ∅ × 200	– 6 65 – 82 136 – 152	1[3] 2 3		23 – 38 97 – 112 166 – 181	1[3] 2 3	Pa 45.1, P 50.1
		8 – 18 90 – 105 170 – 185	1 2 3	51.402 40 ∅ × 200	35 – 50 120 – 135 200 – 215	1 2 3	Pa 63.1, P 63.1, Pm 23
		54 – 64 182 – 197 304 – 319	1 2 3		81 – 86 212 – 227 334 – 349	1 2 3	P 80, Pm 35

[1] [2] [3] Siehe Erläuterungen auf Seite 50   See remarks on page 50
Voir renseignements page 50

Für Innenbearbeitung [1] — For internal turning — Pour usinage intérieur

Stahleinsatz Tool inset Outil interchangeable Nr.	Meißelhalter tool holder porte-outil Nr.	Gerader Einbau [2] straight fixation montage droit mm $\varnothing$		Für Modell For model Pour modèle
51.100	51.301 30 $\varnothing$ x 200	32 – 50	0 [3]	Pr 16
		90 – 108	1	
		146 – 164	2	
		32 – 50	0	P 32.1
		98 – 116	1	
		162 – 180	2	
		32 – 50	0	Pa 25 / Pa 40 / Pa 45 / P 32.0 / P 50.1
		110 – 128	1	
		185 – 203	2	
		32 – 50	0	Pa 63.1 / P 63.1 / Pm 23
		122 – 140	1	
		208 – 226	2	
		32 – 50	0	P 80 / Pm 35
		168 – 186	1	
		300 – 318	2	

Für Außenbearbeitung — For external turning — Pour usinage extérieur

Meißelhalter tool holder porte-outil Nr.	Gerader Einbau [2] straight fixation montage droit mm $\varnothing$		Für Modell For model Pour modèle
51.301 30 $\varnothing$ x 200	10 – 26	1 [3]	Pr 16
	61 – 81	2	
	114 – 134	3	
51.501 (verstellbar) (adjustable) (réglable)	– 40	1	
	40 – 96	2	
	58 – 113	3	
51.301 30 $\varnothing$ x 200	18 – 34	1	P 32.1
	77 – 97	2	
	137 – 157	3	
51.501 (verstellbar) (adjustable) (réglable)	– 48	1	
	57 – 112	2	
	81 – 136	3	
51.301 30 $\varnothing$ x 200	30 – 46	1	Pa 25 / Pa 40 / Pa 45
	100 – 120	2	
	170 – 190	3	
51.501 (verstellbar) (adjustable) (réglable)	5 – 60	1	P 32.0 / P 50.1
	80 – 135	2	
	114 – 169	3	
51.301 30 $\varnothing$ x 200	42 – 58	1	Pa 63.1 / P 63.1 / Pm 23
	123 – 143	2	
	204 – 224	3	
51.501 (verstellbar) (adjustable) (réglable)	10 – 80	1	
	95 – 170	2	
	175 – 250	3	
51.301 30 $\varnothing$ x 200	88 – 104	1	P 80 / Pm 35
	215 – 235	2	
	338 – 358	3	
51.501 (verstellbar) (adjustable) (réglable)	56 – 126	1	
	187 – 262	2	
	307 – 384	3	

Eine Umdrehung der Feineinstell-Spindel mit dem Skalensteckschlüssel bewirkt ein Verstellen des Meißels um 0,02 mm (1 Teilstrich = 1 μm). Zum Einstellen des Meißels mit einer geringeren Genauigkeit genügt auch ein normaler Sechskant-Stiftschlüssel für Zylinderschrauben SW 3 DIN 911 anstatt Nr. 51.050 und SW 2,5 DIN 911 anstatt Nr. 51.051. (¼ Umdrehung = 0,005 mm).

One turn of the fine adjusting spindle made by using the allen key with scale causes a displacing of the tool of .02 mm (1 partition = 1 μm). The use of a normal hexagonal allen key for cylindrical screws a/f 3 mm DIN 911 in place of Nr. 51.050 and for cylindrical screws a/f 2,5 mm DIN 911 in place of Nr. 51.051 is sufficient (¼ turn = .005 mm) in case the adjusting of the tool may be effected at inferior accuracy.

Un tour de la vis de réglage micrométrique, effectué à l'aide de la clef à douille graduée, produit un déplacement de l'outil de 0,02 mm (1 trait de graduation = 1 μm). Pour régler l'outil moins précisément, il suffit de se servir d'une clef à douille six pans normale pour des vis à tête cylindrique SW 3 DIN 911 au lieu de No. 51.051 et SW 2,5 DIN 911 au lieu de No 51.051 (¼ de tour = 0,005 mm).

[1] [2] [3] Siehe Erläuterungen Seite 136
See remarks on page 136
Voir renseignements page 136

Stahleinsatz Tool inset Outil inter- changeable Nr.	Meißel- halter tool holder porte-outil Nr.	Für Innenbearbeitung [1] For internal turning Pour usinage intérieur					Für Modell For model Pour modèle
		Gerader Einbau [2] straight fixation montage droit mm $\varnothing$		Meißel- halter tool holder porte-outil Nr.	Schräger Einbau [2] angular fixation montage oblique mm $\varnothing$		
		46 – 65	0 [3]		38 – 45	0 [3]	Pr 16
		104 – 123	1		93 – 103	1	
		160 – 179	2		149 – 159	2	
		46 – 65	0		38 – 45	0	P 32.1
		112 – 131	1		101 – 111	1	
		176 – 195	2		165 – 175	2	
51.101	51.301 30 $\varnothing$ x 200	46 – 65	0	51.401 30 $\varnothing$ x 200	38 – 45	0	Pa 25 Pa 40 Pa 45 P 32.0 P 50.1
		124 – 143	1		113 – 123	1	
		179 – 218	2		188 – 198	2	
		46 – 65	0		38 – 45	0	Pa 63.1 P 63.1 Pm 23
		136 – 155	1		125 – 135	1	
		222 – 241	2		211 – 221	2	
		46 – 65	0		38 – 45	0	P 80 Pm 35
		182 – 201	1		171 – 181	1	
		214 – 233	2		303 – 313	2	

In Sonderfällen bitten wir um Einsendung von Werkstück-Zeichnungen und Angabe der Revolverdrehbank-Type, damit wir entsprechende Meißelhalter anbieten können.

In special cases we should like to ask for sending us drawings of the components and information about the type of the turret lathe so that we are in the position to quote for the respective tool holders.

Pour des cas spéciaux, nous prions de nous envoyer des plans des pièces et d'indiquer le type du tour revolver pour nous permettre de proposer les porte-outils correspondants.

[1] [2] [3]   Siehe Erläuterungen Seite 136
      See remarks on page 136
      Voir renseignements page 136

Stahleinsatz Tool inset Outil inter- changeable Nr.	Für Außenbearbeitung For external turning Pour usinage extérieur						Für Modell For model Pour modèle
	Meißel- halter tool holder porte-outil Nr.	Gerader Einbau [2] straight fixation montage droit mm Ø		Meißel- halter tool holder porte-outil Nr.	Schräger Einbau [2] angular fixation montage oblique mm Ø		
51.101	51.301 30 Ø x 200	– 10 51 – 66 104 – 119	1 [3] 2 3	51.401 30 Ø x 200	23 – 28 73 – 78 125 – 130	1 [3] 2 3	Pr 16
	51.501 (verstellbar) (adjustable) (réglable)	– 37 18 – 93 70 – 145	1 2 3	51.601 (verstellbar) (adjustable) (réglable)	– 58 41 – 106 93 – 148	1 2 3	
	51.301 30 Ø x 200	6 – 18 67 – 82 127 – 141	1 2 3	51.401 30 Ø x 200	31 – 36 89 – 94 148 – 153	1 2 3	P 32.1
	51.501 (verstellbar) (adjustable) (réglable)	– 33 34 – 97 93 – 156	1 2 3	51.601 (verstellbar) (adjustable) (réglable)	5 – 65 64 – 124 123 – 183	1 2 3	
	51.301 30 Ø x 200	18 – 30 90 – 105 160 – 175	1 2 3	51.401 30 Ø x 200	43 – 48 112 – 117 181 – 186	1 2 3	Pa 25 Pa 40 Pa 45 P 32.0 P 50.1
	51.501 (verstellbar) (adjustable) (réglable)	– 46 60 – 120 129 – 190	1 2 3	51.601 (verstellbar) (adjustable) (réglable)	15 – 80 80 – 145 149 – 214	1 2 3	
	51.301 30 Ø x 200	30 – 42 113 – 128 194 – 209	1 2 3	51.401 30 Ø x 200	55 – 60 135 – 140 215 – 220	1 2 3	Pa 63.1 P 63.1 Pm 23
	51.501 (verstellbar) (adjustable) (réglable)	– 69 80 – 155 160 – 235	1 2 3	51.601 (verstellbar) (adjustable) (réglable)	28 – 90 110 – 170 190 – 250	1 2 3	
	51.301 30 Ø x 200	76 – 88 205 – 220 327 – 342	1 2 3	51.401 30 Ø x 200	95 – 100 227 – 232 349 – 354	1 2 3	P 80 Pm 35
	51.501 (verstellbar) (adjustable) (réglable)	40 – 115 172 – 247 294 – 369	1 2 3	51.601 (verstellbar) (adjustable) (réglable)	70 – 130 202 – 262 324 – 384	1 2 3	

[1] [2] [3] Siehe Erläuterungen Seite 136
See remarks on page 136
Voir renseignements page 136

Stahleinsatz Tool inset Outil inter- changeable Nr.	Für Innenbearbeitung [1) For internal turning Pour usinage intérieur mm $\varnothing$		Für Außenbearbeitung For external turning Pour usinage extérieur mm $\varnothing$		Für Modell For model Pour modèle
51.200	23 – 30	0 [3)	30 – 35	1 [3)	Pr 16
	81 – 88	1	86 – 91	2	
	137 – 144	2	138 – 143	3	
	23 – 30	0	38 – 43	1	P 32.1
	89 – 96	1	102 – 107	2	
	153 – 160	2	161 – 166	3	
	23 – 30	0	50 – 55	1	Pa 25 Pa 40 Pa 45 P 32.0 P 50.1
	101 – 108	1	125 – 130	2	
	176 – 183	2	194 – 199	3	
	23 – 30	0	62 – 67	1	Pa 63.1
	113 – 120	1	148 – 153	2	P 63.1
	199 – 206	2	228 – 233	3	Pm 23
	23 – 30	0	108 – 113	1	P 80
	159 – 166	1	240 – 245	2	Pm 35
	291 – 298	2	362 – 367	3	
51.201	32 – 37	0	20 – 25	1	Pr 16
	88 – 95	1	76 – 81	2	
	144 – 151	2	128 – 133	3	
	32 – 37	0	28 – 33	1	P 32.1
	96 – 103	1	92 – 97	2	
	160 – 167	2	151 – 156	3	
	32 – 37	0	40 – 45	1	Pa 25 Pa 40 Pa 45 P 32.0 P 50.1
	108 – 115	1	115 – 120	2	
	183 – 190	2	184 – 189	3	
	32 – 37	0	52 – 57	1	Pa 63.1
	120 – 127	1	138 – 143	2	P 63.1
	206 – 213	2	218 – 223	3	Pm 23
	32 – 37	0	98 – 103	1	P 80
	166 – 173	1	230 – 235	2	Pm 35
	298 – 305	2	352 – 357	3	

[1) [2) [3) Siehe Erläuterungen Seite 136
See remarks on page 136
Voir renseignements page 136

60. Pendelnder Halter mit zylindrischem Schaft
für Hülse mit Bajonettverschluß 37 für Aufsteckreibahlen
(Kegel 1:30 nach DIN 217)

Floating reamer holder with cylindrical shank,
to fit turret bushings with bayonet joint 37
(taper of arbor 1:30 DINorm 217)

Porte-alésoir flottant à queue cylindrique,
pour douille à baïonnette 37, pour alésoirs creux
(cône 1/30, suivant norme DIN 217)

60

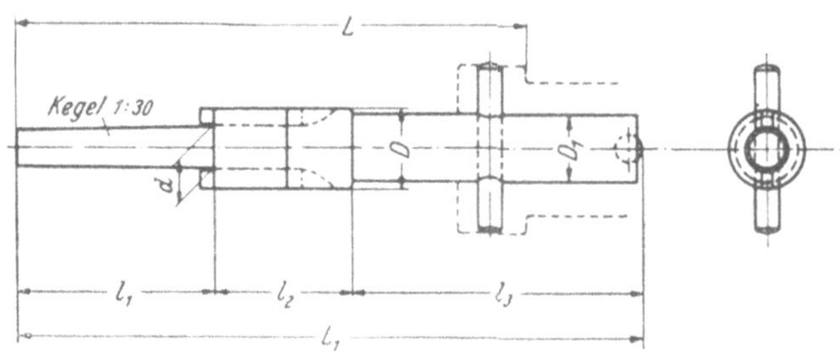

Nr.	mm								Passend für Suitable for Convenant à	kg	Für Modell For model Pour modèle
	D	D_1	d	L	L_1	l_1	l_2	l_3			
60.001	24	20	13	164	192	60	43	89	37.001, 37.003, 37.007	0,43	
60.002	28	20	16	174	202	70	43	89	37.001, 37.003, 37.007	0,53	siehe Tabelle bei 37.0… (Seite 124)
60.003	33	28	20	226	270	80	46	144	37.004, 37.005, 37.006	1,15	
60.004	46	28	28	259	304	100	46	158	37.004, 37.005, 37.006	1,75	look up table at 37.0 (page 124)
60.005	50	28	32	259	304	110	50	144	37.004, 37.005, 37.006	2,10	Voir table 37.0 (page 124)
60.006	60	28	40	259	304	120	53	131	37.004, 37.005, 37.006	2,90	
60.007	38	28	22	236	280	90	46	144	37.004, 37.005, 37.006	1,35	

63. Runde Gewindestrehler für Innengewinde

Circular chaser for internal threads

Molette ronde pour filetage intérieur

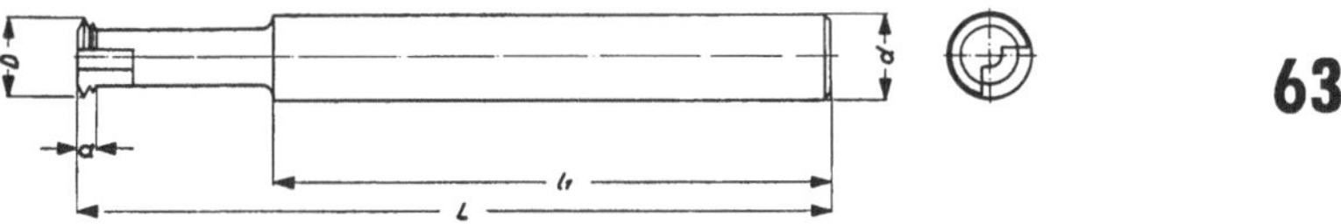

63

1½-Zahn-Strehler (für Gewinde mit Spitzenrundung)   **1½-teeth chaser** (for threads with rounded crest)
Molette à 1 dent ½ (pour filets arrondis)

Nr.	mm					kg	
	D	L	d	l₁	a		
63.004	15	135	15	100	3 – 8	0,20	Für alle Modelle For all models Pour tous les modèles

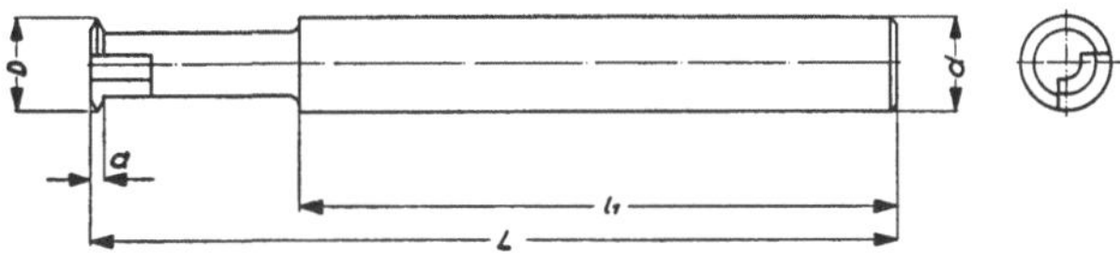

1-Zahn-Strehler (für Gewinde ohne Spitzenrundung)   **1-tooth chaser** (for threads with flat at crest)
Molette à 1 dent (pour filets non arrondis)

Nr.	mm					kg	
	D	L	d	l₁	a		
63.005	15	135	15	100	2 – 5	0,20	Für alle Modelle For all models Pour tous les modèles

Anmerkung: Diese Strehler sind zur Verbesserung der Schnittverhältnisse unter Mitte angeschliffen. Der Flankenwinkel ist korrigiert.

Note: These Chasers are straight disc cutters free of any pitch which, in order to improve the cutting edge, have been ground below the center line. The flank angles have been corrected accordingly.

Note: Ces molettes sont affutées en dessous du centre, afin d'améliorer les conditions de coupe. L'angle des flancs est corrigé.

64. Aufsatzstrehler
Circular chaser with interchangeable head
Molette interchangeable

1½-Zahn-Strehler (für Gewinde mit Spitzenrundung)   **1½-teeth chaser** (for threads with rounded crest)
Molette à 1 dent ½ (pour filets arrondis)

Nr.	mm				kg	Strehler-Schaft Chaser shank Tige de molette
	D	L	a	Z		
64.004	40	14	4–6	24	0,15	64.091
64.704	25	14	4,5	24	0,10	64.091
64.804	50	15	6	30	0,20	64.092

1-Zahn-Strehler (für Gewinde ohne Spitzenrundung)   **1-tooth chaser** (for threads with flat at crest)
Molette à 1 dent (pour filets non arrondis)

Nr.	mm				kg	Strehler-Schaft Chaser shank Tige de molette
	D	L	a	Z		
64.705	25	14	3–5	24	0,1	64.091
64.803	40	14	6	24	0,15	64.091
64.805	50	15	6	30	0,2	64.092

Anmerkung: Diese Strehler sind zur Verbesserung der Schnittverhältnisse unter Mitte angeschliffen. Der Flankenwinkel ist korrigiert.

Note: These Chasers are straight disc cutters free of any pitch which, in order to improve the cutting edge, have been ground below the center line. The flank angles have been corrected accordingly.

Note: Ces molettes sont affutées en dessous du centre, afin d'améliorer les conditions de coupe. L'angle des flancs est corrigé.

64.09 Strehlerschaft mit Schraube
Chaser shank with screw
Tige de molette avec vis

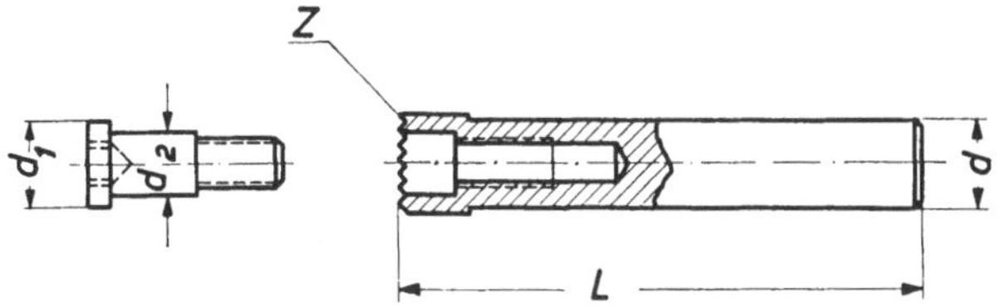

64.09

Nr.	mm					kg	Für Modell For model Pour modèle
	d	L	Z	d1	d2		
64.091	15	90	24	14	10	0,15	RB - RD, Pr 16, Pa 25, 40, P 32.0
64.092	20	100	30	16	12	0,30	RE - RH, Pa 45, 63.1, P 32.1, 40.1, 50, 63.1, 80

Bei den Maschinen Pa 45, 63, P 32, 40, 50, 63, 80 muß für Strehler mit 15 mm Schaftdurchmesser eine exzentrische Hülse, Best.-Nr. 66 20 97, verwendet werden.

On the machines Pa 45, 63, P 32, 40, 50, 63, 80 an eccentrically bored bushing No. 66 20 97 has to be used for chasers with a shank diameter of 15 mm.

Sur les Machines Pa 45, 63, P 32, 40, 50, 63, 80 il faut appliquer une douille excentrique No. 66 20 97 pour les molettes d'un diamètre de queue de 15 mm.

Bitte beachten Sie:

Die 1-Zahn-Strehler werden normal für Gewinde mit 60° Flankenwinkel, die 1½-Zahn-Strehler für Gewinde mit 55° Flankenwinkel geliefert. 1-Zahn-Strehler können für mehrere Gewindesteigungen, 1½-Zahn-Strehler nur für **eine** Gewindesteigung (Gangzahl) verwendet werden. Für andere Gewindearten oder Spezialausführrungen, sowie hartmetallbestückte Strehler bitten wir um Anfrage. **Genaue Gewindebezeichnung** unbedingt erforderlich; Werkstück-Skizze erwünscht.

Please pay attention to the following points:

The 1-tooth chasers are delivered normally for producing threads with an included angle of 60 degrees and the 1½-teeth chasers for producing threads having one 55 degrees. 1-tooth chasers may be used for various threads whereas 1½-teeth chasers are destined only for a specific pitch or number of threads per inch. For producing special kinds of threads and for carbide tipped chasers, please, ask for special offers. Detailed description of the kind of threads is essential and a drawing of the component wanted.

Veuillez noter:

Les molettes à une dent sont fournies normalement pour filets d'un angle de pression de 60°, celles à 1½ dent pour filets d'un angle de 55°. On peut employer les molettes à 1 dent pour plusieurs pas de vis, tandis que celles à 1½ dent ne sont prévues que pour un filet déterminé.
En cas de filetages spéciaux et si vous désirez des molettes munies de carbure, demandez notre offre spéciale en nous indiquant la nature exacte du filet et, si possible, veuillez nous remettre un croquis de la pièce à fileter.

Anleitung zum Nachschleifen der 1- und 1½-Zahn-Aufsatzstrehler

Instructions for the regrinding of circular chasers having 1 cutting tooth and 1½ cutting teeth

Instructions pour le réaffûtage des molettes interchangeables à 1 dent et à 1 dent ½

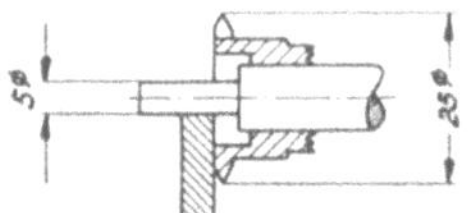 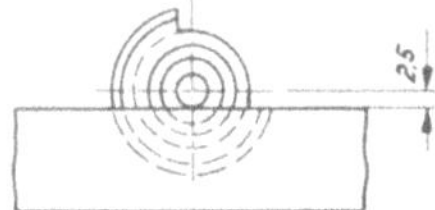

Zur Prüfung des richtigen Anschliffs des Strehlers mit **25 mm Außendurchmesser** kann ein Dorn verwendet werden, dessen Schaft in der Schraubenhalsbohrung geführt ist und einen Zapfen von 5 mm Ø besitzt.
Die Berührungsfläche eines am Zapfen angelegten Lineals muß mit der Schnittfläche in einer Ebene liegen.

To check the correct grinding of a chaser with an **outside dia. of 25 mm.** a gauging spindle should be used. The larger diameter of the spindle is placed into the countersunk part of the chaser and if a straight edge is placed against the 5 mm. dia. gauging plug this edge must be in the same plane and in alignment with the cutting face of the chaser.

Pour le contrôle de l'affûtage de la molette avec **diamètre extérieur de 25 mm,** il est possible d'employer une pige dont le corps est guidé dans l'alésage de passage de la vis et qui possède un embout de 5 mm de diamètre. Lorsqu'une règle est appliquée contre cet embout, la face de la règle qui est en contact avec celui-ci doit se trouver dans le même plan que la face d'attaque de la molette.

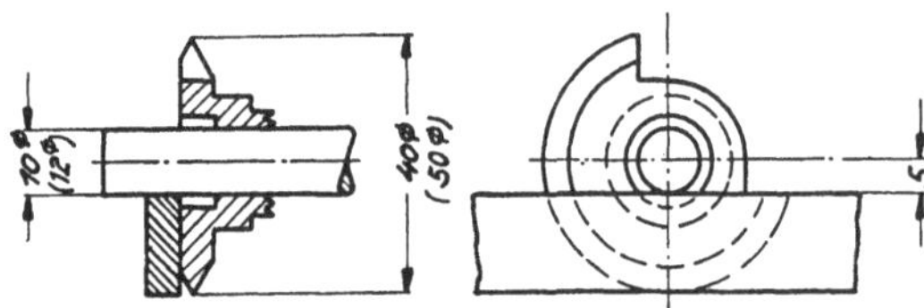

Zur Prüfung des richtigen Anschliffs des Strehlers mit **40 mm bzw. 50 mm Außendurchmesser** kann ein Dorn von 10 mm Ø bzw. 12 mm Ø verwendet werden, der in der Schraubenhalsbohrung des Strehlers geführt ist.
Die Berührungsfläche eines am Zapfen angelegten Lineals muß mit der Schnittfläche in einer Ebene liegen.
Bei Nichtbeachtung der Schleifanleitung entsteht ein Verzug des Flankenwinkels, da dieser dem Anschliff entsprechend korrigiert ist.

To check the correct grinding on chasers **with 40 mm. or 50 mm. outside diameter,** gauging spindles of 10 mm. and 12 mm. outside dia. respectively should be placed into the countersunk part of the chaser. If a straight edge is placed against the spindle the contacting face of the straight edge must be in the same plane and in alignment with the cutting face of the chaser.
Non-observance of the grinding instructions will result in distortion of the flank angle, the latter being correspondingly corrected.

Pour le contrôle de l'affûtage des molettes avec **diamètre extérieur de 40 mm ou de 50 mm,** il est possible d'employer une pige de 10 mm ou de 12 mm de diamètre, dont le corps est guidé dans l'alésage de passage de la vis. Lorsqu'une règle est appliquée contre l'embout, la face qui est en contact avec lui doit se trouver dans le même plan que la face d'attaque de la molette.
En cas de non-observation des indications ci-dessus, il y a modification de l'angle des flancs, car cet angle est corrigé corrélativement à l'affûtage.

65. Gewinde-Leitpatrone für Gewindestrehleinrichtung
Leader for chasing attachment
Patrone de guidage pour dispositif à fileter

Steigung nach Angabe
Pitch according to order
Pas à la demande

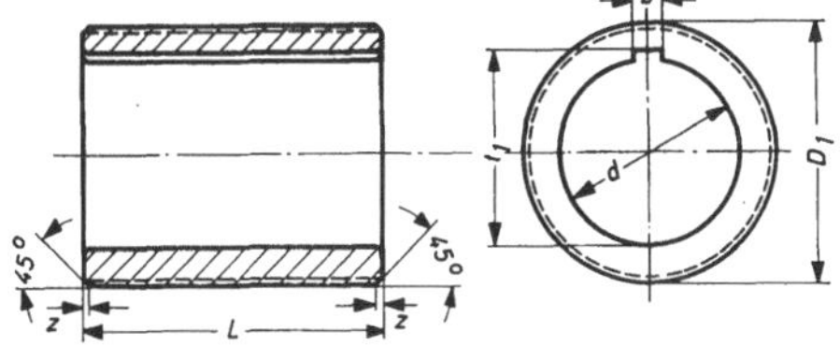

65

Nr.	mm							Über-setzungs-verhältnis Ratio Rapport de réduction	kg	Für Modell For model Pour modèle
	D_1	L	b	d	r	t_1	z			
65.000	50	60	8	35	1,5	37	1,5	1 : 2	0,40	RB, Pr 16, Pa 25, 40
65.001	56	70	8	38	1,5	39,8	1,5	1 : 2	0,57	RC, Pa 45 SV, P 32, 40.1
65.002	60	80	8	42	2	43,8	2	1 : 1	0,75	RD, Pa 45.1, 63.1
65.003	70	82	8	50	2	52,9	2	1 : 1	1,00	ERA 47, P 50, 63.1
65.004	80	90	8	55	2	57,9	2	1 : 1	1,70	RE 60-RH, P 80

66. Gewinde-Leitbacke für Gewindestrehleinrichtung
Follower for chasing attachment
Peigne de guidage pour dispositif à fileter par patrone

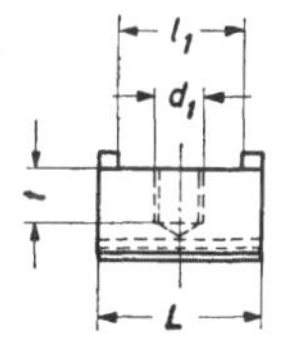
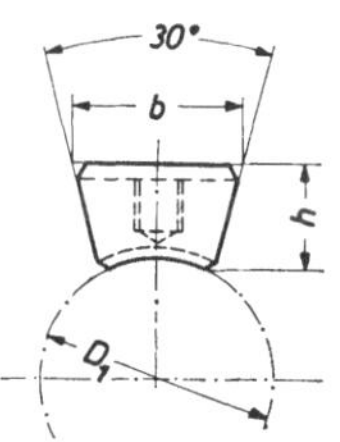

66

Nr.	mm							Über-setzungs-verhältnis Ratio Rapport de réduction	kg	Für Modell For model Pour modèle
	D_1	L	l_1	b	d_1	h	t			
66.000	50	32	24	34	M 10	20	10	1 : 2	0,10	RB, Pr 16, Pa 25, 40,
66.001	56	36	28	38	M 10	21	13	1 : 2	0,13	RC, Pa 45 SV, P 32, 40.1
66.002	60	38	30	40	M 10	22	13	1 : 1	0,15	RD, Pa 45.1, 63.1
66.003	70	45	35	48	M 12	27	15	1 : 1	0,28	ERA 47, P 50, 63.1
66.004	80	52	40	55	M 12	29,5	17	1 : 1	0,40	RE-RH, P 80

Anmerkung: Für Linksgewinde müssen auch Leitpatrone und Leitbacke linksgängig sein.

Note: For producing lefthand threads the respective leaders and followers must also have lefthand threads.

Note: Pour filets à gauche, la patrone et le peigne de guidage doivent être à pas à gauche.

10*

Leitpatronenantriebe für Gewindestrehleinrichtung

Drive for leader of the thread chasing attachment

Commande des patrones de guidage pour dispositif à fileter

Type	Pr 16 Pa 25 Pa 40	P 32.0 Pa 45 SV	P 32.1 P 40.1	Pa 45.1 Pa 63.1	P 50.0	P 50.1 P 63.1	P 80
Übersetzungsverhältnis zwischen Drehspindel u. Gewindepatrone Ratio between workspindle and leader Rapport de transmission entre broche et patrone	1 : 2	1 : 2	1 : 2	1 : 1	1 : 1	1 : 1	1 : 1
umschaltbar auf switchable to commutable à			1 : 1	1 : 2	1 : 2		

Bitte beachten Sie:

Gewindeleitpatronen und -Backen der Größen 65000 und 65001 bzw. 66000 und 66001 werden für Übersetzungsverhältnis 1 : 2 geliefert. Die Stempelmarke dieser Werkzeuge bezeichnet die Steigung auf dem Werkstück. Die Steigung auf Leitpatrone und Backe ist aber durch das Übersetzungsverhältnis 1 : 2 doppelt so groß wie auf dem Werkstück.

Beispiel: Soll am Werkstück eine Steigung von 1,5 mm gestrehlt werden, hat die Patrone (und Backe) 3 mm Steigung und ist mit 65001/1,5 (66001/1,5) gestempelt. Alle anderen Größen werden für Übersetzungsverhältnis 1 : 1 geliefert. Mit diesen Werkzeugen wird bei Verwendung des Übersetzungsverhältnisses 1 : 2 nur die halbe Steigung auf dem Werkstück erreicht, wie auf dem Werkstück gestempelt ist.

Please pay attention to the following notes:

Leaders and followers of the sizes as per 65000 – 65001 and 66000 – 66001 respectively are delivered at a ratio of 1 : 2. The markings on these tools indicate the pitch of thread on the work piece. Whereas the pitch on the leader and on the follower is twice as high as on the work piece considering the ratio of 1 : 2. As example: in case where a pitch of 1,5 mm should be chased on the work piece the leader (and also the follower) show a pitch of 3 mm yet these tools are marked 65001/1,5 (66001/1,5). All other sizes are delivered at the ratio of 1 : 1. When using these tools at the ratio of 1 : 2 only half of the pitch shown by the markings on the tools will be produced on the work piece than the markings on the tools are showing.

Veuillez noter:

Le rapport de transmission des patrones 65000 et 65001 et des peignes-guides correspondants 66000 et 66001 est 1 : 2. La marque sur ces outils signifie le pas du filetage sur la pièce à usiner. Mais, conséquant au rapport de transmission 1 : 2, le pas sur la patrone et le peigne est deux fois ceci de la pièce à usiner. Exemple: pour tarauder un filet d'un pas de 1,5 mm on emploie une patrone et un peigne d'un pas de 3 mm. Néanmoins ces outils sont marqués 65001/1,5 et 66001/1,5. Toutes les autres tailles sont fournies pour un rapport de transmission 1 : 1. En employant ces outils avec rapport de transmission 1 : 2, on n'obtient que la moitié du pas indiqué sur l'outil.

67. Halter für runde Formmeißel
Holder for round forming tools
Porte-outil pour outils de forme circulaires

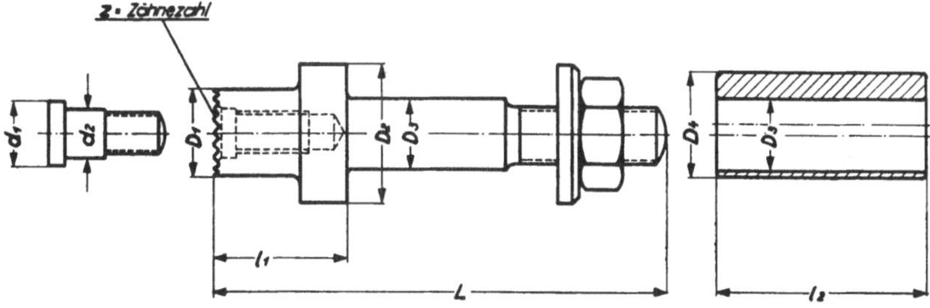

Nr.	mm										Für Modell For model Pour modèle
	D_1	D_2	D_3	L	l_1	d_1	d_2	D_4	l_2	Z	
67.000	22	34	20	114	26	16	12	30	62	30	RB-RC, Pr 16, Pa 25, 40, P 32, 40.1
67.001	22	34	20	123	28	18	14	30	69	30	RB-RD, Pa 45, 63.1, P 50, 63.1
67.002	24	40	20	135	40	18	14	30	69	30	RB-RD, Pa 45, 63.1, P 50, 63.1
67.003	32	44	28	164	42	22	16	40	69	34	RE-RH II, Pa 45[1), 63.1, P 50[1), 63.1
67.004	35	56	35	190	52	27	20	50	90	34	RH III, P 80

[1)] Gewinde 17 mm kürzen.   Threads to be shortened by 17 mm.   Raccourcir le filetage 17 mm.

70.₁ Schälmeißelhalter
Schälmeißel und Rollen abhebbar

Roller box for rough turning tool
rough turning tool and rollers swivelling

Porte-outil à ébaucher
outil à ébaucher et galets pivotants

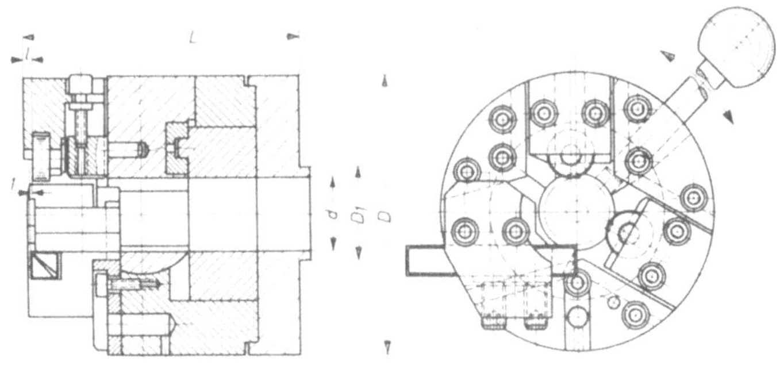

Nr.	mm					Drehbereich Turning dia Dia de tournage mm	Schälmeißel Tool Outil		Rollen rollers galets		kg	Für Modell For model Pour modèle
	D	D₁	d	L	l		Nr.	mm	HM	WS		
70.100	120	35	27,5	120	4	9 – 27	7.500	12 x 12 x 55	660093	660038	11.0	Pa 25, 40, P 32, 40.1
70.110	120	40	32	120	4	9 – 30	7.500	12 x 12 x 55	660093	660038	11.0	Pa 45, 63.1 P 50, 63.1
70.105	90	30	16	100	4	3 – 14	7.500	12 x 12 x 55	660090	660034	5.0	Pa 25, 40, P 32, 40.1

Der Schälmeißelhalter wird mit Rollen aus W.St. geliefert. Auf besonderen Wunsch liefern wir gegen Mehrpreis die Rollen auch aus HSS oder HM G3. Bei Verwendung eines Schälmeißels mit HM bestückt sind Rollen aus HM G3 einzusetzen.

The rollers are made from tool steel. If required, we can supply rollers made from high speed or carbide G3 at an additional charge. With carbide cutting tools rollers made of carbide G3 should be used.

Le porte-outil à ébaucher est fourni avec galets en acier au carbone. Sur demande et contre supplément de prix, nous livrons également les galets en acier rapide ou en carbure G3. Lorsqu'on utilise le porte-outil avec un outil carbure, il faut l'equiper de galets en carbure G3.

80. »Stieber«-Spannfutter mit Flansch

zum Spannen von weit herausstehenden Werkzeugen, wie Bohrstangen, lange Spiralbohrer usw., die infolge großen Werkstück-Flugkreises axial verschoben oder ausgewechselt werden.

"Stieber" Chuck with flange

For the chucking of excessively protruding tools such as boring bars, long drills, etc., which have to be moved in axial direction or have to be exchanged owing to the large rotating diameter of the work pieces.

Mandrin de serrage «Stieber» à bride

pour le serrage d'outils en forte saillie, tels que barres d'alésage, longs forets hélicoïdaux, etc., qui doivent être démontés ou décalés axialement par suite d'un trop grand champ de rotation de la pièce.

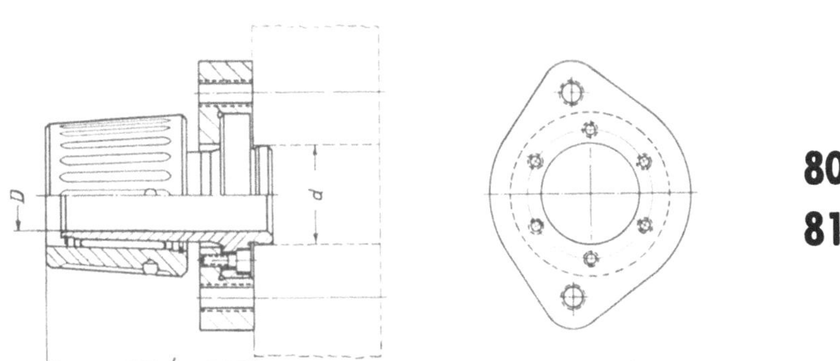

80

81

Nr.	mm			Flansch Flange Bride Nr.	kg	Für Modell For model Pour modèle
	D	d	L			
80.000	20	30	70	81.123		RB, BRA I – II
80.000	20	30	70	81.223		DRA, RD, Pa 25, 40, P 32
80.000	20	30	70	81.323	1,25	ERA, RE, Pa 45, 63.1, P 50, 63.1
80.000	20	30	70	81.423		RF-RH II
80.000	20	30	70	81.523		RH III 105, P 80
80.100	30	40	78	81.334		ERA, RE, Pa 45, 63.1, P 50, 63.1
80.100	30	40	78	81.434	2,05	F-HRA, RF-RH II
80.100	30	40	78	81.534		RH III, P 80

Anmerkung: Für Modell RC können Stieber-Flanschfutter nicht verwendet werden, da die Überdeckung des Revolverkopfes zu groß ist.

Note: For Type RC, Stieber Chuck with flange cannot be used, as the overlap on the turret-head is too large.

Note: Les mandrins Stieber à bride ne peuvent pas être employés sur les tours modèle RC, car le recouvrement de la tourelle est trop grand.

97.1 Oberschlitten-Meißelhalter
Top slide tool holder
Porte-outil pour chariot supérieur

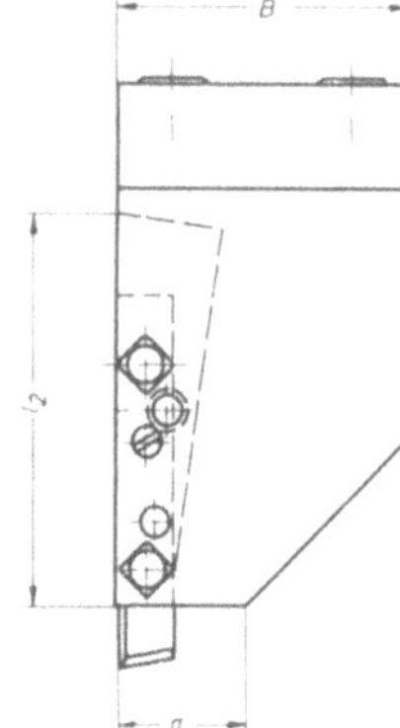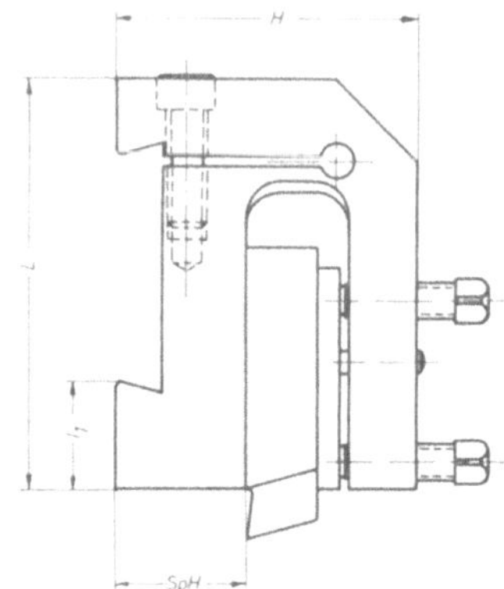

Nr.	L	B	H	Sp H	l₁	l₂	a	kg	Meißel Tool Outil mm	Für Modell For model Pour modèle
97.100	140	80	105	45	36	105	35	6	16 x 16 20 x 20	Pm 23
97.101	170	80	105	45	66	105	45	8	16 x 25	Pm 23

97.5 Oberschlitten-Meißelhalter
Top slide tool holder
Porte-outil pour chariot supérieur

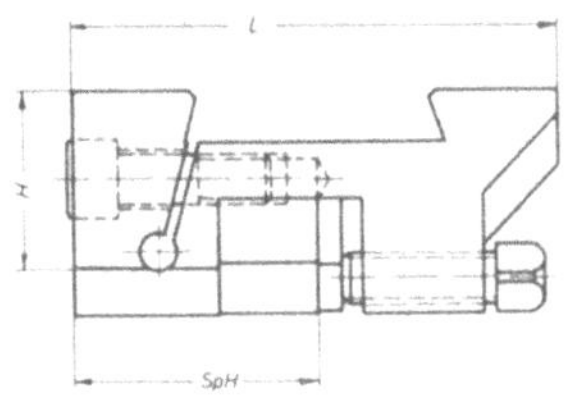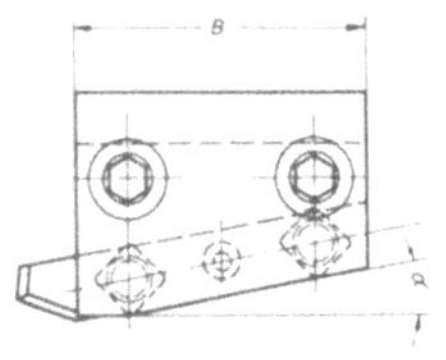

Nr.	L	B	H	Sp H	kg	∡ α	Meißel Tool Outil mm	Für Modell For model Pour modèle
97 500	160	95	70	80	10	0°	12 x 20 20 x 20	Pm 35
97.501	160	95	70	80	9,5	10°	16 x 25 20 x 32	Pm 35

97.6 Oberschlitten-Meißelhalter
Porte-outil pour chariot transversal

Top slide tool holder

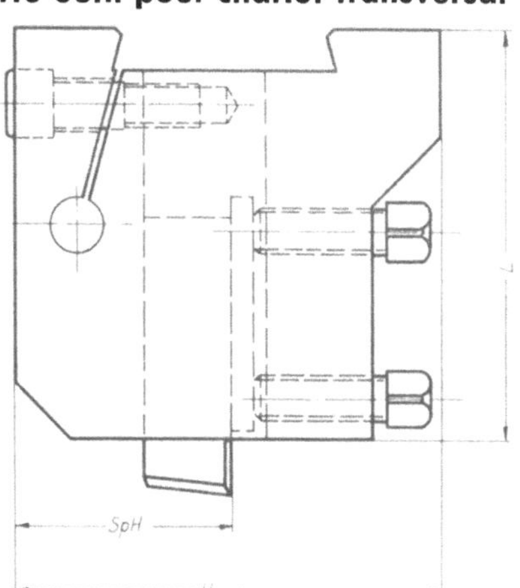
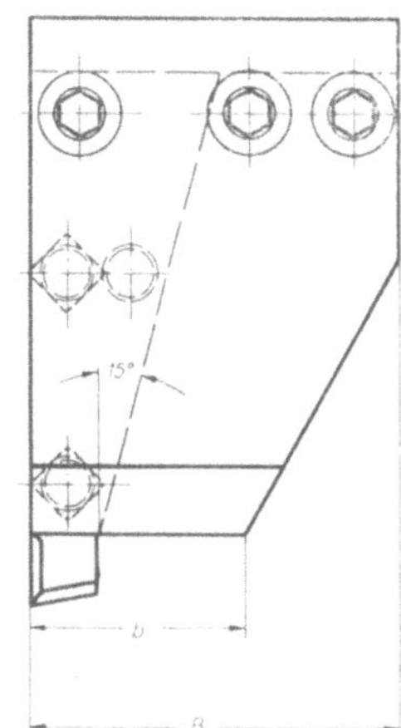

97.6

Nr.	L	H	SpH	B	b	kg	Meißel Tool Outil		Für Modell For model Pour modèle
97.600	150	160	80	110	64	15	12 x 20 16 x 25	20 x 20 20 x 32	Pm 35

97.7 Oberschlitten-Meißelhalter
Porte-outil pour chariot transversal

Top slide tool holder

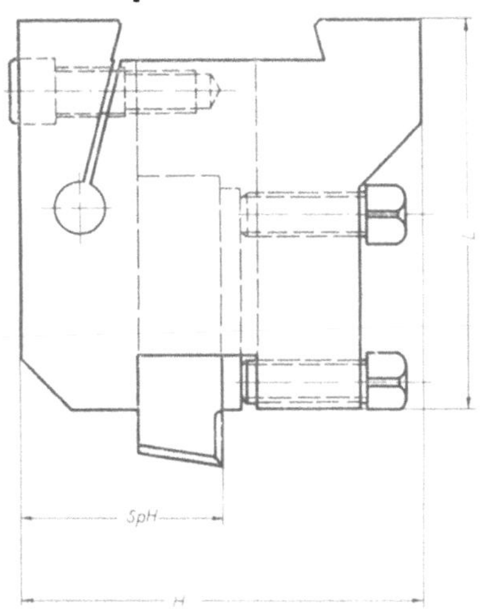
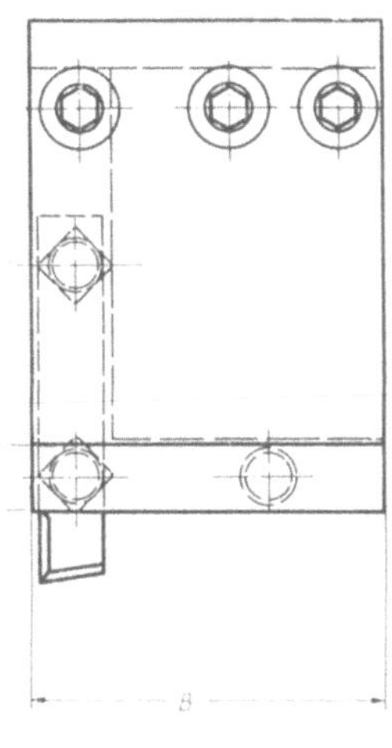

97.7

Nr.	L	H	SpH	B	kg	Meißel Tool Outil		Für Modell For model Pour modèle
97.700	150	160	80	110	17	12 x 20 16 x 25	20 x 20 20 x 32	Pm 35

98. Meißelhalter mit schwachem Schaft für einen Vierkantmeißel zum Einstechen, Lang- und Plandrehen

Tool holder with standard shank for one square tool, for recessing, turning and facing

Porte-outil à tige mince, pour un outil carré, pour saignage, chariotage et surfaçage

98

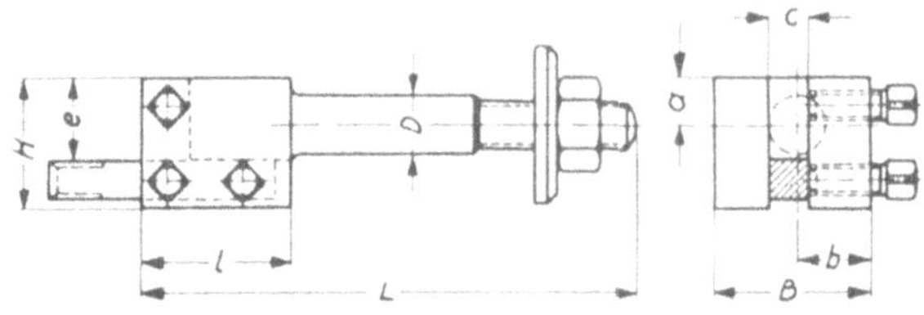

Nr.	mm									Drehmeißel Tool Outil		kg	Für Modell For model Pour modèle
	D	L	l	H	a	B	b	c	e	Nr.	mm		
98.002	15	130	40	33	12	41	19	10	20	6.704	10x10x60	0,56	RD, Pa 25, 40, P 32, 40.1
98.003	20	167	50	42	16	50	23	12	27	6.706	12x12x60	1,00	RE-RH II, Pa 45, 63.1, P 50, 63.1
98.004	30	188	50	51	18	54	24	16	33	6.713	16x16x75	1,50	RH III, P 80
98.051	15	110	40	36	12	48	22	10	24	6.704	10x10x60	0,50	Pr 16
98.061	15	110	40	36	24	48	22	10	–	6.704	10x10x60	0,50	Pr 16

99. Meißelhalter mit schwachem Schaft für zwei Vierkantmeißel zum Einstechen, Lang- und Plandrehen

Tool holder with standard shank for two square tools, for recessing, turning and facing

Porte-outil à tige mince, pour deux outils carrées, pour saignage, chariotage et surfaçage

99

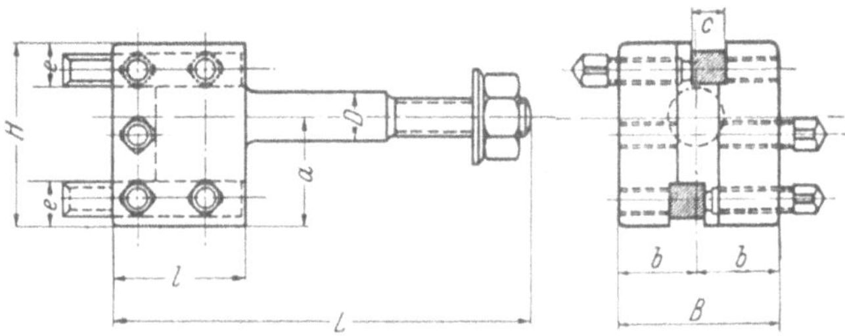

Nr.	mm									2 Drehmeißel 2 tools 2 outils		kg	Für Modell For model Pour modèle
	D	L	l	H	a	B	b	c	e	Nr.	mm		
99.002	15	130	40	52	31	48	24	12	13	6.706	12x12x60	0,75	RD, Pa 25, 40, P 32, 40.1
99.003	20	172	55	64	37	58	29	16	16	6.713	16x16x75	1,15	RE-RH II, Pa 45, 63.1, P 50, 63.1
99.004	30	197	60	78	44	68	34	16	18	6.713	16x16x75	1,60	RH III, P 80

**99.1 Meißelhalter mit starkem Schaft für zwei Vierkantmeißel
zum Einstechen, Lang- und Plandrehen**

**Tool holder with strong shank for two square tools,
for recessing, turning and facing**

**Porte-outil à tige forte, pour deux outils carrés,
pour saignage, chariotage et surfaçage**

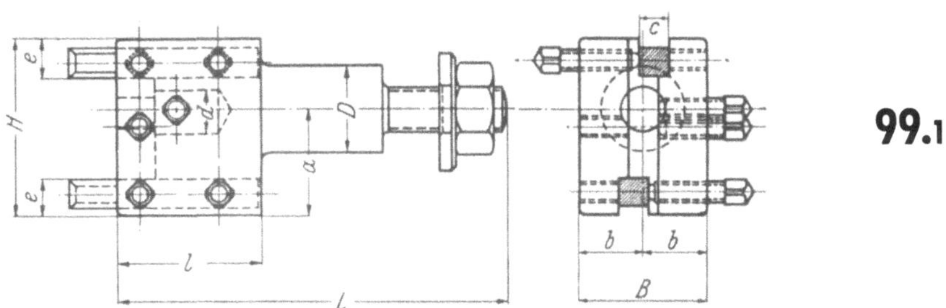

99.1

Nr.	mm										2 Meißel 2 tools 2 outils		kg	Für Modell For model Pour modèle
	D	L	l	H	a	B	b	c	e	d	Nr.	mm		
99.102	30	150	60	63	36	48	24	12	13	15	6.707	12x12x75	1,85	RD, Pa 25, 40, P 32, 40.1
99.103	40	189	70	78	44	68	34	16	18	20	6.713	16x16x75	3,10	RE-RH II, Pa 45, 63.1 P 50, 63.1
99.104	50	210	70	93	51	68	34	16	18	30	6.713	16x16x75	4,00	RH III, P 80

Bei Bearbeitung mit Keramikplatten fordern Sie bitte unsere Prospekte für entsprechende Klemmhalter an.

When using ceramic plates, please, ask for cataloges covering appropriate clamping holders.

Dans le cas ou l'on utilise des plaquettes céramiques, veuillez demander notre documentation sur des porte-outil avec serrage.

„Quick" Rändelfräswerkzeug Type R/KF und R/FI

für Revolverdrehbänke zum Fräsen von Kreuz- oder Fischhauträndel, bzw. zum Fräsen von Flachrändel mit Teilungen 0,4 – 2,0 mm.

"Quick" knurl milling heads type R/KF and R/FI

for use on turret lathes for producing cross-knurl or diamond-knurl as well as straight knurl respectively with the pitch of 0,4 – 2,0 mm.

Outil à moleter types R/KF et R/FI

pour tours revolver pour moletage croisé, losangique et droit, dans les pas de 0,4 – 2,0 mm.

Type R/KF nur für Kreuz- und Fischhauträndel

only for cross- and
diamond knurls

seulement pour moletage
croisé et losange

Type R/FI nur für Flachrändel

only for straight knurl

seulement pour
moletage droit

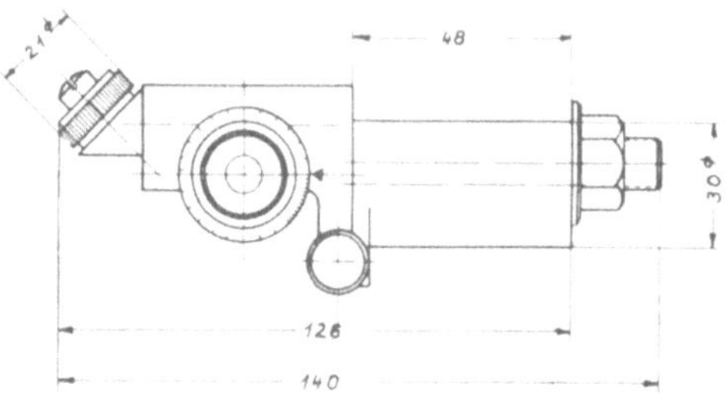

Nr.	Arbeitsbereich Range of work Champ d'emploi mm	Rändel knurls outil à moleter Stück	kg	
Type R / KF	5 – 150 ⌀	2	1,0	Für alle Modelle
Type R / FI	5 – 150 ⌀	1	1,0	For all models Pour tous les modèles

„Quick" Rändelfräskopf Type STR

für Revolverdrehbänke und Automaten, fräst Kreuz-, Fischhaut- und Flachrändel auf Werkstücke aus Buntmetall und Stahl in einem Arbeitsgang mit den Teilungen: 0,3–2,0 mm.

"Quick" knurl milling head, type STR

for turret lathes and automatics, for cross-knurl, diamond and straight knurl on work pieces of steel and non-ferous metal in one cut with pitches: 0,3 – 2,0 mm.

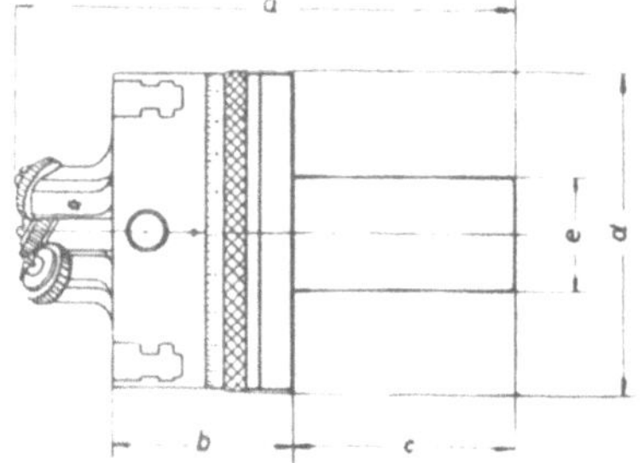

Appareil à moleter «Quick», modèle STR

pour tours-revolver et tours à décolleter automatiques, pour le moletage croisé, losange et le moletage droit, sur pièces en acier et en métaux non ferreux, pour le travail en une seule passe dans les pas de 0,3 à 2,0 mm.

Nr.	mm					Arbeitsbereich Range of work Champ d'emploi		Teilung Pitch Pas	Rändel knurls outil à moleter	kg	
	a	b	c	d	e	I mm ⌀	II mm ⌀	mm	Stück		
STR 00	98	24	50	42	20	3 – 15	–	0,3 – 1,0	3	0,6	Für alle Modelle
STR 0	122	38	60	55	20	4 – 20	20 – 40	0,3 – 1,0	3	0,8	For all models
STR I	127	43	60	72	20	4 – 30	30 – 55	0,4 – 1,2	3	1,2	Pour tous les modèles
STR II	168	55	70	97	30	5 – 40	40 – 80	0,5 – 2,0	3	2,9	

156

Wir liefern die Rändelrädchen für Kreuz-, Fischhaut- und Flachrändel aus einem neuen verzugsarmen HSS-Spezialstahl, bei dem sich das Nachschleifen der Zahnflanken erübrigt. Ein Satz Rändel wird zu jedem Rändelfräswerkzeug mitgeliefert. Wenn Kreuz- und Fischhaut bzw. Flachrändel ausgeführt werden sollen, dann muß bei Type R für jede Rändelform ein Rändelfräswerkzeug vorhanden sein. Die rändeltragenden Zylinderbolzen können je nach gewünschter Rändelform **nicht** ausgetauscht werden.

Bei Bestellung ist anzugeben: Form und Teilung der Rändel und wieviel Ersatzrändel gewünscht werden.

We are supplying the knurls for cross- diamond- and straight knurling made of a new special steel material (HSS) which will save grinding. One set of knurls are being supplied with the tools. For each kind of knurl milling: cross and diamond and straight knurling respectively, the corresponding tool has to be ordered for type R. The knurling tool holder cannot be exchanged. When ordering please state profile and pitch of knurls, which have to be supplied. Please also state how many spare knurls are required.

Nous fournissons les molettes pour moletage croisé, losange et droit en un nouvel acier spécial (AcR) dont les profils des dents ne doivent pas être rectifiés. Chaque outil est fourni avec un jeu de molettes. Pour les outils du type R un outil séparé est nécessaire pour chaque profil, c.a.d. pour molette croisée ou losangique et pour molette droite, les boulons porte-molette ne pouvant être échangés. Prière de préciser à la commande la forme et le pas du filetage, la qualité de molette choisie, rectifiée ou fraisée, et le nombre de molettes de rechange dèsire. Prospectus spécial sur demande.

Lehre zum Einstellen von Drehmeißeln im Meißelhalter außerhalb der Maschine.

Setting gauge for adjusting tools located in tool holders off the machine.

Gabarit pour réglage des outils au porte-outil hors de la machine.

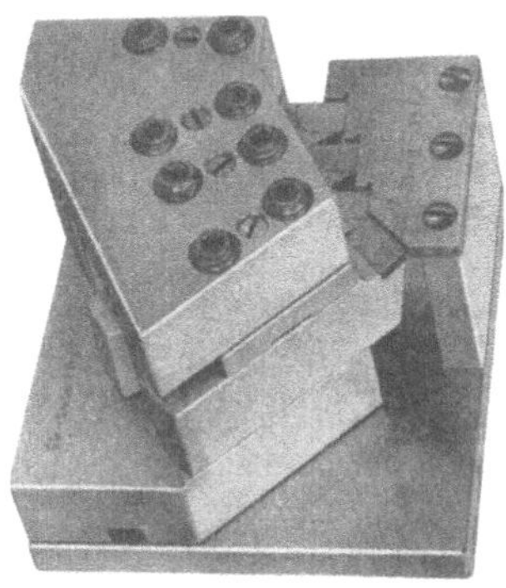

Zur Verkürzung der Rüstzeit werden die Drehmeißel in einem Meißelhalter vorteilhaft außerhalb der Maschine eingestellt. Hierbei bedient man sich gern der Hilfe von Meßuhren für sehr genau einzustellende Werkzeuge oder einfacher Lehren für das Einstellen von Schruppmeißeln.

Die Abbildung zeigt eine Einstellvorrichtung mit Lehre, die der Form des Sonder-Meißelhalters und der Anordnung der Drehmeißel angepaßt ist.

In order to shorten the preparatory time the tools located in a tool holder may advantageously be adjusted off the machine. For this purpose the use of dial gauges for tools which have to be accurately adjusted or by applying simpler gauges for adjusting roughing tools is to be recommended.

The above picture shows a setting device with gauge which is conform to the shape of the special tool holder and to the location of the tools.

Pour diminuer le temps de préparation, il est avantageux de régler les outils dans le porte-outils hors de la machine. De préférence, on se sert des comparateurs pour les outils qu'il faut régler très précisément, ou des gabarits simples pour le réglage des outils à ébaucher.

L'illustration ci-dessus montre un dispositif de réglage avec gabarit qui est adapté à la forme du porte-outil spécial et à la disposition des outils.

Selbstauslösende Pittler-Gewindeschneidköpfe für Außengewinde, Modell A

Self-opening Pittler die-heads for external threads, model A

Filières Pittler à déclenchement automatique, pour filetages extérieurs, modèle A

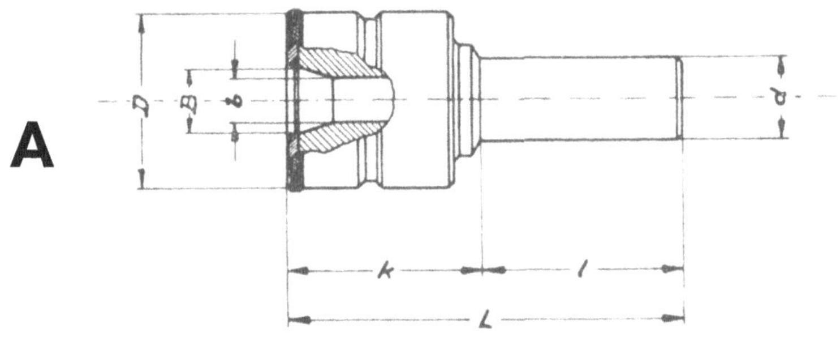

Nr.	Schneid-bereich Cutting range Champ d'emploi mm	mm								kg
		D	d¹) norm.	d¹) min.	B	b	k	l	L	
1	2– 8	45	20	15	15	10	53	62	115	0,58
2	4–12	64	30	18	23	16	71	74	145	1,4
3	6–18	88	40	26	32	24	95	74	169	3,4
4	8–24	102	40	30	42	30	104	74	178	5
5	10–33	117	50	32	51	36	123	95	218	7,6
6	12–52	178	85	65	82	54	155	115	270	23,7

¹) Die Schneidköpfe werden auf Wunsch des Kunden auch mit anderen Schaftdurchmessern d geliefert. Bei Bestellung von Schneidköpfen ist der Durchmesser der Werkzeuglöcher oder des Schwenkarmes, in denen die Schneidköpfe befestigt werden sollen, anzugeben.

In order to suit our clients' requirements, we also furnish die-heads with different shank diameters to those as stated under d. When ordering die-heads please state diameter of tool holes or of hole in swing-over guide arm, in which die-heads have to be located.

Ces filières peuvent également, sur demande, être fournies avec des queues de diamêtres „d" différents. A la commande, prière d'indiquer le diamètre des trous d'outil ou de bras pivotant dans lesquels les filières doivent être montées.

Einstellbare Backenschleifvorrichtung mit Aufsatz für Schneidbacken zu Schneidköpfen, Modell A

Adjustable die grinding attachment with fixture for dies of die-heads, model A

Dispositif réglable pour l'affûtage des peignes, avec monture pour l'affûtage des peignes pour filières, modèle A

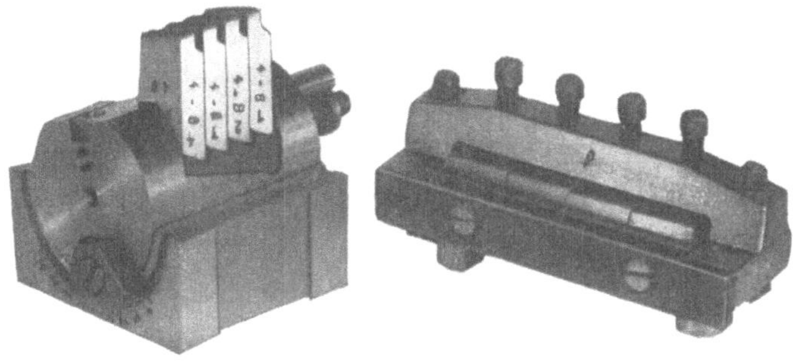

Modell A mit aufschraubbarem Aufsatz Model A with top part Modèle A avec monture à visser	B A1	B A2	B A3	B A4	B A5	B A6[1]
für Schneidbacken for dies pour peignes	A1	A2	A3	A4	A5	A6
ca. kg	0,55	1	1,9	3	4,5	11

[1] In Sonderausführung   Special design   Modèle spécial

Span- (δ) und Anschnittwinkel (β) an Außengewinde-Schneidbacken.
Angle of cutting face (δ) and throat angle (β) on tap cutters for external threads.
Angle de dépouille (δ) et d'attaque (β) auprès des peignes pour filières.

Form form forme		für Werkstoff material matière	Span δ	Anschnitt β
	B	Messing brass laiton Rotguß gunmetal laiton rouge Elektron electron électron	12⁰	45⁰
	M	Gußeisen cast iron fonte Stahl (über 70 kg/mm²) steel (more than 70 kg/mm²) acier (de plus de 70 kg/mm²) Bronze bronze bronze	0⁰	20⁰
	S	weicher Stahl mild steel acier doux Temperguß malleable cast iron fonte malléable	12⁰	30⁰
	Sh	Stahl (bis 70 kg/mm²) steel (of less than 70 kg/mm²) acier (jusqu'à 70 kg/mm²) Kupfer copper cuivre	15⁰	30⁰
	P	Aluminium aluminium aluminium Leichtmetall light metal métal léger	25⁰	45⁰

Selbstauslösende Pittler-Gewindeschneidköpfe f. Innengewinde, Modell J

Pittler collapsible tapping heads for internal threads, model J

Tarauds Pittler à déclenchement automatique, modèle J

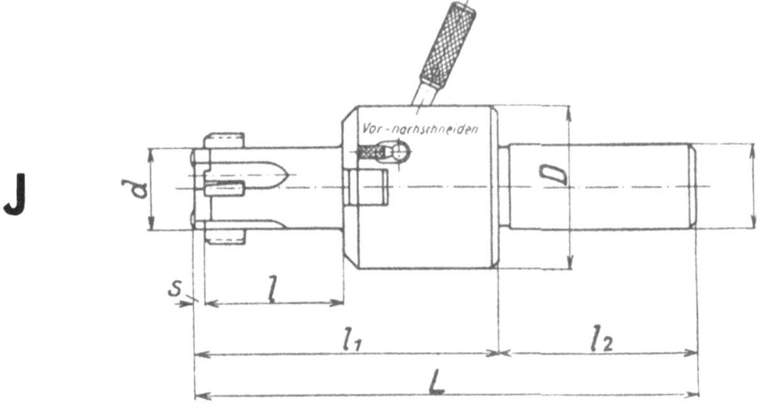

Modell Model Modèle	Schneidbereich Cutting range Champ d'emploi mm	mm									Gewicht ohne Schneidbacken Weight without dies Poids sans peignes kg
		D	d	Sch ¹) norm.	Sch ¹) min.	l	l₁	l₂	L	s	
1	26 – 31	56	23	30	25	50	108	70	178	3	1,4
2	32 – 38	56	28	30	25	50	108	70	178	3	1,55
3	38 – 45	70	34	40	28	58	124	75	199	3,5	2,75
4	46 – 50	70	40	40	28	64	130	75	205	4	3
5	52 – 60	80	46	40	30	70	143	80	223	5	4
6	62 – 76	92	55	50	40	80	160	80	240	5	6
7	78 – 98	104	70	60	50	90	182	100	282	6	10
8	100 – 124	120	90	70	60	110	219	120	339	7	18
9	125 – 150	120	115	70	60	114	223	120	343	7	20
10	150 – 180	120	140	70	60	116	225	120	345	7	21

¹) Die Schneidköpfe werden auf Wunsch auch mit kegeligen Schäften geliefert.
Bei Bestellung von Schneidköpfen ist der Durchmesser der Werkzeuglöcher oder die Bohrung des Schwenkarmes, in denen die Schneidköpfe befestigt werden sollen, anzugeben.

Umlaufende Schneidköpfe und Sonder-Ausführungen auf Anfrage!

On request the tapping heads are also supplied with tapered shanks.
When ordering collapsible tapping heads, please state diameter of tool-holes or of hole in swing-over guide arm.

Revolving collapsible tapping heads and such of special design on request.

Sur demande, les tarauds sont livrés avec tige conique.
A la commande, prière d'indiquer le diamètre des trous d'outil ou l'alésage du bras pivotant dans lesquels les tarauds doivent être montés.

Tarauds rotatifs et exécutions spéciales sur demande.

Einstellbare Backenschleifvorrichtung ohne Aufsatz für Schneidbacken zu Schneidköpfen, Modell J

Adjustable cutter grinding attachment without fixture for cutters of collapsible taps, model J

Dispositif réglable pour l'affûtage sans monture spéciale, des peignes pour tarauds à déclenchement automatique, modèle J

Modell Model Modèle	B J1	B J2	B J3	B J4	B J5	B J6	B J7	B J8
für Schneidbacken for cutters pour peignes	J1	J2	J3	J4	J5	J6	J7	J8, 9, 10
kg	0,8	0,85	0,9	1,3	2,3	3,2	7	11,5

Bitte beachten Sie:
Wir liefern auch Schneidköpfe in Sonderausführung mit vorgebauten Schneidbacken (für Sacklochgewinde).

Please note:
We also supply collapsible tapping heads specially designed with protruding cutters for blind holes.

Veuillez noter:
Sur demande nous fournissons également des tarauds en exécution spéciale avec peignes avancés pour le taraudage de trous borgnes.

Span- (δ) und Anschnittwinkel (β) an Innengewinde-Schneidbacken.
Angle of cutting face (δ) and throat angle (β) on cutters for internal threads.
Angle de dépouille (δ) et d'attaque (β) auprés des peignes pour tarauds.

Form form forme		für Werkstoff material matière	Span δ	Anschnitt β
	M	Messing brass laiton Bronze bronze bronze Elektron electron électron Gußeisen cast iron fonte	0°	35°
	Sh	Stahl (bis 70 kg/mm²) steel (of less than 70 kg/mm²) acier (jusqu'à 70 kg/mm²) Kupfer copper cuivre	15°	20°
	S	weicher Stahl mild steel acier doux Temperguß malleable cast iron fonte malléable	25°	30°
	P	Aluminium aluminium aluminium Leichtmetall light metal métal léger	30°	45°

Wagner-Pittler selbstauslösende Strehlerbackenköpfe, Modell Z, für Außengewinde

Wagner-Pittler self-opening die heads for external threads, model Z

Filières Wagner-Pittler à déclenchement automatique, modèle Z, pour filetages extérieurs

Z

Modell ZA, ZB, ZS (stillstehend)
Model ZA, ZB, ZS (stationary type)
Modèle ZA, ZB, ZS (position fixe)

Modell Z, ZR (umlaufend)
Model Z, ZR (rotating type)
Modèle Z, ZR (position rotative)

Modell Model Modèle		ZA/ZB/ZR 16	ZA/ZB/ZR 22	Z/ZS 27
Schneidet metrische Gewinde Cutting metric threads Pour filets métriques	mm	$3-16$	$4-22$	$6-27$
Schneidet Whitworthgewinde Cutting Whitworth threads Pour filets Whitworth		$1/8'' - 5/8''$	$5/32'' - 7/8''$	$1/4'' - 1''$
Schneidet Rohrgewinde Cutting pipe threads Pour filetages tubes		$R\,1/8'' - R\,3/8''$	$R\,1/8'' - R\,3/4''$	$R\,1/8'' - R\,1''$
Kopfdurchmesser Diameter of head Diamètre extérieur	mm	66	82	155
Gewicht ohne Backenträger und Backen Weight without chaser holders and chasers Poids sans support de peignes et peignes	kg	1,2	2,3	15
Gewicht 1 Satz Backenträger Weight of one set of chaser holders Poids de 1 jeu de supports de peignes	kg	0,5	0,7	2,5
Gewicht von 1 Satz Strehlerbacken Weight ot one set of chasers Poids de 1 jeu de peignes	kg	0,05	0,06/0,1	0,35/0,6

Weitere Baugrößen, Sonderausführungen und Zubehör siehe Druckschrift Nr. 410.

Further sizes, special designs, special equipment see catalogue No 411.

Pour toutes autres dimensions et pour modèles spéciaux et accessoires, voir la notice 412.

Einstellvorrichtung mit Meßuhr
für Wagner-Pittler selbstauslösende Strehlerbackenköpfe, Modell Z,
zum schnellen und genauen Einstellen der Strehlerbacken in den Haltern.

Adjusting device with dial gauge for chasers
for Wagner-Pittler self-opening die heads, model Z,
facilitates for the rapid and accurate adjustment of the chasers when fitted in the holders.

Dispositif de réglage de peignes avec comparateur pour filières
Wagner-Pittler à déclenchement automatique, modèle Z
pour le réglage rapide et précis de peignes sur leurs supports.

Strehlerbacken-Aufspannvorrichtungen

Chucking device for chasers

Dispositif pour serrer les peignes

Modell	für Strehlerbacken der Kopfgröße	
Model	for chasers for die heads size	kg
Modèle	pour les peignes avec les dimensions de tête filières	
SG 1	ZA 16, ZB 16, ZR 16, ZA 22, ZB 22, ZR 22	0,75
SG 2	Z 16 – Z 64, ZS 27 – ZS 52	2,50

**Pittler-Kleinstschneidköpfe für Außengewinde, Modell R 5 und R 10,
besonders geeignet zur Verwendung auf Form- und
Schraubenautomaten**

**Pittler mini-size die heads, model R 5 and R 10,
for automatic forming and screw automatics**

**Petites filières Pittler pour filetages extérieurs, modèles R 5 et R 10,
en particulier pour tours automatiques à décolleter**

R

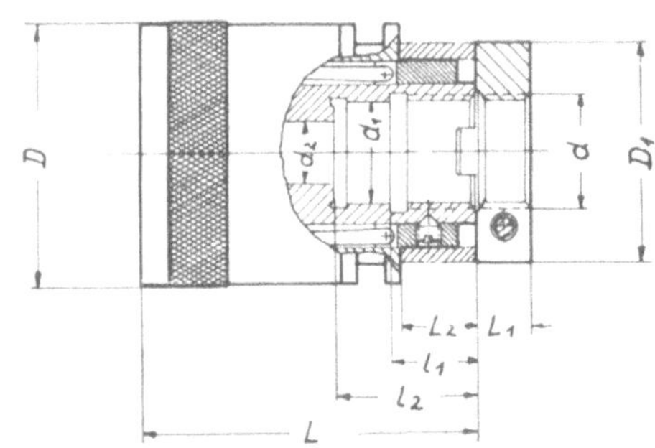

Modell Model Modèles	Schneid-bereich Cutting range Champ d'emploi	mm										Gewicht ohne Schneidbacken Weight without dies Poids sans peignes
		D	D₁	d	d₁	d₂	L	L₁	L₂	l₁	l₂	kg
R 5	1 – 5 mm	30,5	26	M 12 × 1,5	10	7	38,5	8	10,6	10,5	16	0,15
R 10	3 – 10 mm	45,5	38	M 20 × 1,5	18	11	59,5	10	13,5	15	25	0,45

**Einstellbare Backenschleifvorrichtung f. Schneidbacken zu Schneidköpfen,
Modell R**

Adjustable die grinding attachment for dies of die heads, model R

Dispositif réglable pour l'affûtage des peignes pour filières, modèle R

Modell Model Modèles	BR 5	BR 10
für Schneidbacken . for dies . . . . . . pour peignes	R 5	R 10
kg	0,57	1,15

II. Stangen-Spannung, -Führung, -Vorschub

*

Accessories for bar chuck, bar guide and bar feed

*

Outillage de serrage, de guidage et d'amenage de barres

405 103 ... 405 109 Doppelkegel-Spannbacken ohne Einsatzbacken
Double taper solid collets
Mors de serrage à double conicité sans coquilles

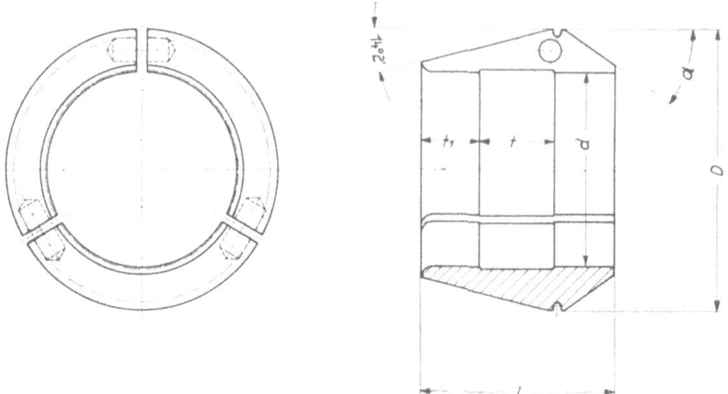

Bezeichnung einer Doppelkegel-Spannbacke ohne Einsatzbacken, Bohrung 25 ∅ H⁷ zur Druckspannung PIROFA 25:

1 Doppelkegel-Spannbacke Nr. 405 103 / 25 ∅.

Designation of a double taper solid collet, bore 25 ∅ H⁷ for pressure chuck PIROFA 25:

1 Double taper solid collet No. 405 103 / 25 ∅ (.983″)

Désignation d'un mors de serrage à double conicité sans coquilles, alésage 25 ∅ H⁷ pour serrage par compression PIROFA 25:

1 mors de serrage à double conicité sans coquilles n° 405 103 / 25 ∅

			Nr.	405 103	405 104	445 104	405 106	405 107	405 109
○	mm	von – bis from – to de – à		3 – 25	31 – 32	31 – 40	51 – 63	69 – 82	89 – 102
	ins.			.118 – .983	1.22 – 1.26	1.22 – 1.57	2.00 – 2.48	2.72 – 3.22	3.50 – 4.02
			kg	0,16	0,40	0,45	1,6	2,2	5,2
			Nr.	405 143	405 144	445 144	405 146	405 147	405 149
▢	mm	von – bis from – to de – à		6 – 17	22	22 – 27	37 – 41	50 – 56	63 – 72
	ins.			.236 – 669	.866	.866 – 1.06	1.46 – 1.61	1.96 – 2.20	2.48 – 2.83
			kg	0,2	0,5	0,6	1,6	3,2	6,2
			Nr.	405 163	405 164	445 164	405 166	405 167	405 169
⬡	mm	von – bis from – to de – à		6 – 22	27	27 – 36	45 – 51	61 – 70	77 – 88
	ins.			.236 – .866	1.06	1.06 – 1.42	1.77 – 2.00	2.40 – 2.76	3.03 – 3.46
			kg	0,15	0,4	0,5	1,6	2,6	5,5
	mm		D	44	59,5	62,5	95,5	118	147
			L	40	47,5	47,5	78	82	108
			t	16	16	17,5	22	32	40
			t₁	12	16	15	28	24	34
			∢ α	35°	35°	35°	35°	35°	35°
			d	Nach Angabe		According to request		Suivant indication	
Passend für Modell Suitable for model Pour modèle				Pa 25	P 32.1	Pa 40 P 40.1	Pa 63.1 P 50.1 P 63.1	P 80 RF IV / 82	RH III / 105

405 404 … 405 409 Doppelkegel-Spannbacken für Einsatzbacken
445 404

Double taper master collets for false jaws
Mors de serrage à double conicité à coquilles

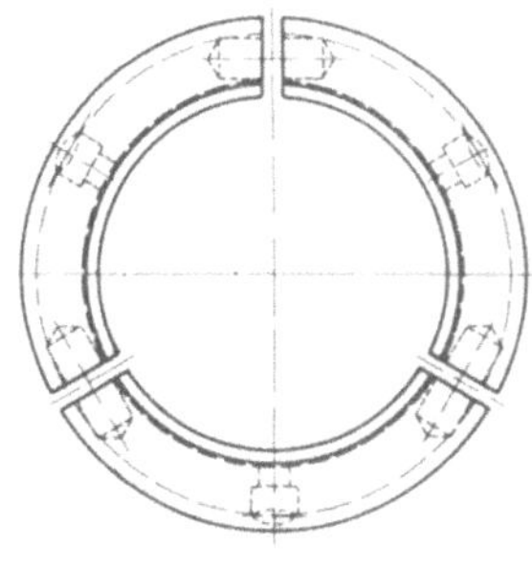
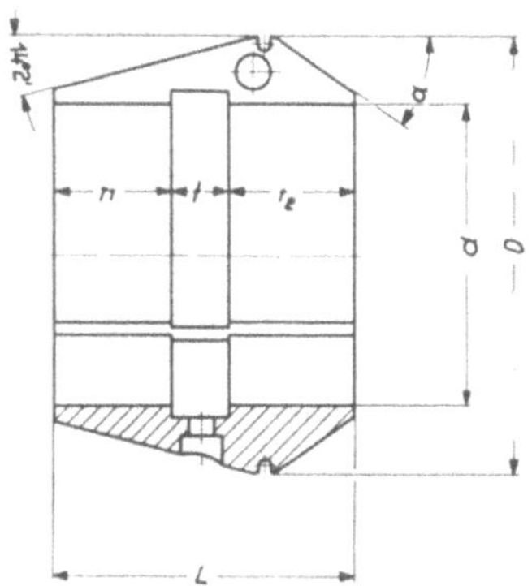

Bezeichnung einer Doppelkegel-Spannbacke für Einsatzbacken für Druckspannung PIROFA 40:
1 Doppelkegel-Spannbacke für Einsatzbacken Nr. 445 404

Designation of a double taper master collet for false jaws for pressure chuck PIROFA 40:
1 Double taper master collet for false jaws No. 445 404

Désignation d'un mors de serrage à double conicité à coquilles pour serrage par compression PIROFA 40:
1 mors de serrage à double conicité à coquilles n° 445 404.

Nr.	mm							Einsatzbacken dazu false jaws coquilles correspond.		◯	□ max.	⬡	kg	Für Modell For model Pour modèle
	D	L	d	t	t_2	t_1	∢α	Nr.						
405 404	59,5	47,5	38	10	21	16,5	35°	406 304	30 1.18	–	–		1,1	P 32.1
								406 344	–	21 .83	–			
								406 364	–	–	26 1.02			
445 404	62,5	47,5	38	10	21	16,5	35°	406 304	30 1.18	–	–		1,1	Pa 40, P 40.1
								406 344	–	21 .83	–			
								406 364	–	–	26 1.02			
405 406	95,5	78	62	16	30	32	35°	406 306	50 1.96	–	–		1,7	Pa 63.1, P 63.1, P 50.1
								406 346	–	36 1.42	–			
								406 366	–	–	41 1.61			
405 407	118	82	82	16	34	32	35°	406 307	68 2.68	–	–		2,3	P 80 RF IV / 82
								406 347	–	46 1.81	–			
								406 367	–	–	55 2.17			
405 409	147	108	102	16	46	46	35°	406 309	88 3.46	–	–		3,5	RH III / 105
								406 349	–	60 2.36	–			
								406 369	–	–	70 2.76			

406 101 ... 406 104 Spannbacken ohne Einsatzbacken
Solid collets
Mors de serrage sans coquilles

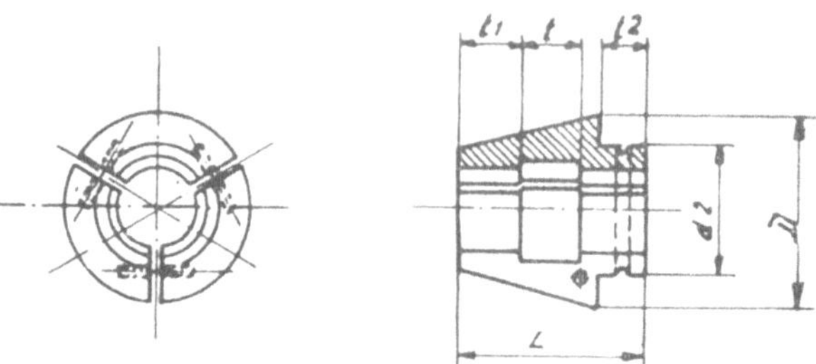

Bezeichnung einer Spannbacke ohne Einsatzbacken, Bohrung 32 $\varnothing$ H[7] zum Pittler-Stangen-Spannfutter
für Pittler-Revolverdrehbank Modell PIREX 32/150:

1 Spannbacke ohne Einsatzbacken Nr. 406 104 / 32 $\varnothing$

Designation of a solid collet, bore 32 ϕ H[7] for collet bar chuck on PITTLER turret lathes, type PIREX 32/150:

1 solid collet No. 406 104 / 32 ϕ (1.26")

Désignation d'un mors de serrage sans coquilles, alésage 32 mm H[7] pour mandrin de serrage de barre,
pour tours-revolver Pittler modèle PIREX 32/150:

1 mors de serrage sans coquilles n° 406 104 / 32 mm $\varnothing$

				406 101	406 102	406 103	406 104
○	mm	Nr.		406 101	406 102	406 103	406 104
		von – bis / from – to / de – à		4 – 13	4 – 20	4 – 26	31 – 34
	ins.			.157 – .512	.157 – .787	.157 – 1.02	1.22 – 1.34
		kg		0,05	0,09	0,16	0,40
□	mm	Nr.		406 141	406 142	406 143	406 144
		von – bis / from – to / de – à		5 – 9	6 – 14	8 – 17	23 – 24
	ins.			.196 – .354	.236 – .551	.315 – .669	.906 – .944
		kg		0,06	0,11	0,19	0,54
⬡	mm	Nr.		406 161	406 162	406 163	406 164
		von – bis / from – to / de – à		5 – 11	6 – 17	6 – 22	27 – 30
	ins.			.196 – .433	.236 – .669	.236 – .866	1.06 – 1.18
		kg		0,05	0,10	0,15	0,45
mm		D		26,5	37	44	59,5
		L		30	36	38	47,5
		d_2		19	25	34	47
		t		10	12	14	15,5
		t_1		10	12	12	16
		t_2		8	10	10	12
		Bohrung / Bore / Alésage			Nach Angabe / According to request / Suivant indication		
Passend für Modell / Suitable for model / Pour modèle				BRA I RB 14	RB 21 BRA II Pr 16	CRA I RB 28 RC II 28 RS 26	DRA CRA II u. III RB/RC/RD 36 RS 34, RT 34 P 32.0

406 105 ... 406 108 Spannbacken ohne Einsatzbacken
Solid collets
Mors de serrage sans coquilles

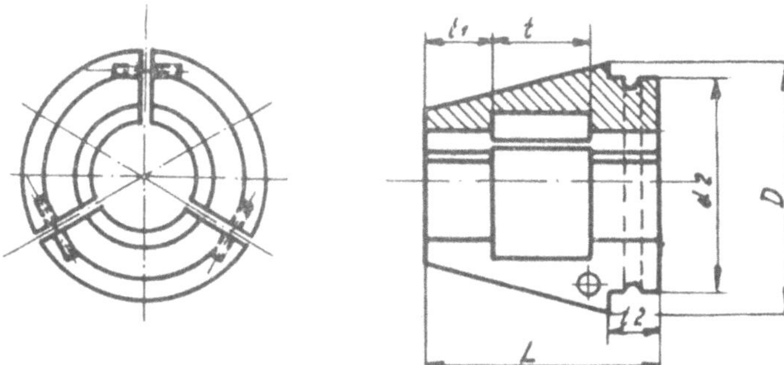

Bezeichnung einer Spannbacke ohne Einsatzbacken, Bohrung 58 $\varnothing$ H[7] zum Pittler-Keilspannfutter für Pittler-Revolverdrehbank Modell RE III 60:

1 Spannbacke ohne Einsatzbacken   Nr. 406 106 / 58 $\varnothing$

Designation of a solid collet, bore 58 $\varnothing$ H[7] for Pittler wedge type collet bar chuck for Pittler turret lathes type RE III 60:

1 solid collet No. 406 106 / 58 $\varnothing$ (2.283")

Désignation d'un mors de serrage sans coquilles, alésage 58 mm H[7], pour mandrins Pittler à coin, pour tour-revolver Pittler modèle RE III 60:

1 mors de serrage sans coquilles n° 406 106 / 58 mm $\varnothing$

			Nr.	406 105	406 106	406 107	406 108
○	mm	von – bis		39 – 45	51 – 63	69 – 80	89 – 102
	ins.	from – to de – à		1.54 – 1.77	2.00 – 2.48	2.72 – 3.15	3.50 – 4.02
		kg		1,00	1,53	2,10	3,34
□		Nr.		406 145	406 146	406 147	406 148
	mm	von – bis		28 – 32	37 – 45	49 – 56	63 – 72
	ins.	from – to de – à		1.10 – 1.26	1.46 – 1.77	1.93 – 2.20	2.48 – 2.83
		kg		1,55	2,00	3,25	5,70
⬡		Nr.		406 165	406 166	406 167	406 168
	mm	von – bis		34 – 39	45 – 55	61 – 69	77 – 88
	ins.	from – to de – à		1.39 – 1.54	1.77 – 2.17	2.40 – 2.72	3.03 – 3.46
		kg		1,10	1,70	2,60	4,65
		D		81	95,5	118,5	147
		L		70	78	82	100
mm		d_2		62	74	98	120
		t		30	38	42	40
		t_1		20	20	20	30
		t_2		15	18	20	20
		Bohrung Bore Alésage		Nach Angabe According to request Suivant indication			
Passend für Modell Suitable for model Pour modèle			RE 47, ERA RD 47 RD 47 S RS 45, RT 45 Pa 45 P 32.0 Vorderend-Spannfutter Front extension chuck Mandrin spécial avancé	FRA RE 60 RE 60 S RT 60 RF II 60 Pa 63.1, P 63.1 [1]		GRA RF IV 82 RG II 82 RT 80	HRA RH II 105

[1] nur für Maschinen, die bis Ende 1959 geliefert wurden
only for those machines which were delivered up to the end of 1959
Seulement pour machines livrées avant fin 1959

406 204 ... 406 208 Spannbacken für Einsatzbacken
Master collets for false jaws
Mors de serrage à coquilles

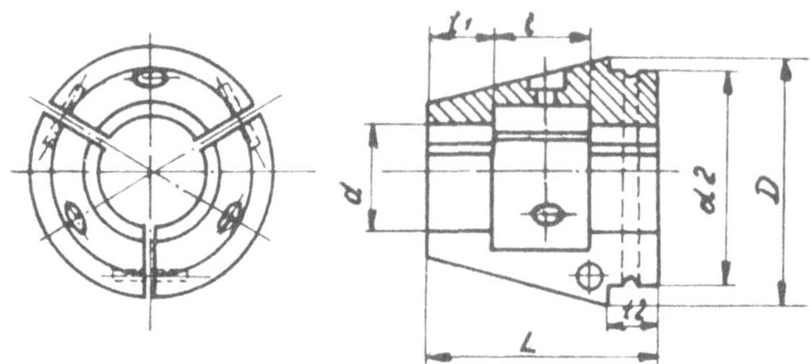

Bezeichnung einer Spannbacke für Einsatzbacken zum Pittler-Keilspannfutter für Pittler-Revolverdrehbank Modell RD III 47:

1 Spannbacke für Einsatzbacken Nr. 406 205

Designation of a master collet for false jaws for Pittler wedge type collet for Pittler turret-lathes, type RD III 47:

1 master collet for false jaws No. 406 205

Désignation d'un mors de serrage à coquilles pour mandrin Pittler à coin, pour tour-revolver Pittler, modèle RD III 47:

1 mors de serrage à coquilles n° 406 205

Nr.	mm							Einsatzbacken dazu False jaws Coquilles corresp.				kg	Für Modell For model Pour modèle
	D	L	d	d_2	t	t_1	t_2	Nr.	○	□ Max.	⬡		
406204	59,5	47,5	38	47	10	16,5	12	406 304	30 1.18	–	–	0,27	RB 36, RC 36, CRA II u. III, RD 36, RT 34, DRA, RS 34, P 32.0
								406 344	–	22 .866	–		
								406 364	–	–	26 1.02		
406205	81	70	48	62	12	31	15	406 305	38 1.50	–	–	0,76	ERA, RD 47, RD 47s, RE 47, RS 45, RT 45 Vorderend-Spannfutter ⎱ P 32.0 Front extension chuck Mandrin spécial avancé ⎰ Pa 45
								406 345	–	27 1.06	–		
								406 365	–	–	33 1.30		
406206	95,5	78	62	74	16	32	18	406 306	50 1.96	–	–	1,00	RE 60, RE 60 s, FRA RF II 60, RT 60 P 50[1]), 63[1]), Pa 63.1[1])
								406 346	–	36 1.42	–		
								406 366	–	–	44 1.73		
406207	118,5	82	82	98	16	32	20	406 307	68 2.68	–	–	1,60	RF IV 82, RT 80 RG 82 GRA
								406 347	–	48 1.89	–		
								406 367	–	–	60 2.36		
406208	147	100	102	120	16	42	20	406 308	88 3.46	–	–	3,40	RH II 105 HRA
								406 348	–	62 2.44	–		
								406 368	–	–	76 2.99		

[1]) nur für Maschinen, die bis Ende 1959 geliefert wurden
only for those machines which were delivered up to the end of 1959
Seulement pour machines livrées avant fin 1959

406 304 ... 406 309 Einsatzbacken, gehärtet
Hardened false jaws   Coquilles trempées

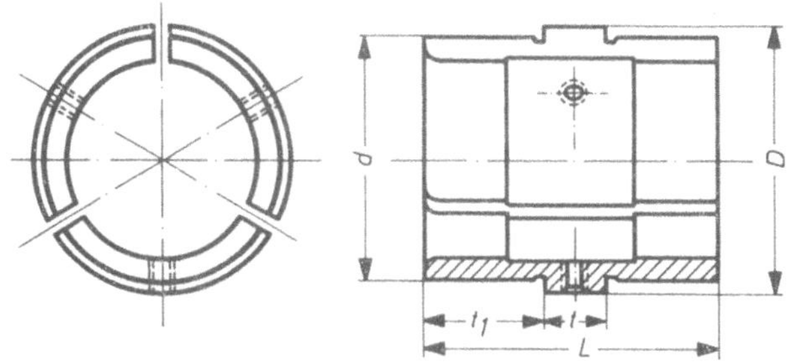

Bezeichnung eines Satzes Einsatzbacken, Bohrung 38 ⌀ H⁷ für Spannbacken zum Pittler-Keilspannfutter für Pittler-Revolverdrehbank Modell RD III 47:

1 Satz Einsatzbacken Nr. 406 305 / 38 ⌀

Designation of a set of false jaws, bore 38 ⌀ H⁷ for master collets for Pittler wedge type collet for Pittler turret-lathes type RD III 47:

1 Set of false jaws No. 406 305 / 38 ⌀ (1.50")

Désignation d'un jeu de coquilles, alésage 38 mm H⁷, pour mors pour mandrin Pittler à coin, pour tour-revolver Pittler modèle RD III 47:

1 jeu de coquilles n° 406 305 / 38 mm ⌀

			406 304	406 305	406 306	406 307	406 308	406 309
○		Nr.	406 304	406 305	406 306	406 307	406 308	406 309
	mm / ins.	von bis / from to / de à	5 – 30 .20 – 1.18	13 – 38 .51 – 1.50	15 – 50 .59 – 1.96	23 – 68 .91 – 2.68	25 – 88 .98 – 3.46	25 – 88 .98 – 3.46
		kg	0,20	0,36	0,66	1,00	1,70	1,80
□		Nr.	406 344	406 345	406 346	406 347	406 348	406 349
	mm / ins.	von bis / from to / de à	8 – 22 .32 – .87	14 – 27 .55 – 1.06	14 – 36 .55 – 1.42	17 – 48 .67 – 1.89	22 – 62 .87 – 2.44	22 – 62 .87 – 2.44
		kg	0,23	0,55	1,00	1,60	3,70	3,80
⬡		Nr.	406 364	406 365	406 366	406 367	406 368	406 369
	mm / ins.	von bis / from to / de à	8 – 26 .32 – 1.02	14 – 33 .55 – 1.30	14 – 44 .55 – 1.73	17 – 60 .67 – 2.36	22 – 76 .87 – 2.99	22 – 76 .87 – 2.99
		kg	0,17	0,50	0,66	1,75	2,30	2,40
mm		D	41	52	68	88	107	107
		L	47,5	70	78	82	100	108
		d	38	48	62	82	102	102
		t	10	12	16	16	16	16
		t₁	16,5	31	32	32	42	46
Bohrung Bore Alésage			Nach Angabe According to request Suivant indication					
Passend für Spannbacke Suitable for collet Pour mors de serrage			405 404 406 204 445 404	406 205	405 406 406 206	405 407 406 207	406 208	405 409
Passend für Modell Suitable for model Pour modèle			CRA II u. III DRA RB 36, RC 36 RD 36 RS 34, RT 34 Pa 40 P 32 P 40.1	RD 47 RD 47 S RE 47 RS 45, RT 45 ERA Vorderend-Spannf. ¹) Front ext. chuck¹) Mandr. sp. avancé¹) Pa 45, P 32.0	RE 60 RE 60 S RT 60 FRA RF II 60 P 50, 63.1 Pa 63.1	RF IV 82 RT 80 GRA RG 82 P 80	HRA RH II /105	RH III/105

¹) **Nur für Rohr-Stangen-Werkstoffe.**   For tubular workpieces only.   Seulement pour tubes.

407 003 ... 407 006   **Umspannzangen f. Einsatzbacken f. Druckspannung**
mit Spannring zum Ausdrehen der ungehärteten Einsatzbacken

Rechucking collets for false jaws for pressure chuck
with auxiliary bush for boring out soft false jaws

Pinces de reprise à coquilles pour serrage par compression
avec bague de serrage, pour le tournage des coquilles non trempées

407 018   **Umspannzangen für Einsatzbacken**
mit Spannring zum Ausdrehen der ungehärteten Einsatzbacken
und Innenanschlag mit Anschlagschraube für Stangen-Spannfutter P 50.0

Rechucking collets for false jaws
with auxiliary bush for boring out soft false jaws and internal stop
with stop screw for collet bar chuck P 50.0

Pinces de reprise à coquilles
avec bague de serrage, pour le tournage des coquilles non trempées et
butée intérieure avec vis de butée, pour mandrin de serrage de barre P 50.0

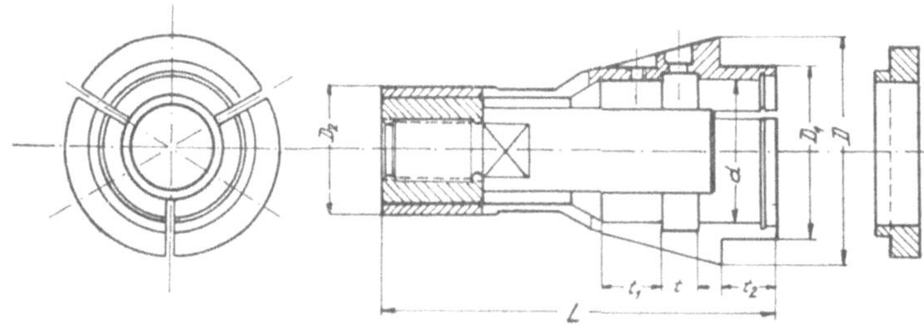

| Nr. | mm | | | | | | | | Nr. | | | kg | Für Modell |
| | | | | | | | | | Spann-ring auxil. bush Bague de serrage | Innen-Anschlag Internal stop Butée intérieure | Anschlag-Schraube Stop screw Vis de butée | | For model Pour modèle |
	D	L	D1	D2	d	t	t1	t2					
407 003	44	84	36	28	28	10	11	12	091143	–	–	–	CRA I, RC 28
407 004	59,5	108	49	36	38	10	16,5	15	091800	–	–	0,4	RD 36, R 34, DRA, RC 36
407 005	81	129	64	48	48	12	33	19	407005/2	–	–	0,8	ERA, RD 47, RE 47, Pa 45, P 32.0 [1]
407 006	95,5	158	76	62	62	16	34	24	091803	–	–	1,8	RE 60, R 60
407 018	95,5	158	76	52	62	16	33	24	091803	407 018/2a	407 018/3a	2,3	P 50.0

[1] bei Verwendung von Vorderendspannfutter
if a front extension chuck is used
en employant un mandrin spécial avancé

416 303 ... 416 306 Einsatzbacken, ungehärtet

für Umspannzangen 407 003 bis 407 006 und 407 018

Soft false jaws

for rechucking collets 407 003 – 407 006 and 407 018

Coquilles non trempées

pour pinces de reprise 407 003 à 407 006 et 407 018

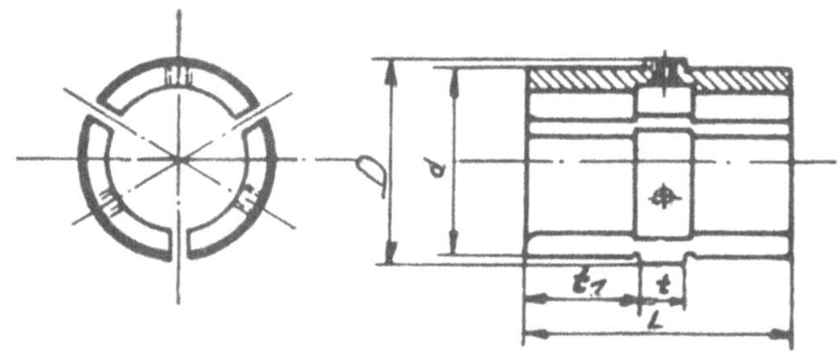

Nr.	mm					Spannbereich Chucking range Champs de serrage mm – ins.	Für Umspann-zange For rechucking collet Pour pince de reprise	kg
	D	L	d	t	t₁			
416 303	30	35	28	10	10	5 – 20 ⌀ .196 – .787	407 003	0,2
416 304	41	47,5	38	10	16,5	5 – 30 ⌀ .196 – 1.18	407 004	0,4
416 305	52	70	48	12	31	13 – 38 ⌀ .512 – 1.50	407 005	0,8
416 306	68	78	62	16	32	15 – 50 ⌀ .590 – 1.96	407 006 407 018	1,8

Bitte beachten Sie: diese ungehärteten Einsatzbacken liefern wir nur vorgebohrt.

Please note: these soft false jaws are delivered prebored only.

Veuillez noter: ces coquilles non trempées ne sont livrées qu'ébauchées.

407 013; 407 016a; 407 017; 407 021; 407 022; 407 023

Umspannzangen für Einsatzbacken für Druckspannung
mit Steg-Spannring zum Ausdrehen der ungehärteten Einsatzbacken für Druckspannung

Rechucking collet for false jaws for pressure chuck
with ridge-clamping-ring for turning out of soft false jaws for pressure chuck

Pinces de reprise à coquilles pour serrage par compression
avec bague de serrage à griffes, pour le réalésage des coquilles non trempées,
pour serrage par compression

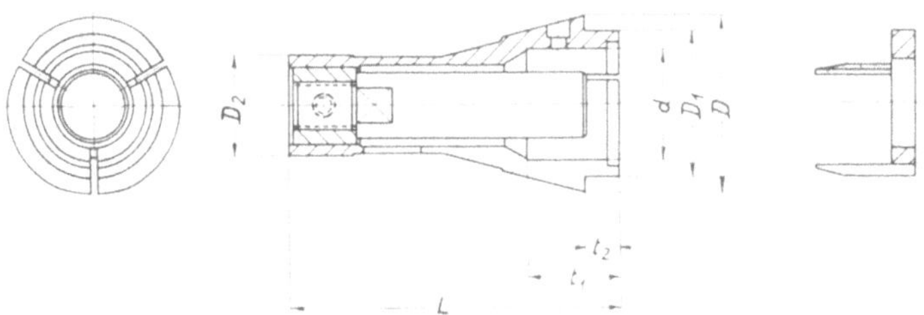

| Nr. | mm | | | | | | | Nr. | | | kg | Für Modell / For model / Pour modèle |
	D	L	D1	D2	d	t1	t2	Steg-Spannring / Ridge clamping ring / Bague de serrage	Innen-Anschlag / Internal stop / Butée intérieure	Anschlag-schraube / Stop screw / Vis de butée		
407 013	44	90	34	26	26	31	12	407 013/2	407 013/3	407 013/4	0,6	Pa 25¹)
407 016 a	59,5	115	49	34	38	32	12	407 016/2	407 016/3	407 016/4	0,96	P 32.0, P 32.1¹)
407 017	62,5	115	52	42	44	30	12	407 017/2	407 017/3	407 017/4	1,0	Pa 40¹), P 40.1¹)
407 021	95,5	175	75	65	60	67	18	407 021/2	407 021/3	407 021/4	3,1	P 63.1¹), Pa 63.1¹)
407 022	95,5	175	75	52	60	67	18	407 022/2	407 022/3	407 022/4	2,9	P 50.1¹)
407 023	118,5	180	98	85	82	71	26	407 023/2	407 023/3	407 023/4	3,8	P 80¹)

¹) Da die Stangen-Spannfutter dieser Maschinen mit Doppelkegel-Spannbacken ausgerüstet sind, müssen
für die Umspannzangen mitgeliefert werden:

für Pirofa 25	Flansch mit Mutter	288.008/301
für Pirofa 40	Flansch mit Mutter	288.209/301
für Pirofa 63	Flansch mit Mutter	288.215/303
für Pirex 32.1	Flansch mit Mutter	288.017/401
für Pirex 40	Flansch mit Mutter	288.017/403
für Pirex 50.1	Flansch mit Mutter	288.215/303
für Pirex 63	Flansch mit Mutter	288.215/303
für Pirex 80	Flansch mit Mutter	288.016/202

¹) As the collet bar chucks of these machines are equipped with double taper collets the appropriate
rechucking collets have to be furnished with flanges of a special kind. Please, indicate above
mentioned stack No. when ordering.

¹) Les mandrins pince-barre de ces machines étant munis de mors de serrage à double conicité, il y a lieu de
fournir des brides spéciales pour les pinces de reprise. Veuillez toujours indiquer le numéro ci-dessus.

416 313; 416 314a; 416 317; 416 319; 416 321

Einsatzbacken, ungehärtet
für Umspannzangen

Soft false jaws
for rechucking collet

Coquilles non trempées
pour pinces de reprise

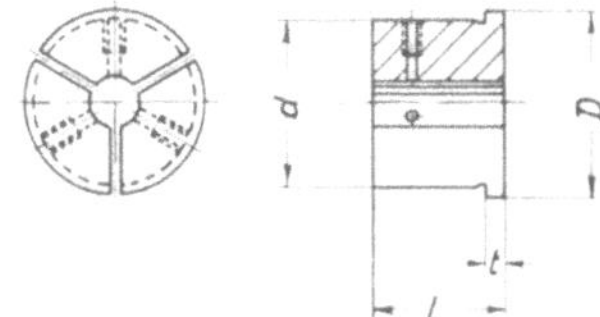

Nr.	mm				Spannbereich Chucking range Champ de serrage mm – ins.	Für Umspann- zange For rechucking collet Pour pince de reprise	kg
	D	L	d	t			
416 313	30	30	26	4	5 – 18 .196 – .708	407 013	0,15
416 314 a	42	30	38	4	5 – 30 .196 – 1.18	407 016 a	0,24
416 317	48	30	44	4	5 – 35 .196 – 1.38	407 017	0,28
416 319	88	70	82	5	10 – 70 .394 – 2.76	407 023	0,9
416 321	70	65	60	5	10 – 50 .394 – 1.96	407 021 407 022	0,6

Bitte beachten Sie: die ungehärteten Einsatzbacken liefern wir nur vorgebohrt.

Please note: these soft false jaws are delivered prebored only.

Veuillez noter: Ces coquilles non trempées ne sont livrées qu'ébauchées.

410 104 bis 410 109   Umspannfutter für Zugspannung
mit Steg-Spannring zum Ausdrehen der ungehärteten Einsatzbacken

Rechucking collet for pull-chucking
with ridge-clamping-ring for turning out of soft false jaws

Mandrin de reprise pour serrage par traction
avec bague de serrage à griffes, pour le réalésage des coquilles non trempées

Bei Bestellung Maschinentype sowie Art der Spannung, hand- oder kraftbetätigt, angeben.

Please indicate in your order the type of the machine and whether chucking is hand- or power operated.

En commandant ce mandrin prière indiquer le type de la machine et du serrage (à main ou à cylindre).

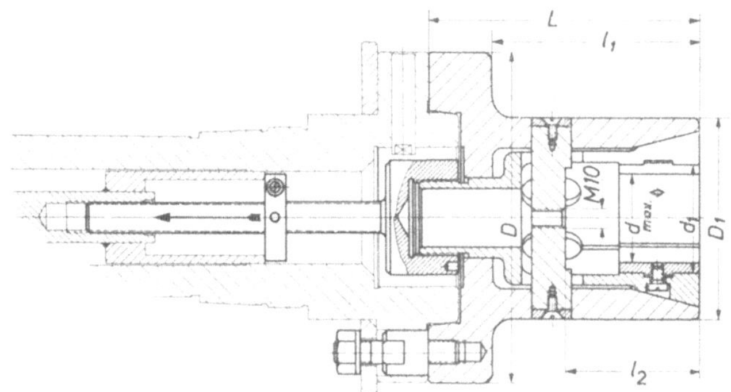

Nr.	mm							Spannzange Collet Pince de serrage Nr.	Einsatzbacken False jaws Coquilles Nr.	Für Modell For model Pour modèle
	D	D1	L	l1	dmax.	d1	l2			
410 104	133	78	113	85	30	38	50	407 104	416 304	Pa 25, 40
410 105	165	100	135	103	45	54	67	407 105	416 320	Pa 45, P 32, 40.1
410 106	133	110	117	83	60	72	46	407 106	416 316	Pa 25, 40
410 107	165	165	135	–	100	114	67	407 107	416 322	Pa 45, P 32, 40.1
410 108	210	120	138	98	63	76	67	407 108	416 318	P 50.1, 63.1, Pa 63.1
410 109	210	180	138	98	110	124	65	407 109	416 323	P 50.1, 63.1, Pa 63.1

Stangen-Führungsringe Bar guide rings Bagues de guidage

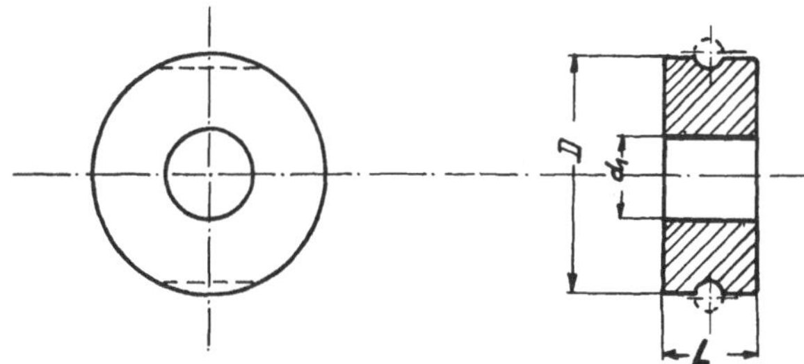

Nr.	mm			kg	Für Modell For model Pour modèle
	D	L	d₁		
402 401	48	20	Nach Stangen-Werkstoff	0,25	Pa 25, P 32
402 402	60	20	According	0,35	Pa 45¹), P 32¹), P 40.1, Pa 40
402 403	75	22	to bar dia.	0,50	P 50 .0
402 403 a	85	22	Suivant la	0,55	P 50.1, 63.1, Pa 63.1
402 404	100	22	nature de la barre	0,70	P 80

¹) nur für Vorderendspannfutter   only for front extension chuck
seulement pour mandrin spécial avancé

Stangen-Führungsring mit Rohransatz
für Büchsen zur Führung dünner Werkstoffstangen

Bar guide ring with tubular adapter
for bushes to guide small diameter bars

Bagues de guidage avec raccord tubulaire
pour douilles de guidage pour barres de petit diamètre

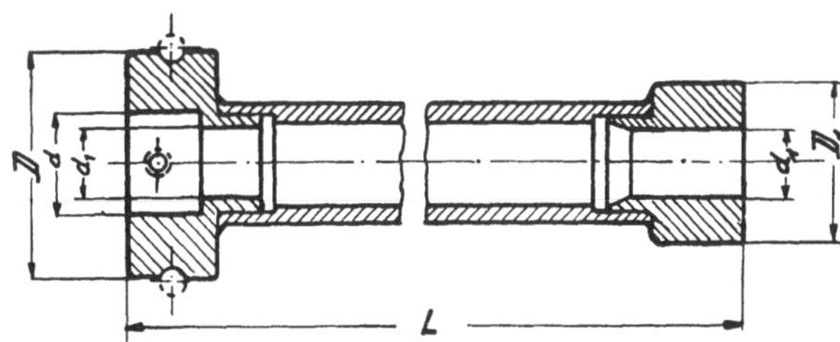

Nr.	mm					kg	Für Modell For model Pour modèle
	D	L	D₁	d	d₁		
402 410	48	350	33,5	22	15	1,0	P 32
402 416	48	350	16,5	nach Werkstoff ∅		0,9	Pr 16
402 420	60	350	46,5	30	22	1,9	Pa 45
402 430	75	400	51,5	35	25	2,75	P 50.0
402 440	75	357	41,5	22	15	2,5	Pa 40
402 450	48	357	25,5	22	15	1,2	Pa 25
402 460	85	400	51,5	35	25	3,0	P 50.1
402 470	85	400	64,5	35	25	3,1	Pa 63.1, P 63.1
402 480	60	370	41,5	30	22	2,0	P 40.1

Büchsen zur Führung dünner Werkstoffstangen
für Stangen-Führungsring mit Rohransatz

Guide bushes for small diameter bars
for bar guide ring with tubular adapter

Douilles de guidage pour barres de petit diamètre
pour bagues de guidage avec raccord tubulaire

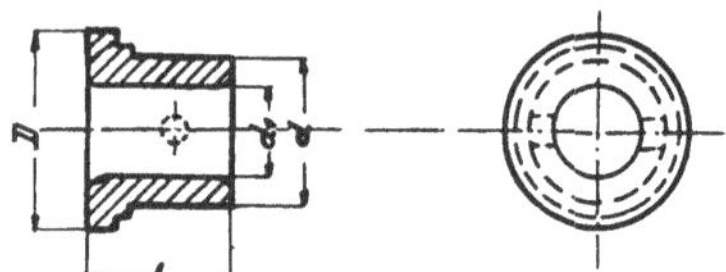

Nr.	mm				kg	Für Modell For model Pour modèle	Passend für Suitable for Convenable pour
	D	.L	d	d₁			
[1] 402 409	30	22	22	nach Angabe according to request suivant indication min. 5 max. 14	0,7	P 32	402 410
402 429	35	20	30	min. 15 max. 20	0,08	P 40.1, Pa 45	402 480 402 420
402 439	45	23	35		0,16	P 50, 63.1, Pa 63.1	402 430 402 460 402 470
[1] 402 449	30	22	22	min. 5 max. 14	0,7	Pa 40 [2]	402 440
402 448	41,5	15	20	min. 5 max. 14	0,2		
[1] 402 459	30	22	22	min. 5 max. 14	0,6	Pa 25 [2]	402 450
402 458	25,5	10	20	min. 5 max. 14	0,1		

[1] Die Büchsen 402 409, 402 449, 402 459 sind untereinander austauschbar.

The bushes 402 409, 402 449 and 402 459 are interchangeable.

Les douilles 402 409, 402 449 et 402 459 sont interchangeables.

[2] Es müssen immer beide Büchsen bestellt werden.

Both bushes must be ordered.

Il est toujours nécessaire de commander les deux.

Komplette Vorschubeinsätze in Kästen für Pfander-Vorschubeinrichtung VE

Complete sets of insertion pieces in special box for use on feed attachment, Mod. Pfander VE

Jeux complets de douilles d'avance avec boîte pour dispositif d'avance Pfander VE

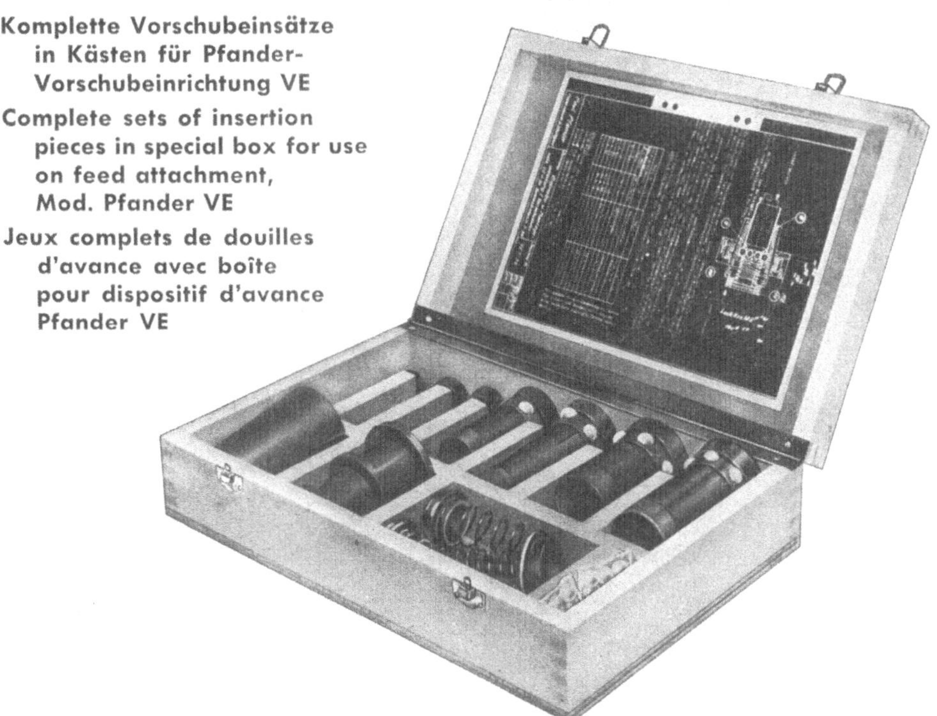

Die Kugelgreifkörbe mit den Kunststoffkugeln gewähren ein Vorschieben von Blankmaterial und Buntmetallen **ohne** Oberflächenmarkierung.

The plastic balls of the gripper feed bushings ensure that bars of bright as well as of nonferrous material will be fed **without** leaving any marks on their surface.

Les boules en nylon des douilles d'avance assurent l'avance de matériaux étirés blanc et non-ferreux **sans** que leur surface soit marquée.

Vorschubkopf Feed head Tête d'avance Nr.	Spannbereich Range of clamping Gamme de serrage mm	Für Modell For model Pour modèle
VE 1–32	⌀ 5–36 ⬡ 5–32	P 32.0
VE 2–45	⌀ 15–45 ⬡ 15–41	Pa 45
VE 2–50	⌀ 15–50 ⬡ 15–46	P 50
VE 3–63	⌀ 21–65 ⬡ 21–55	P 63.1 Pa 63.1

Für 4-Kant- und Sonderprofile sind besondere Kugelgreifkörbe notwendig. Einzelne Kugelgreifkörbe, Reduzierhülsen, Druckfedern und Kugeln auf Anfrage.

For machining square and special profiles extra gripper feed bushings are necessary. Single gripper feed bushings, reducing bushings, pressure springs and balls are available upon request.

Pour des profils carrés et spéciaux il faut des cages à boules spéciales. Des cages à boules, des douilles à réduction, des ressorts de pression et des boules sont livrables séparément sur demande.

Abb. 72: Revolverkopf bestückt mit Normalwerkzeugen

ABSCHNITT IV

Werkzeug-Einstellungen und Arbeitsbeispiele

Seite

Allgemeines   181

Werkzeug-Einstellungen . . . . 182—184
  Langdrehen   183
  Drehen langer Zapfen   183
  Bohren   183
  Plandrehen von Stirnflächen . . . . 184—185
  Abstechen   185
  Einstechen und Langdrehen hinter einem Bund . . . . 185—186
  Kegeldrehen   187
  Einstechen von Nuten . . . . 188—189
  Ringförmige Aussparungen   189
  Plandrehen an der Rückseite   189
  Rändeln   189

Aufzeichnen des Werkzeugeinstellplanes . . . . 190—194

Arbeitsbeispiele Modell PIREX 32 . . . . 195—202
        „   Modell PIREX 50 . . . . 203—210
        „   Modell PIREX 63 . . . . 211—222
        „   Modell PIREX 80 . . . . 223—229
        „   Modell PIROMAT 35 . . . . 230—232
        „   Modell PIROFA 25 . . . . 233—235
        „   Modell PIROFA 40 . . . . 236—238
        „   Modell PIROPTA 120 . . . . 239—240
        „   Modell PIROFA 45 . . . . 241—248
        „   Modell PIROFA 63 . . . . 249—250

ABSCHNITT IV
WERKZEUGEINSTELLUNGEN UND ARBEITSBEISPIELE

Mit den einfachen Normalwerkzeugen, die im vorigen Abschnitt aufgeführt und erläutert wurden, können durch zweckmäßige Ausnutzung der Werkzeuglöcher im Revolverkopf die meisten Dreharbeiten leicht eingerichtet und ausgeführt werden. Durch sorgfältige Einstellung der Anschläge können Längentoleranzen bis 0,02 mm in der Reihenfertigung eingehalten werden. Zur Begrenzung des Längsweges dienen die Längsanschläge auf der Anschlagtrommel rechts am Revolverschlitten; jedem Werkzeugloch ist hier ein Längsanschlag zugeordnet. Werden in einer Revolverkopfstellung mehrere Längsanschläge gebraucht, so benutzt man außerdem den Sonderlängsanschlag oder den Trommellängsanschlag. Die Plananschläge, die in einem größeren Abstand vom Drehpunkt als die Werkzeuglöcher selbst liegen, ermöglichen durch die Feineinstellung mit Meßuhr die Einhaltung von Genauigkeiten von 0,01 bis 0,02 mm im Durchmesser. Im Pittler-Revolverkopf arbeiten gewöhnlich in einer Revolverkopfstellung die in mehreren benachbarten Werkzeuglöchern untergebrachten Werkzeuge zusammen. Wir geben nachstehend einige Beispiele für die zweckmäßige Einstellung von Werkzeuggruppen bei den häufigsten Dreharbeiten. In den Bildunterschriften sind die Bezeichnungen der Normalwerkzeuge jeweils mit angegeben. Durch Pfeile sind die Bewegungen des Revolverkopfes in den einzelnen Arbeitsstufen angedeutet.

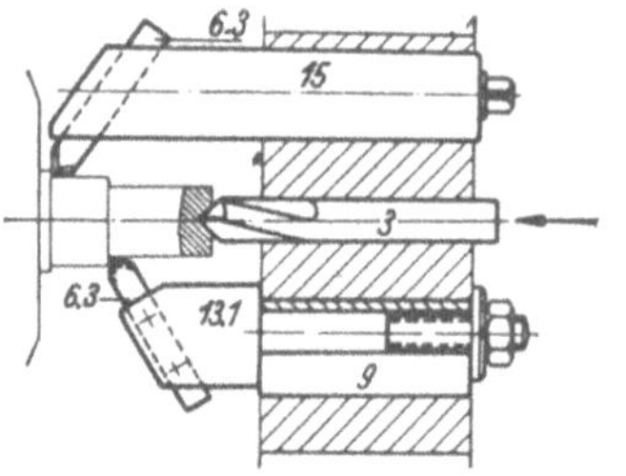

Abb. 73: Überdrehen, andrehen und zentrieren eines abgesetzten Bolzens zu gleicher Zeit mit einfachen Normalwerkzeugen.

3   Zentrierwerkzeug für Stahl
6.3 Vierkantstahl (rechter Drehstahl)
9   Exzentrisch durchbohrte Spannhülse
13.1 Stahlhalter für Vierkantstahl mit Feineinstellung und außermittigem Vorderteil
15   Schräger Stahlhalter für Vierkantstahl

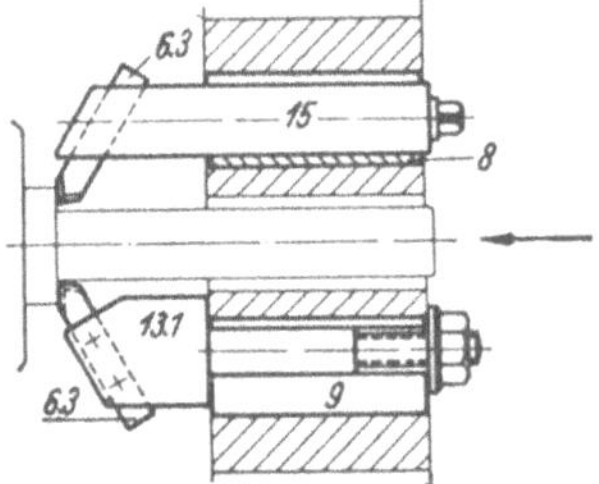

Abb. 74: Langdrehen mit zwei Stählen und geteilter Spantiefe.

6.3 Vierkantstahl (rechter Drehstahl)
8   Zentrisch durchbohrte Spannhülse
9   Exzentrisch durchbohrte Spannhülse
13.1 Stahlhalter für Vierkantstahl mit Feineinstellung und außermittigem Vorderteil
15   Schräger Stahlhalter für Vierkantstahl

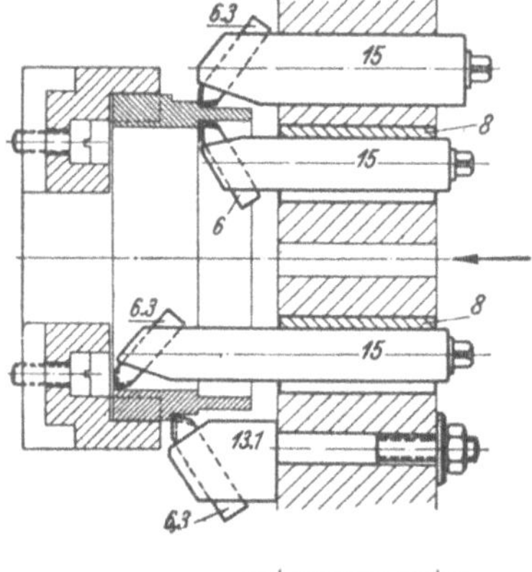

Abb. 75: Mit vier Stählen zu gleicher Zeit vier Flächen oder Ansätze in der Längsrichtung andrehen bzw. ausbohren.

6.3 Vierkantstahl (rechter Drehstahl)
8   Zentrisch durchbohrte Spannhülse
13.1 Stahlhalter für Vierkantstahl mit Feineinstellung und außermittigem Vorderteil
15   Schräger Stahlhalter für Vierkantstahl

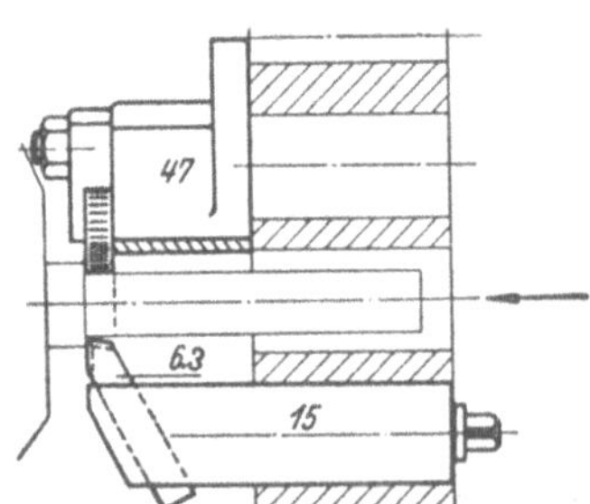

Abb. 76: Drehen von langen Bolzen mit einfachem rundem Stahlhalter und Gegenführung mit Rollen am Revolverkopf.

6.3 Vierkantstahl (rechter Drehstahl)
15   Schräger Stahlhalter für Vierkantstahl
47   Rollengegenführung mit Flansch

Langdrehen. Zum Langdrehen verwendet man einfache runde Stahlhalter 14 und 15 oder Stahlhalter 12.3 und 13.3 mit Vierkantstählen. Verschiedene Absätze können gleichzeitig gedreht werden, wenn man einen Stahl von vorn und einen von hinten angreifen läßt (Abb. 73); die gleiche Arbeitsweise dient zum Langdrehen eines Durchmessers mit geteiltem Span (Abb. 73). Bei größeren trommelförmigen Werkstücken können durch Ansetzen mehrerer Werkzeuge vorn und hinten mehrere Stufen am Außendurchmesser und in der Bohrung gleichzeitig bearbeitet werden (siehe Abb. 75).

Drehen langer Zapfen. Man richtet diese Arbeit vorteilhaft so ein, daß der Zapfen durch eines der großen Werkzeuglöcher hindurchtreten kann. Das Werkstück wird durch eine einfache Gegenführung 47 abgestützt und mit einem Stahlhalter 15 abgedreht (Abb. 76). Man kann statt dessen bei größeren Spantiefen auch einen Schälstahlhalter 44.1 benutzen (Abb. 77).

Bohren. Die Bohrwerkzeuge bzw. deren Halter werden unmittelbar oder mittels Spannhülsen in die Werkzeuglöcher eingesetzt. Die Verriegelung durch den Sperrbolzen gewährleistet genaueste Übereinstimmung des der Spindel gegenüberstehenden Bohrwerkzeuges mit der Spindelachse (vgl. Abb. 73 und 78)..

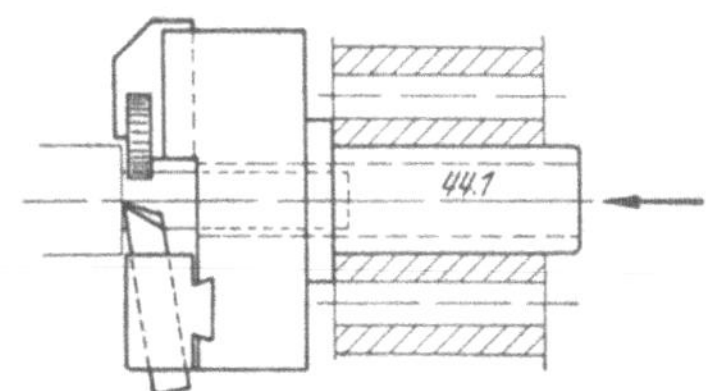

Abb. 77: Langdrehen mit Schälstahlhalter für größere Spantiefen.

44.1 Schälstahlhalter mit Schaft, Vierkantstahl und Rollengegenführung

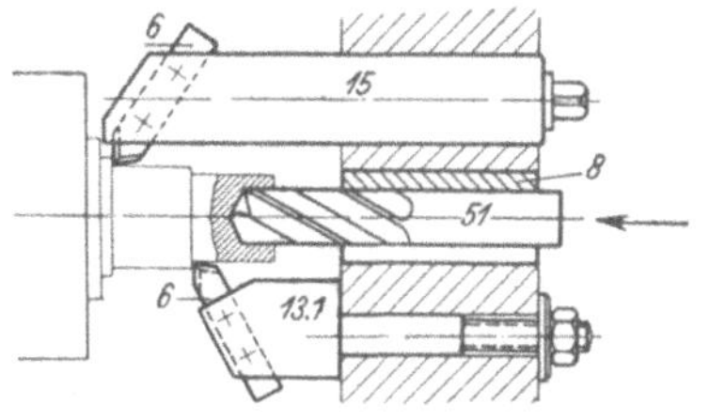

Abb. 78: Mit Spiralbohrer vorbohren und gleichzeitig mit zwei Stählen außen überdrehen und Ansatz andrehen.

6   Vierkantstahl
8   Zentrisch durchbohrte Spannhülse
13.1 Stahlhalter für Vierkantstahl mit Feineinstellung und außermittigem Vorderteil
15   Schräger Stahlhalter für Vierkantstahl
     Spiralbohrer mit zylindrischem Schaft, rechtsschneidend

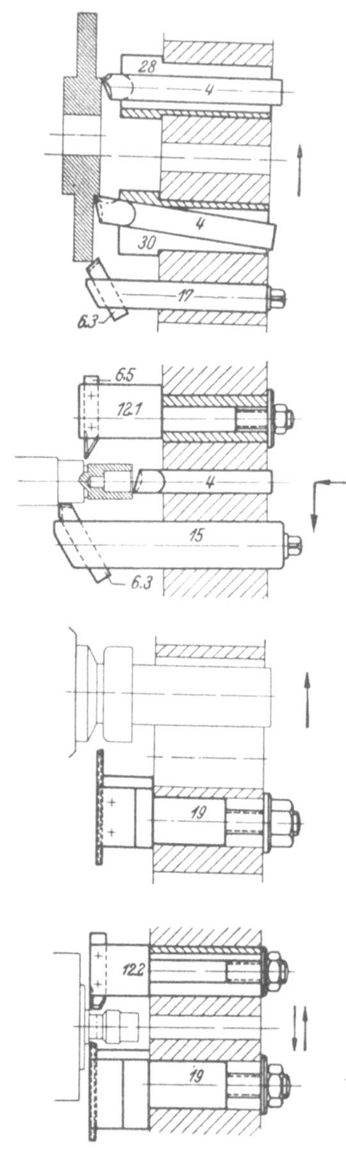

Abb. 79: Plandrehen von zwei Planflächen mit zwei Stählen zu gleicher Zeit und anfasen der äußeren Kante.

4 Runder Drehstahl
17 Bohrstange für Vierkantstahl 6.3
28 Zentrisch durchbohrte Spannhülse mit Bund
30 Schräg durchbohrte Spannhülse mit Bund

Abb. 80: Außen mit Vierkantstahl im Stahlhalter 15 überdrehen, dann durch Rechtsdrehen[1]) des Revolverkopfes die vordere Planfläche drehen und gleichzeitig mit Vierkantstahl außen einstechen.

4 Runder Drehstahl
6.3 Vierkantstahl (rechter Drehstahl)
6.5 Vierkantstahl (rechter Nutenstahl)
12.1 Stahlhalter für Vierkantstahl mit Feineinstellung und außermittigem Vorderteil
15 Schräger Stahlhalter für Vierkantstahl

Abb. 81: Durch Linksdrehen[1]) des Revolverkopfes von der Stange abstechen, während die Stange mit dem bereits abgedrehten Ende durch das große Langloch oder durch ein großes Werkzeugloch des Kopfes frei hindurchgeht.

19 Kurzer Abstechstahlhalter mit starkem Schaft und Abstechstahl

Abb. 82: Durch Rechtsdrehen[1]) des Revolverkopfes mit einem Vierkantstahl einstechen und durch Linksdrehen des Kopfes von der Stange abstechen.

12.2 Stahlhalter für Vierkantstahl mit Feineinstellung und mittigem Vorderteil
19 Kurzer Abstechstahlhalter mit starkem Schaft und Abstechstahl

[1]) Unter Rechtsdrehen des Revolverkopfes ist dieselbe Bewegungsrichtung des Revolverkopfes anzunehmen wie die der Drehspindel beim normalen Rechtsdrehen; das oberste Werkzeugloch bewegt sich also nach dem Bedienungsstand zu. Auf die vordere Planseite des Revolverkopfes gesehen stimmt die Rechtsdrehung mit der Richtung des Uhrzeigers überein. Unter Linksdrehen ist die entgegengesetzte Bewegungsrichtung des Revolverkopfes zu verstehen.

Plandrehen von Stirnflächen. Zum Plandrehen von Stirnflächen benutzt man einfache runde Drehstähle 4, die ohne oder mit Spannhülse in die Werkzeuglöcher gesetzt und durch einfaches Verdrehen auf den richtigen Spanwinkel gestellt werden (vgl. Abb. 79 und 80).

Abstechen. Von der Stange abstechen und plandrehen kann man bei den Pittler-Revolverdrehbänken auf einfachste Weise, indem man den Revolverkopf um seine Achse dreht. Beim Abstechen kann in den meisten Fällen das freie Ende des Werkstückes durch das Langloch des Revolverkopfes treten, so daß mit dem kurzen Abstechstahlhalter 19 abgestochen werden kann (Abb. 81).

Bei größeren Durchmessern ist es vorteilhaft, an der Abstechstelle mit einem kräftigen Einstechstahl vorzustechen und dann mit dem Abstechstahl die Planfläche nachzuziehen und fertig abzustechen. Hierzu wird ein Einstechstahl mit Stahlhalter 12.2 oder 14 und der Abstechhalter 19 benutzt (vgl. Abb. 82).

Bei allen Maschinentypen, außer bei P I R E X 80, ist der Anbau eines Hand-Abstechschlittens bei Ausrüstung der Maschine mit einem Stangenspannfutter (außer Vorderend-Spannfutter) möglich. Dadurch wird die Abstecharbeit vom Revolverkopf auf den Abstechschlitten übertragen und der sonst durch den Abstechstahl im Revolverkopf beanspruchte Platz steht für andere Bearbeitungswerkzeuge zur Verfügung (Abb. 83).

Der Stahlhalter des Abstechschlittens ist je nach Werkstoff auf Spanwinkel von 0 bis 15° einstellbar, so daß normale Abstechstähle ohne Spanwinkel-Anschliff verwendet werden können.

Einstechen und Langdrehen hinter einem Bund. Diese Arbeit kann ebenfalls leicht mit zwei einfachen normalen Werkzeugen ausgeführt werden (Abb. 84). Auch hier ist es vorteilhaft, wenn das freie Ende des Werkstückes durch eines der großen Werkzeuglöcher hindurchtreten kann. Es sind daher Werkzeuge mit schwachem Schaft zu wählen, die in den kleinen Werkzeuglöchern neben den großen untergebracht werden können. Besonders lange Werkstücke kann man durch die wegwendbare Gegenspitze abstützen, ohne daß das Arbeiten des Revolverkopfes dadurch behindert wird (Abb. 85).

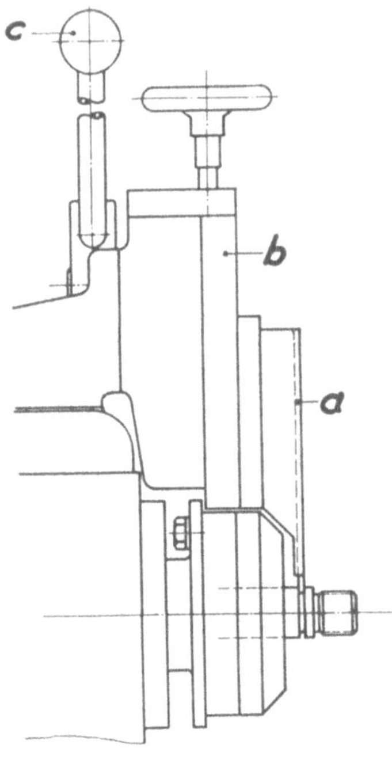

Abb. 83: Abstechschlitten zum Abstechen von Werkstücken von Hand.

a Abstechstahl

b Schlitten

c Hebel zum Herunterdrücken
  des Abstechschlittens und Stahls.

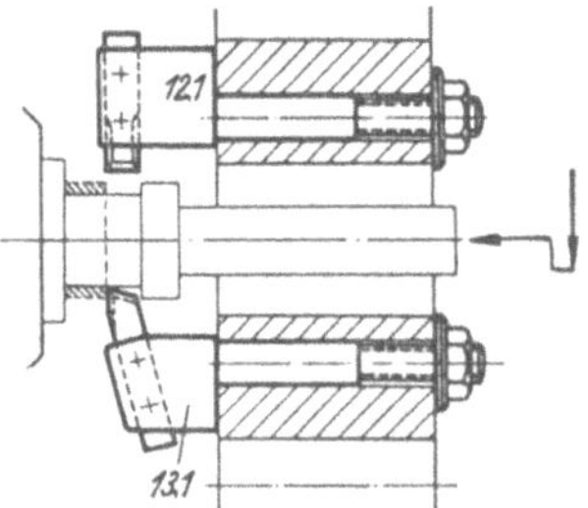

Abb. 84: Einstechen und langdrehen hinter einem Bund.

12.1 Stahlhalter für Vierkantstahl mit Fein-
     einstellung und außermittigem Vorderteil

13.1 Stahlhalter für Vierkantstahl mit Fein-
     einstellung und außermittigem Vorderteil

Kegeldrehen. Zum Kegeldrehen sind Sonderstahlhalter nicht erforderlich; Längs- und Plankegel können mit normalen, fest im Revolverkopf sitzenden Werkzeugen gedreht werden. Die Längskopiereinrichtung (S. 48) und die Plankopiereinrichtung (S. 50) sind im Aufbau und in der Anwendung denkbar einfach (vgl. Abb. 86 und 87).

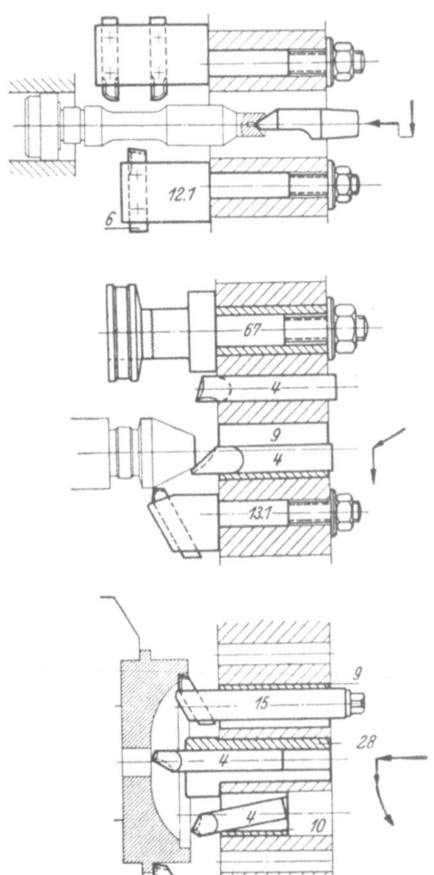

Abb. 85: Einstechen und langdrehen langer Teile. Abstützung durch wegwendbaren Gegenspitzenhalter.

12.1 Stahlhalter für Vierkantstahl mit Feineinstellung und außermittigem Vorderteil Stahlhalter mit schwachem Schaft und zwei Vierkantstählen zum Einstechen, Lang- und Plandrehen

Abb. 86: Kegeldrehen mit Längskopiereinrichtung durch Stahlhalter 13.1 und abschrägen der Vorderkante durch Rundstahl 4. Anschließend plandrehen der Stirnfläche durch Rundstahl 4 und formdrehen der hinteren Seite durch Rundformstahl.

4 Runder Drehstahl
9 Exzentrisch durchbohrte Spannhülse
13.1 Stahlhalter für Vierkantstahl mit Feineinstellung und außermittigem Vorderteil
67 Halter mit exzentrischer Einstellbüchse für runde Formstähle

Abb. 87: Langdrehen mit zwei Stahlhaltern 15. Anschließend plandrehen der äußeren Stirnfläche und des geraden Bodens durch Stahlhalter 15 und zwei Rundstähle 4. Der innere Stahl 4 wird nach Beendigung des Plandrehens durch eine Plankopiereinrichtung gesteuert und dreht die Kurvenform des Bodens fertig.

4 Runder Drehstahl
9 Exzentrisch durchbohrte Spannhülse
10 Schräg durchbohrte Spannhülse
15 Schräger Stahlhalter für Vierkantstahl
28 Zentrisch durchbohrte Spannhülse mit Bund

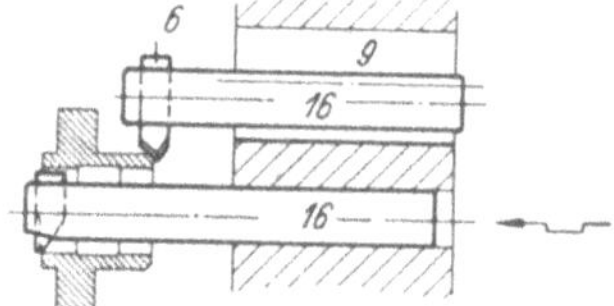

Abb. 88: Einstechen von Nuten in Bohrungen.
Mit Bohrstange 16 Bohrung ausdrehen, Nut einstechen und anschließend weiter langdrehen; mit einer zweiten Bohrstange 16 nach Beendigung des Langdrehweges anfasen.

6   Vierkantstahl
9   Exzentrisch durchbohrte Spannhülse
16 Gerade Bohrstange für Rund- oder Vierkantstahl

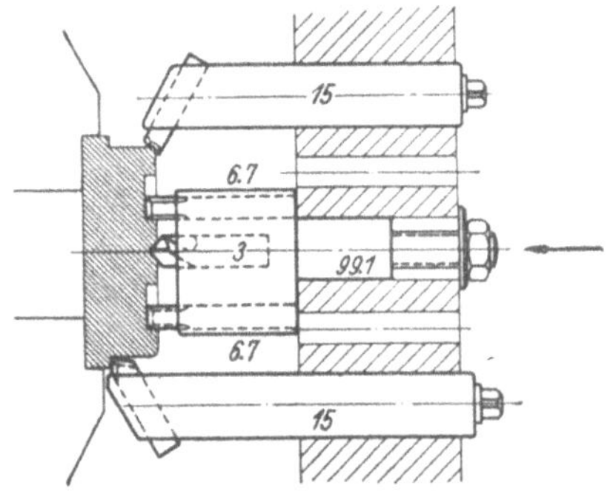

Abb. 89: Ringnut einstechen.
Langdrehen und anfasen mit je einem Stahlhalter 15 für Vierkantstahl, gleichzeitig mit zwei Einstechstählen Ringnut vor- und nachstechen und mit Zentrierbohrer anbohren.

3   Zentrierwerkzeug für Stahl
6.7 Vierkantstähle (Einstechstähle)
15   Schräger Stahlhalter für Vierkantstahl
99.1 Stahlhalter mit starkem Schaft
      für zwei Vierkantstähle zum Einstechen, Lang- und Plandrehen

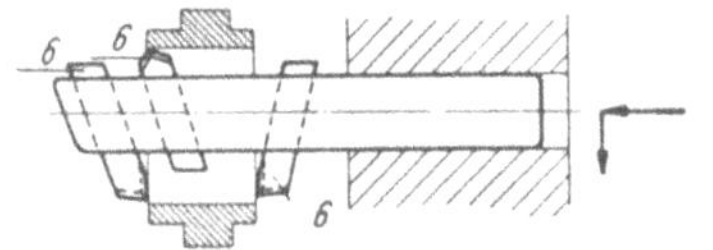

Abb. 90: Plandrehen an der Rückseite.
Im Anschluß an das Ausbohren gleichzeitiges Planziehen der vorderen und der hinteren Planfläche.

6   Vierkantstahl

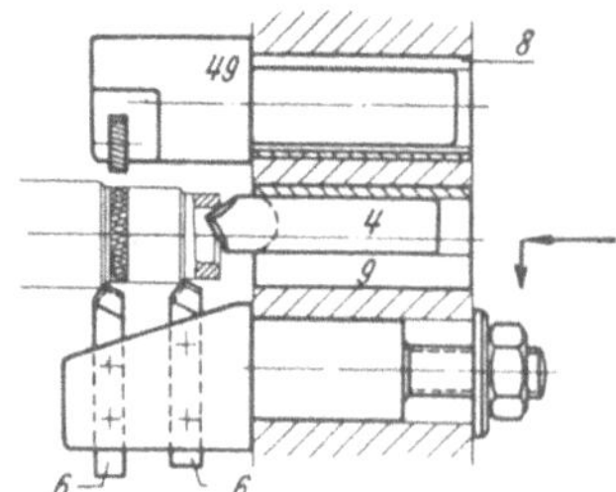

Abb. 91: Langdrehen mit zwei Stählen 6 im gleichen Stahlhalter und anfasen mit Stahl 4 in exzentrischer Büchse 9, anschließend rändeln mit Rändelhalter 49 für zwei Rollen.

4   Runder Drehstahl
6   Vierkantstahl
8   Zentrisch durchbohrte Spannhülse
9   Exzentrisch durchbohrte Spannhülse
49 Rändelhalter mit starkem Schaft, pendelndem Vorderteil für zwei Rädchen

Einstechen von Nuten. Zum Einstechen einer Nut und zum Ausdrehen einer Bohrung braucht man lediglich einen entsprechenden Bohr- oder Hakenstahl oder eine Bohrstange mit Stahl direkt in den Revolverkopf zu setzen. Durch einfaches Plandrehen des Kopfes kann die Nut in die Bohrung eingearbeitet werden. Bei flachen Nuten kann nach Feststellen des Revolverkopfes gleich anschließend die Bohrung dahinter weiter aufgebohrt werden (vgl. Abb. 88). Bei tieferer Nute muß durch einen schmalen Einstechstahl die Nute vorgestochen werden und dann kann mit dem Bohrstahl langgedreht werden. Hierzu ist der Sonderlängsanschlag (Abb. 24, S. 46) erforderlich.

Ringförmige Aussparungen in der Stirnseite von Werkstücken können durch mehrere Stähle mit einem Halter 99.1 eingestochen werden, und es kann dabei gleichzeitig durch einen eingesetzten Bohrer zentriert werden (Abb. 89).

Plandrehen an der Rückseite. Planflächen an der Rückseite von Naben oder ähnlichen Werkstücken mit einer Bohrung können mit einer entsprechend ausgebildeten Bohrstange unmittelbar anschließend an das Ausbohren bearbeitet werden, indem man in einfachster Weise ohne Schalten zum Plandrehen des Revolverkopfes übergeht (vgl. Abb. 90). Diese Arbeitsweise ist besonders zu empfehlen, wenn der Revolverkopf mit vielen anderen Werkzeugen besetzt ist.

Rändeln. Hierzu wird der Rändelhalter 48 oder 49 benutzt. Man kann das Rändeln im unmittelbaren Anschluß an eine Langdreharbeit vornehmen, indem man ohne Zurückziehen und Schalten des Revolverkopfes sofort zu einer Planbewegung übergeht (vgl. Abb. 91).

In den aufgeführten Beispielen sind die grundlegenden Arbeiten behandelt, die in jeder Dreherei immer wieder vorkommen. Die Beispiele zeigen, daß die Pittler-Revolverdrehbank mehr als jede andere Revolverdrehbank durch die Einfachheit ihrer Werkzeuge und die einfachen Einstellmöglichkeiten schon bei geringen Stückzahlen von 5 bis 10 Stück an durchaus wirtschaftlich ist. In dieser Einfachheit des Einrichtens liegt weiter die Begründung dafür, daß man nicht nur zur Bedienung, sondern auch zum Einrichten von Pittler-Revolverdrehbänken angelernte und ungelernte Arbeiter, auch Frauen, einsetzen kann. Für Werkstücke mit verwickelten Formen und vielen Bearbeitungstufen wird es natürlich manchmal notwendig, Sonderstahlhalter anzufertigen, um mehrere Stähle in zweckentsprechender Lage unterzubringen. In den meisten Fällen handelt es sich hierbei um einfache starre Stahlhalter, die aus Vierkantwerkstoff mit angedrehtem Zapfen hergestellt werden können und deren Anfertigung

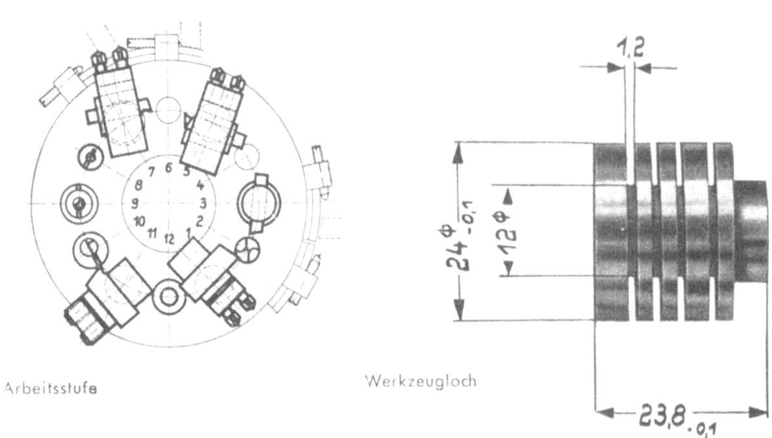

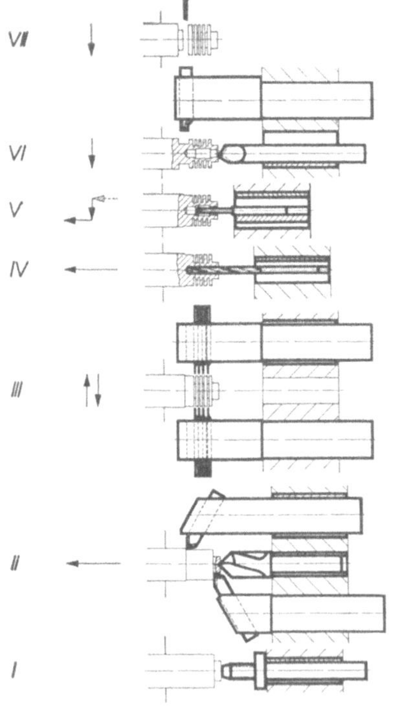

Abb. 92   Werkzeugeinstellplan

Arbeits-gang	Art der Arbeit	n U/min	s mm/U	th min	tn min
VII	Abstechen	450	v.Hd.	0,4	0,2
VI	Plandrehen u. einstechen	450	v.Hd.	0,5	0,2
V	7,2 ∅ auskesseln	710	v.Hd.	0,4	0,2
IV	6,6 ∅ bohren	710	0,08	0,7	0,2
III	Rillen fertigstechen mit Hartmetall	710	v.Hd.	0,6	0,15
	Rillen vorstechen mit Schnellstahl	280	v.Hd.	1,0	0,15
II	Zentrieren und außen überdrehen	710	0,1	0,4	0,1
I	Werkstoff vorschieben und spannen				0,2

Drehzahlbereich: 71 − 1800 U/min

Grundzeit: 5,4 min/Stck

keinem Betriebe Schwierigkeiten bereitet. Es ist bei derartigen Werkstücken zu empfehlen, die Werkzeugeinrichtung vorher aufzuzeichnen, um das Einrichten und Ausprobieren in der Werkstatt abzukürzen und eine möglichst wirtschaftliche Ausnutzung der Maschine zu gewährleisten.

Zum Aufzeichnen ist es zweckmäßig, den Werkzeuglochkreis des Revolverkopfes seinem Umfange entsprechend in einer Ebene abgewickelt zu zeichnen (Abb. 92). Bei Futterarbeiten und bei Stangenarbeiten, für die viele Löcher des Revolverkopfes benutzt werden, zeichne man auch eine Stirnansicht des Revolverkopfes, um zu prüfen, ob alle Werkzeuge aneinander vorbeigehen und nicht etwa in den Flugkreis des Werkstückes oder des Spannfutters hineinragen.

In der Abwicklung des Lochkreises zeichnet man den ersten Arbeitsgang auf das untere Ende des Blattes, da dann der Ablauf der Arbeitsfolge der Richtung der normalen Schaltbewegung des Revolverkopfes entspricht. Bei Stangenarbeiten befindet sich stets das Langloch zum Abstechen am oberen Ende. Bei dieser Anordnung kann man den Abstechstahlhalter 19 oder 19.1 in das große Werkzeugloch 9 bzw. 13 setzen, damit das freie Ende des Arbeitsstückes beim Abstechen durch das Langloch 10/11 bzw. 14/15 hindurchtreten kann. Dadurch können beliebig lange Teile mit dem gleichen Halter abgestochen werden. Bei kurzen Werkstücken von der Stange, die bei normalen Abstechhaltern nicht an die Stirnfläche des Revolverkopfes anstoßen können, kann man den Abstechstahlhalter in einem beliebigen Werkzeugloch unterbringen und das Langloch 10/11 bzw. 14/15 wie auch bei Futterarbeiten durch Einsetzen von Spannhülsen zur Aufnahme von beliebigen Werkzeugen mit zylindrischem Schaft einrichten.

Die Werkzeuge mit schwachen Schäften können durch die Verwendung von Spannhülsen mit zentrischen (8, 28), exzentrischen (9, 29) oder schrägen Bohrungen (10, 30) auch in die größeren Werkzeuglöcher eingesetzt werden.

Da für jedes Werkzeugloch am rechten Ende des Revolverschlittens ein besonderer Längsanschlag vorgesehen ist, so können die Werkzeuge so kurz wie möglich eingespannt werden, was zur Vermeidung von Rattern und Schwingungen beim Drehen wichtig ist.

Beim Aufzeichnen der einzelnen Arbeitsstufen ist darauf zu achten, daß die verschiedenen Werkzeuge nach Möglichkeit u n g e f ä h r g l e i c h w e i t a u s d e m R e v o l v e r k o p f h e r a u s s t e h e n. Ist dies nicht möglich, so ist die Revolverkopffläche für die entprechende Werkzeuggruppe so in Richtung der Spindelachse versetzt zu zeichnen, daß die einzelnen Darstellungen des Werkstückes stets in der gleichen senkrechten Ebene liegen. Dabei läßt sich leicht prüfen, ob die benachbarten Werkzeuge störend in den Flugkreis des Spannfutters oder des Werkstückes hineinragen.

In vielen Fällen muß das gleiche Arbeitsstück regelmäßig erneut eingerichtet werden. Es ist dann zweckmäßig, für das Betriebsbüro einen W e r k z e u g - e i n s t e l l p l a n anzufertigen nach Muster Seite 188. Auf diesem Plan ist gleichzeitig eine Tabelle aufzustellen, aus der die Arbeitsstufen, Drehzahlen, Vorschübe, Haupt- und Nebenzeiten ersichtlich sind. Durch diese Maßnahme kann das Wiedereinrichten des Arbeitsstückes in kürzester Zeit erfolgen.

Eine weitere Erleichterung für das genaue Einstellen der Werkzeuge wird geschaffen, wenn von dem betreffenden Werkstück ein M u s t e r s t ü c k (Abb. 93)

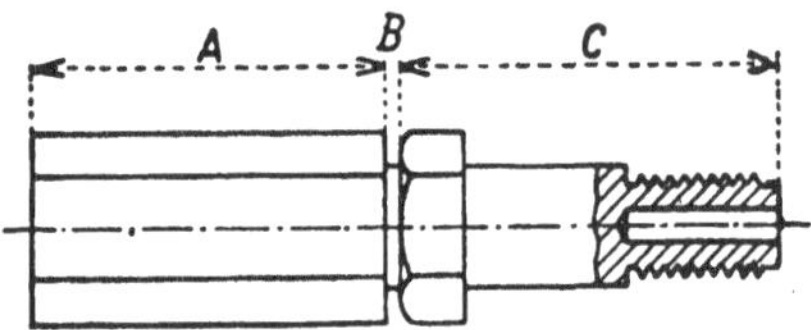

Abb. 93: Musterstück zum Einstellen der Werkzeuge

A Stangenende   B Breite des Abstechstahles   C Musterstück

mit einem etwa 60–80 mm langen Stangenende A zum Einspannen aufbewahrt wird. Nach diesem eingespannten Musterstück, das genau auszurichten ist, können dann die Werkzeuge vom Anschlagbolzen bis zum Abstechstahl genau und schnell eingestellt werden.

Grundbedingung für die schnelle Einstellung von Revolverdrehbänken ist vor allen Dingen, daß in der Werkzeugabteilung oder in dem Werkzeugschrank, in dem die Werkzeuge für den Pittler-Revolver aufbewahrt werden, tadellose Ordnung herrscht. Durch das Zusammensuchen der Werkzeuge für ein bestimmtes Werkstück geht oft kostbare Zeit verloren.

Zu unseren Revolverbänken liefern wir auf Wunsch vollständige Werkzeugeinrichtungen. Um Anfragen schnell und sachgemäß erledigen zu können, bitten wir um folgende Unterlagen und Angaben:

1. Maßgebende Zeichnungen, möglichst auch Muster (Roh- und Fertigteil), mit Angabe der zu bearbeitenden Flächen und derjenigen Stellen, die besonders genau bearbeitet sein müssen.

2. Art des Werkstoffes (Eisen, Stahl, Messing, Aluminium usw.). Dabei bitten wir, nicht interne Werksbezeichnungen, sondern DIN-Bezeichnungen, mindestens aber Zugfestigkeit in kg/mm², anzugeben.

3. Welche besonderen Eigenschaften (Härte usw.) hat im einzelnen Falle der Werkstoff?

4. Angabe der Größe der Bearbeitungs-Zugabe.

5. Anlieferungszustand des Werkstoffes.
   a) Stangenwerkstoff: gewalzt, roh gezogen, gerichtet? Welcher Durchmesser wird verwendet?
   b) Guß- und Preßteile: geblasen, gebeizt, getrommelt?

6. Angabe der Stückzahlen je Serie.

Mit der Bestellung sind genaue Zeichnungen, nach denen die Werkzeuge ausgeführt werden können, sowie einige Rohlinge oder Werkstoffstangen zum Ausprobieren der Werkzeuge einzusenden. Hat die Bearbeitung oder Herstellung der Werkstücke nach Kalibern oder Lehren zu erfolgen, bitten wir um deren Zusendung.

Erwünscht ist ferner die Überlassung von fertigen Musterwerkstücken zur Klarstellung des Fertigungsgrades und der Oberflächengüte. Kann aus besonderen Gründen nur das Musterteil eingesandt werden, so bitten wir, mindestens eine Skizze mit den tolerierten Bearbeitungsmaßen beizufügen, um falsche Ausführung der Werkzeuge zu vermeiden.

Bei Neueinführung unserer Maschinen ist zu empfehlen, diese für ein oder mehrere Werkstücke von uns einrichten zu lassen.

Bei Bestellung von Normalwerkzeugen nach dem Betriebshandbuch genügt die Angabe der in Abschnitt III angegebenen Bestellnummer, z. B. 3.002 A für ein

Zentrierwerkzeug für Stahl mit 20 mm Schaftdurchmesser, oder 20.512 für einen Gewindebohrerhalter mit 30 mm Schaftdurchmesser.

Um zeitraubende Rückfragen zu vermeiden, bitten wir bei Bestellung von Werkzeugeinrichtungen, Ersatzteilen usw. die auf dem Maschinenschild oder auf dem Maschinenbett aufgeschlagene Maschinen- und Losnummer anzugeben, z. B. 3031/6.

Anschließend ist eine Anzahl von Einstellplänen wiedergegeben, in denen die Werkzeugeinstellung für eine Reihe von Arbeiten auf Pittler-Revolverdrehbänken gezeigt ist. Für diese Beispiele haben wir sowohl einfache wie schwierigere Arbeiten ausgewählt; die Beispiele lassen zugleich die vielseitigen Anwendungsmöglichkeiten der Revolverdrehbänke sowohl für Stangen- wie für Futterarbeiten erkennen.

Bearbeitung eines Nippels
auf Pittler-Revolverdrehbank PIREX 32/150.

Werkstoff: 9S 20 K

Fertigbearbeiten der Werkstücke in einer Einspannung mit Normal-Werkzeugen.

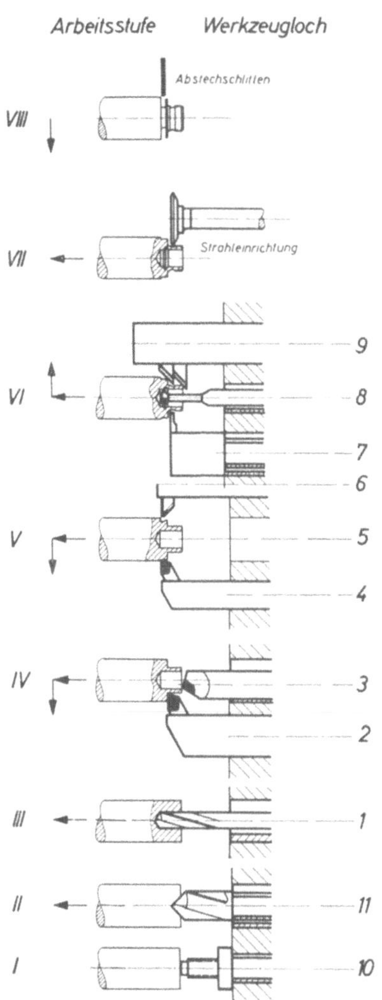

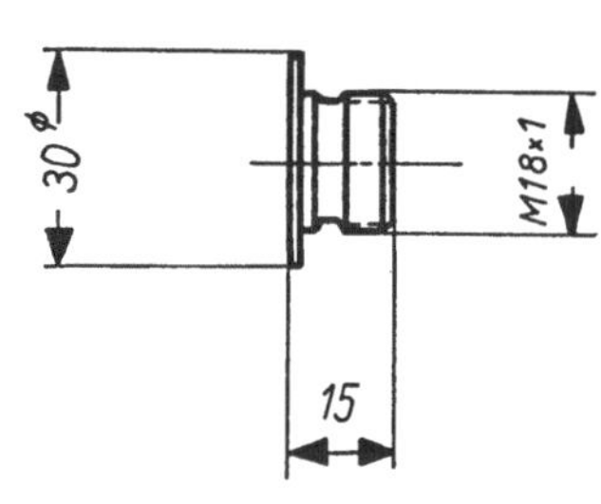

Arbeits- stufe	Art der Arbeit
I	Vorschieben und spannen
II	Zentrieren
III	Bohren
IV	Langdrehen, plandrehen
V	Langdrehen, einstechen
VI	Anfasen, einstechen
VII	Strehlen M 18 x 1
VIII	Abstechen

195

Bearbeitung eines Schraubbolzens
auf Pittler-Revolverdrehbank PIREX 32/150.

Werkstoff: 22S 20 K

Bohren in Arbeitsstufe V mit Schnellbohreinrichtung. Gewinde M 18 x 1,5 mit Gewinde-Rollkopf im Schwenkarm rollen.

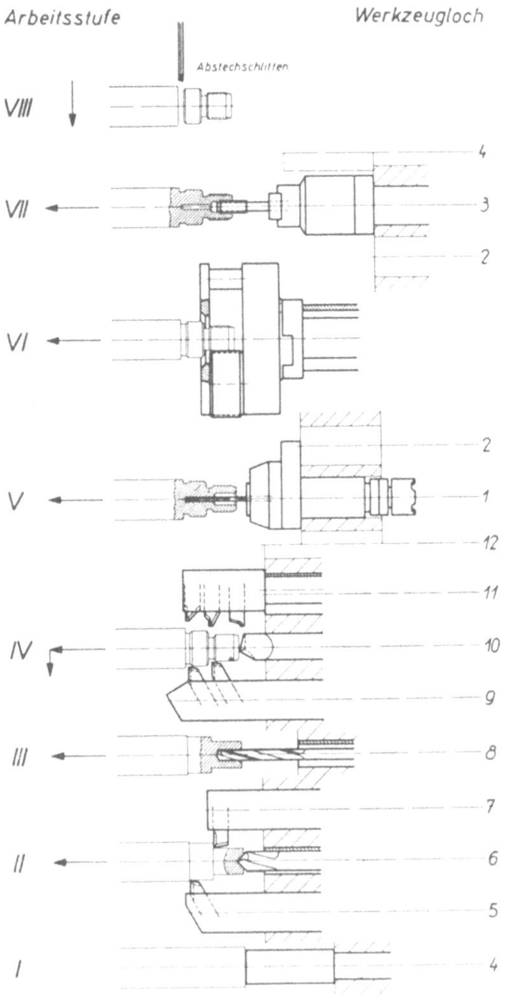

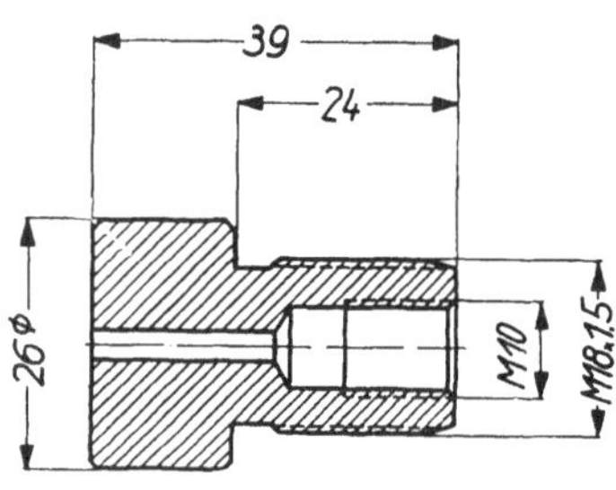

Arbeits-stufe	Art der Arbeit
I	Vorschieben und spannen
II	Langdrehen, zentrieren
III	Bohren
IV	Langdrehen, plandrehen, einstechen
V	Bohren mit Schnellbohreinrichtung
VI	Gewinde M 18 x 1,5 rollen
VII	Gewinde M 10 schneiden
VIII	Abstechen

Bearbeitung einer Federgabel
auf Pittler-Revolverdrehbank PIREX 32/150.

Werkstoff: VMS 135 vergütet auf 90–100 kg/mm²

Spannen im Forkardt-Preßluft-Zweibackenfutter, Bearbeitung vorwiegend mit Normalwerkzeugen, vollbesetzter Revolverkopf.

Arbeitsstufe   Werkzeugloch

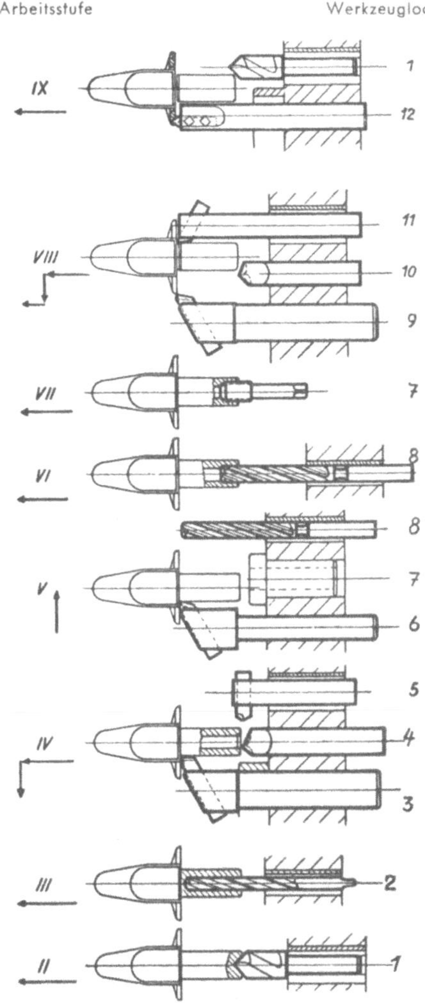

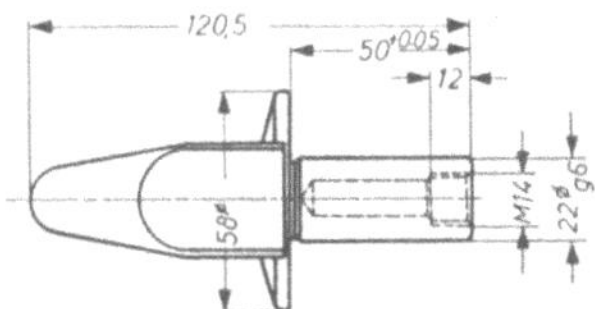

Arbeits-stufe	Art der Arbeit
I	Ein- und ausspannen
II	Zentrieren
III	Bohren
IV	Lang- und plandrehen (schruppen), anrunden
V	Plandrehen (schruppen)
VI	Senken
VII	Gewinde schneiden
VIII	Lang- und plandrehen (schlichten), einstechen
IX	Ringnut einstechen

I Werkstück ein- und ausspannen

Bearbeitung eines Gehäuses, 1. Einspannung auf Pittler-Revolverdrehbank PIREX 32/150.

(2. Einspannung siehe S. 199) Werkstoff: G Al Si Mg

Werkstück gespannt in einem hydraulisch betätigten Dreibackenfutter.
In Arbeitsstufe II mehrere Werkzeuge gleichzeitig im Eingriff.

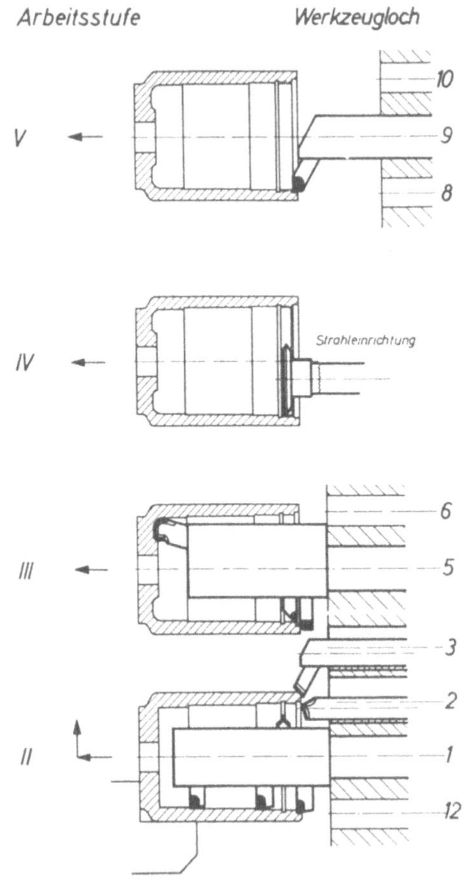

Arbeits-stufe	Art der Arbeit
I	Werkstück ein- und ausspannen
II	Langdrehen, anfasen, plandrehen, einstechen
III	Form einstechen, anfasen
IV	Strehlen M 75 x 1
V	Passung drehen 78 $\varnothing$ F8

Bearbeitung eines **Gehäuses**, 2. Einspannung
auf Pittler-Revolverdrehbank PIREX 32/150.

(1. Einspannung siehe S. 198)　　　　　　　　　Werkstoff: G Al Si Mg

Werkstück gespannt auf Ringspanndorn. Passung 22 $\varnothing$ K6 mit Feineinstellung gedreht.

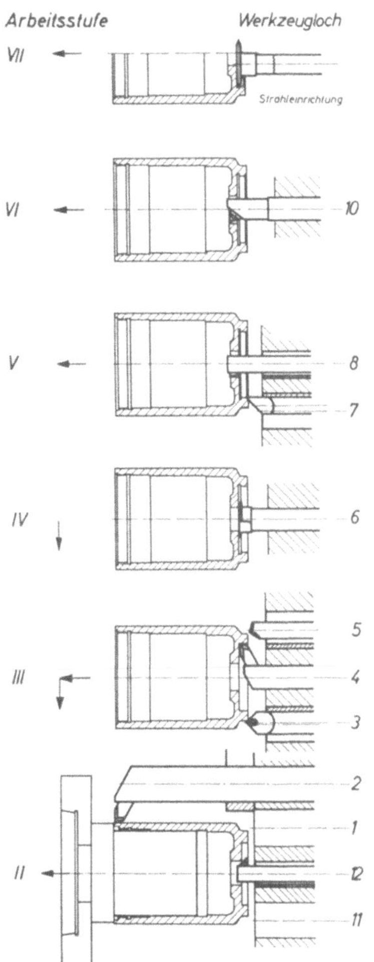

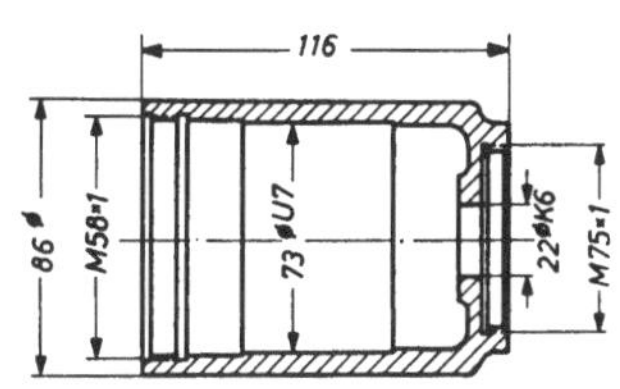

Arbeits-stufe	Art der Arbeit
I	Werkstück ein- und ausspannen
II	Langdrehen, anfasen
III	Langdrehen, **anfasen**, plandrehen
IV	Einstechen
V	Langdrehen, anfasen
VI	Passung drehen 22 $\varnothing$ K6
VII	Strehlen M 58 × 1

Bearbeitung eines Kettenrades, 1. Einspannung auf Pittler-Revolverdrehbank PIREX 32/150.

(2. und 3. Einspannung siehe S. 201)   Werkstoff: GG 22

Aufsenken der vorgegossenen Bohrung m. hartmetallbestücktem Dreischneider.

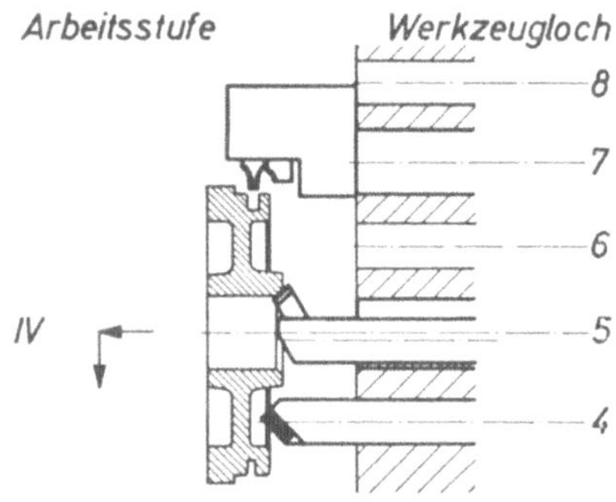

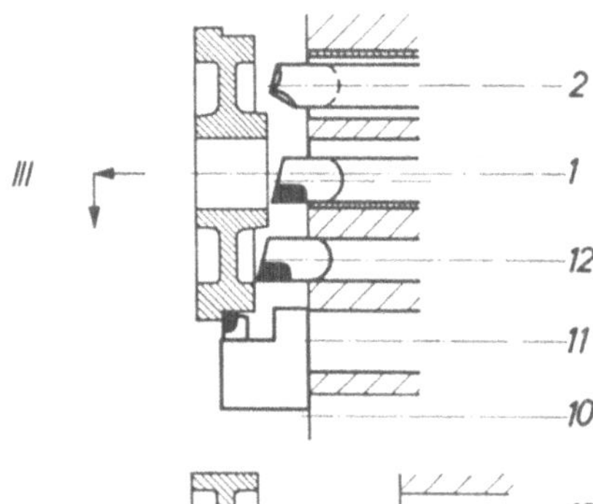

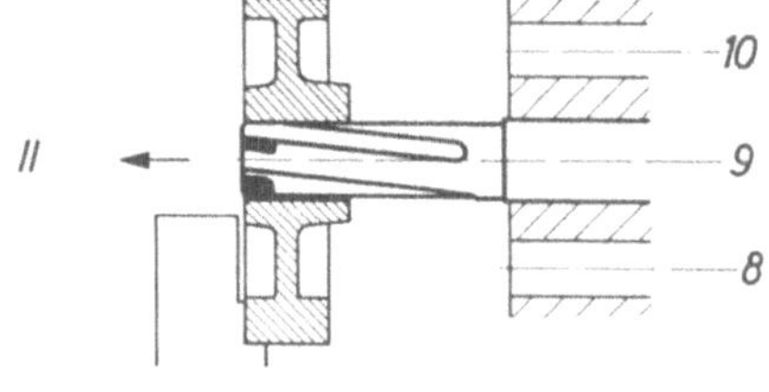

Arbeits-stufe	Art der Arbeit
I	Werkstück ein- und ausspannen
II	Senken
III	Langdrehen, plandrehen
IV	Einstechen, anfasen

Bearbeitung eines Kettenrades, 2. und 3. Einspannung auf Pittler-Revolverdrehbank PIREX 32/150.

(1. Einspannung siehe S. 200) Werkstoff: GG 22

Fertigbearbeiten des Werkstückes. Drehen der Passung mit Pittler-Feineinstellung. Werkzeuge für 2. und 3. Einspannung in einem Revolverkopf.

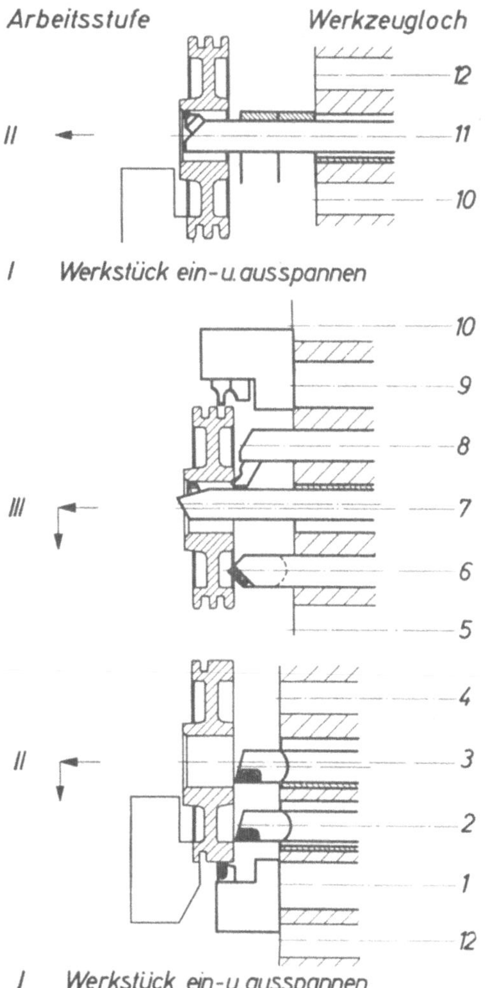

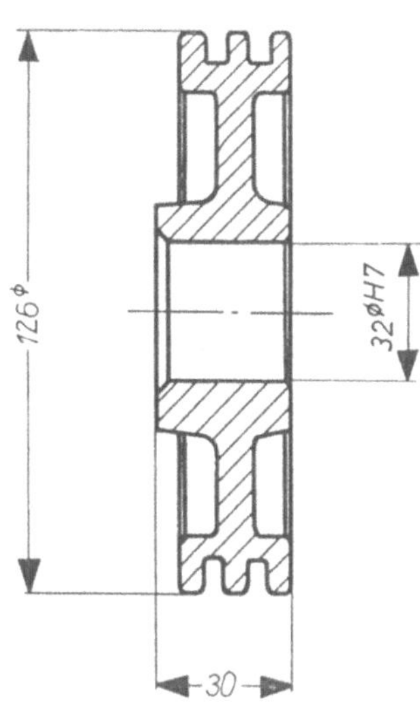

Arbeits-stufe	Art der Arbeit
	2. Einspannung
I	Werkstück ein- und ausspannen
II	Langdrehen, plandrehen
III	Langdrehen, einstechen, anfasen
	3. Einspannung
I	Werkstück ein- und ausspannen
II	Passung drehen

Bearbeitung eines Patronenlagers
auf Pittler-Revolverdrehbank PIREX 32/150.

Werkstoff: Stahl, 100–110 kg/mm²

Werkstück gespannt in Umspannzange. Sonder-Innenanschlag mit Ölzuführung durch die Drehspindel. Bearbeiten des Patronenlagers in 4 Arbeitsstufen mit auswechselbaren Sonder-Reibahlen mit Führung in der Laufbohrung.

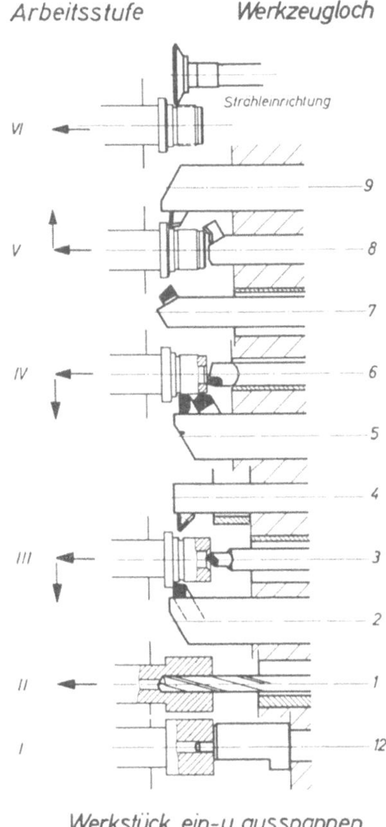

Werkstück ein- u. ausspannen

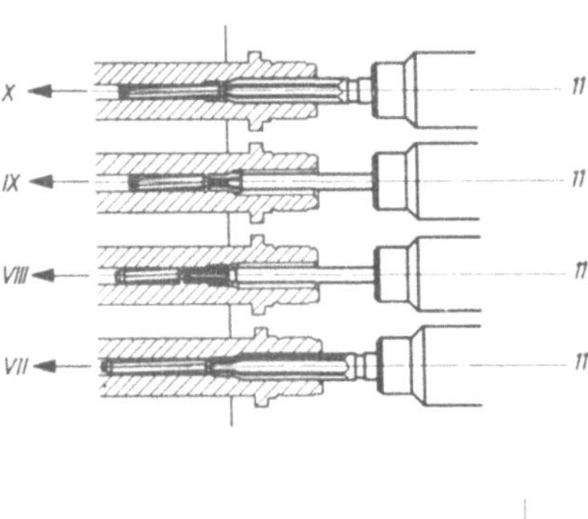

Arbeits-stufe	Art der Arbeit
I	Werkstück ein- und ausspannen
II	Bohren
III	Langdrehen, einstechen, anfasen
IV	Langdrehen, plandrehen
V	Langdrehen, anfasen
VI	Strehlen M 25 x 1,5
VII	Senken
VIII	Reiben
IX	Reiben
X	Reiben

Bearbeitung eines Gewinderinges
auf Pittler-Revolverdrehbank PIREX 50/200.1.

Werkstoff: G T W 40

Fertigbearbeiten des Werkstückes in einer Einspannung.

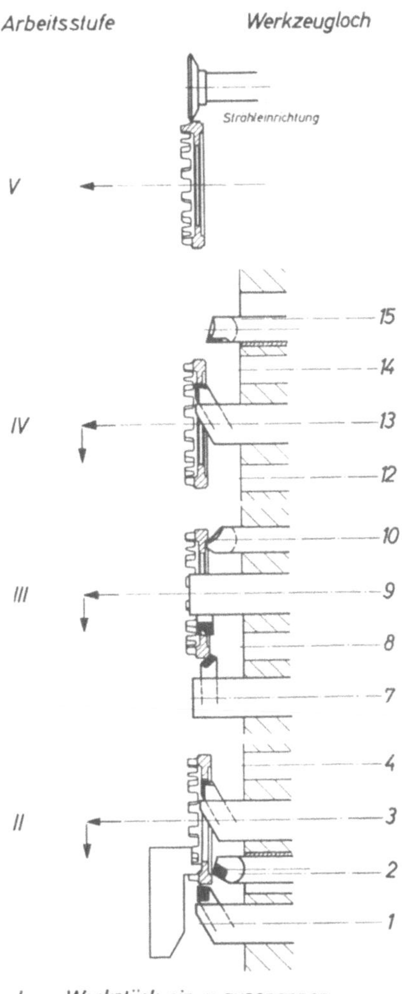

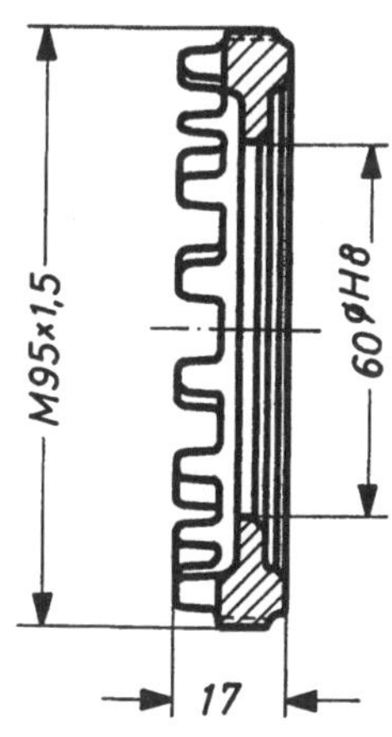

Arbeits-stufe	Art der Arbeit
I	Werkstück ein- und ausspannen
II	Langdrehen, plandrehen
III	Anfasen
IV	Passung 60 ⌀ H8 drehen, plandrehen
V	Strehlen M 95 x 1,5

Bearbeitung einer Vorgelegewelle, 1. Einspannung auf Pittler-Revolverdrehbank PIREX 50/200.1.

(2. Einspannung siehe S. 205)   Werkstoff: 16 Mn Cr 5

Bearbeiten des Werkstückes mit Normal-Werkzeugen. Langdrehen hinter einem Bund in Arbeitsstufe VI.

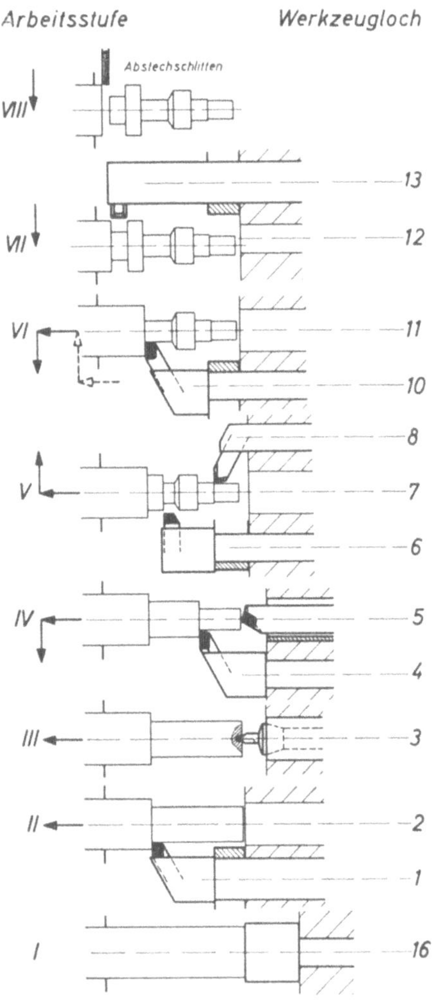

Arbeits-stufe	Art der Arbeit
I	Vorschieben und spannen
II	Langdrehen
III	Zentrieren
IV	Langdrehen, plandrehen
V	Langdrehen, einstechen
VI	Langdrehen hinter Bund
VII	Einstechen
VIII	Abstechen

Bearbeitung einer Vorgelegewelle, 2. Einspannung
auf Pittler-Revolverdrehbank PIREX 50/200.1.

(1. Einspannung siehe S. 204)   Werkstoff: 16 Mn Cr 5

Werkstücke in Umspannzange gespannt. Bearbeiten des Werkstückes mit Normalwerkzeugen.

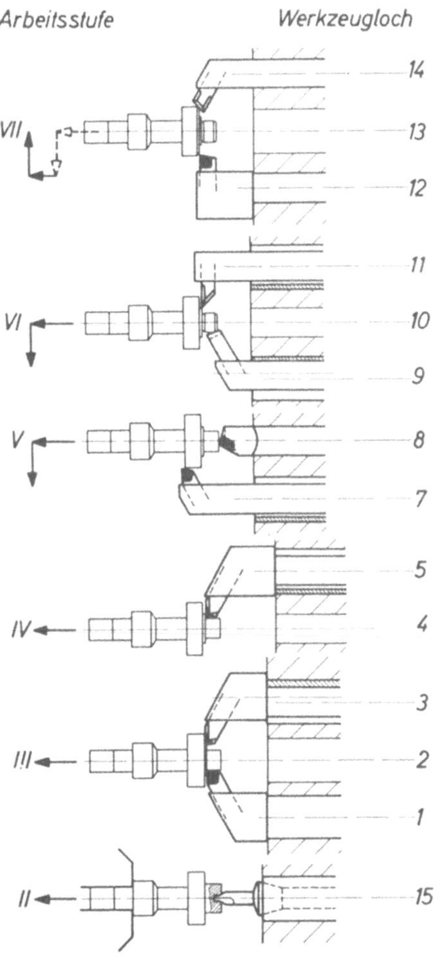

I Werkstück ein- und ausspannen

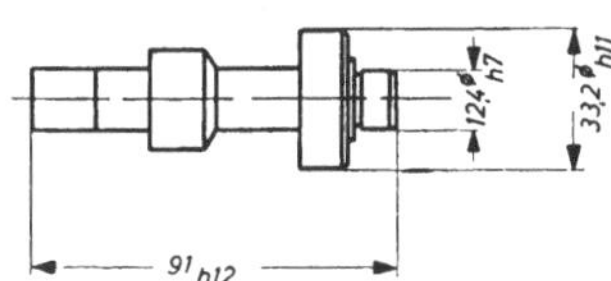

Arbeits-stufe	Art der Arbeit
I	Werkstück ein- und ausspannnen
II	Zentrieren
III	Langdrehen
IV	Fertigdrehen 12,4 Ø h7
V	Fertigdrehen 33 Ø h11, plandrehen
VI	Anfasen, einstechen
VII	Anfasen, plandrehen

Bearbeitung einer Riemenscheibe, 1. und 2. Einspannung auf Pittler-Revolverdrehbank PIREX 50/200.1.

Werkstoff: GG 22

Das im Innendurchmesser vorgedrehte Werkstück wird in einem kraftbetätigten Dreibackenfutter in beiden Einspannungen gespannt. Bearbeitung der Keilriemennuten vom Querschlitten. Drehen der Passungen 30 $\varnothing$ F6 und 51 $\varnothing$ g6 mit Pittler-Feineinstellung.

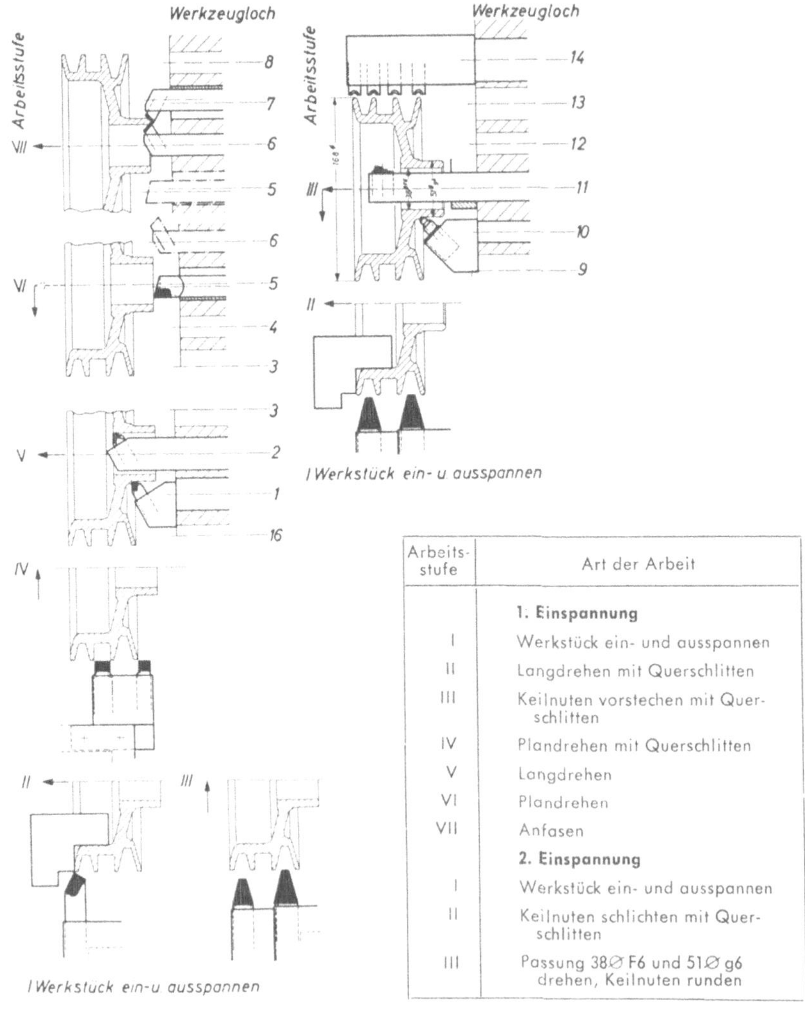

Arbeits-stufe	Art der Arbeit
	1. Einspannung
I	Werkstück ein- und ausspannen
II	Langdrehen mit Querschlitten
III	Keilnuten vorstechen mit Querschlitten
IV	Plandrehen mit Querschlitten
V	Langdrehen
VI	Plandrehen
VII	Anfasen
	2. Einspannung
I	Werkstück ein- und ausspannen
II	Keilnuten schlichten mit Querschlitten
III	Passung 38 $\varnothing$ F6 und 51 $\varnothing$ g6 drehen, Keilnuten runden

Bearbeitung einer Vorderradnabe, 2. Einspannung
auf Pittler-Revolverdrehbank PIREX 50/200.1.

(1. Einspannung siehe S. 229) Werkstoff: G T W 40

Spannen des Werkstückes mit Fingerfutter. Fertigdrehen der Passungen mit
Feineinstellung in einem kombinierten Stahlhalter in 2 Arbeitsstufen.

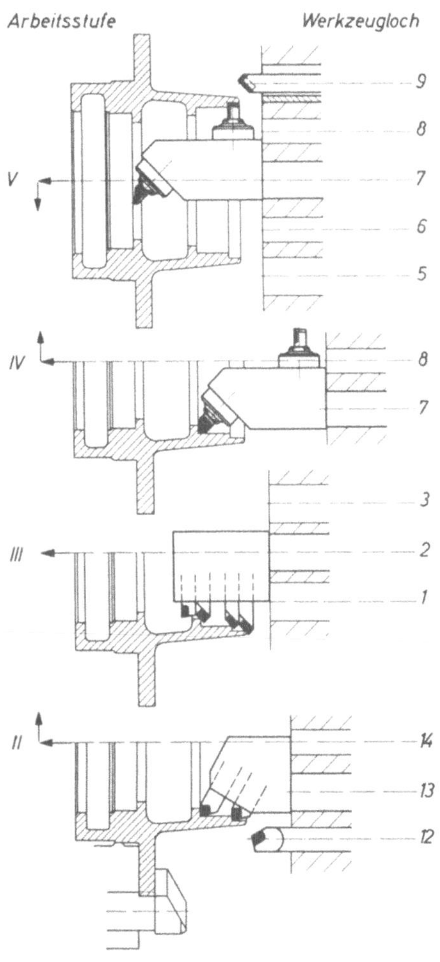

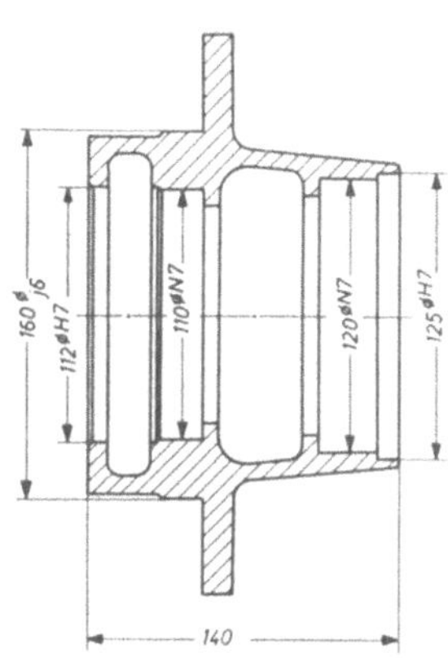

Arbeits-stufe	Art der Arbeit
I	Werkstück ein- und ausspannen
II	Langdrehen, plandrehen
III	Langdrehen, anfasen
IV	Passung 120Ø H7 drehen, plandrehen
V	Pass. 125 Ø H7 drehen, plandrehen, anfasen

I   Werkstück ein-u. ausspannen

Bearbeitung einer Riemenscheibe, 1. Einspannung
auf Pittler-Revolverdrehbank PIREX 50/200.1.

(2. Einspannung siehe S. 209)   Werkstoff: GG 22
(3. Einspannung siehe S. 210)

Bearbeiten des Werkstückes allseitig in 3 Einspannungen. Die Werkzeuge für alle 3 Einspannungen befinden sich in auswechselbaren Revolverköpfen. Kopieren der inneren Form mit Plankopiereinrichtung. Einseitig vorstechen der Keilriemennute.

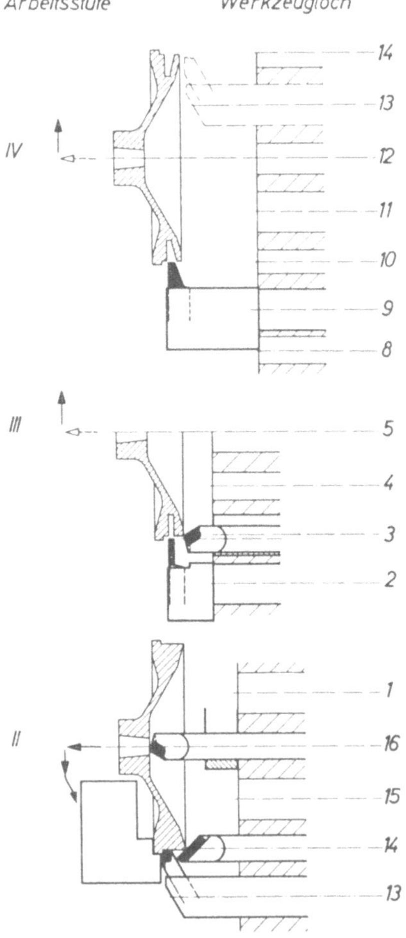

Arbeits-stufe	Art der Arbeit
I	Werkstück ein- und ausspannen
II	Langdrehen, anfasen, plankopieren
III	Einstechen, plandrehen
IV	Nute vorstechen

Bearbeitung einer Riemenscheibe, 2. Einspannung
auf Pittler-Revolverdrehbank PIREX 50/200.1.

(1. Einspannung siehe S. 208)
(3. Einspannung siehe S. 210)

Werkstoff: GG 22

Kopieren der äußeren Form mit Plankopiereinrichtung. Vordrehen des Kegels mit Längskopiereinrichtung. Kegel mit Kegel-Reibahlen fertig reiben. Einseitig vorstechen der Keilriemennute.

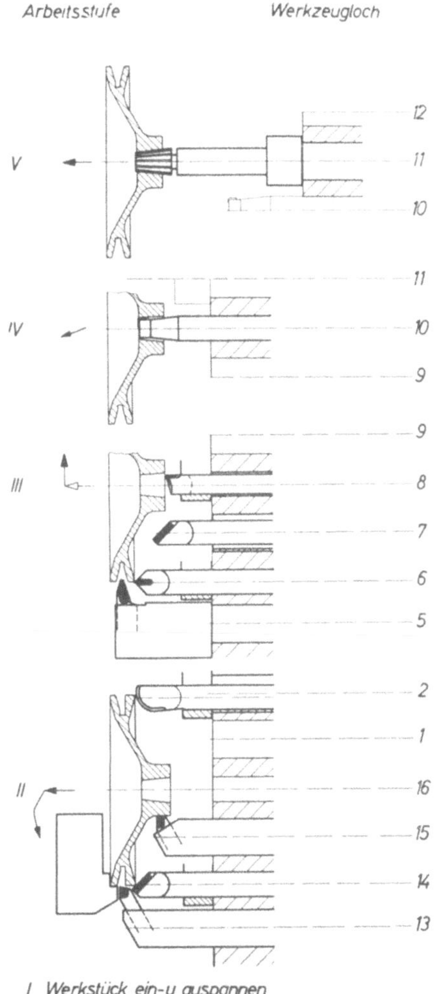

Arbeits-stufe	Art der Arbeit
I	Werkstück ein- und ausspannen
II	Langdrehen, anfasen, plankopieren
III	Plandrehen, vorstechen, anfasen
IV	Längskopieren
V	Reiben

Bearbeitung einer Riemenscheibe, 3. Einspannung
auf Pittler-Revolverdrehbank PIREX 50/200.1.

(1. Einspannung siehe S. 208)   Werkstoff: GG 22
(2. Einspannung siehe S. 209)

Spannen des Werkstückes in Sonder-Spannvorrichtung, Aufnahme im Kegel.
Fertigbearbeiten des Werkstückes.

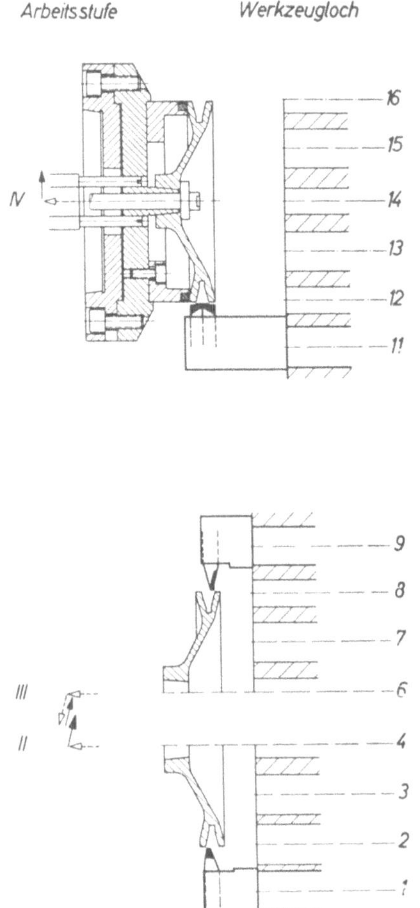

Arbeits-stufe	Art der Arbeit
I	Werkstück ein- und ausspannen
II	Plankopieren
III	Plankopieren
IV	Runden

Bearbeitung eines Gewindestückes
auf Pittler-Revolverdrehbank PIREX 63/230.1.

Werkstoff: 16 Mn Cr 5

Fertigbearbeiten des Werkstückes mit Normalwerkzeugen.

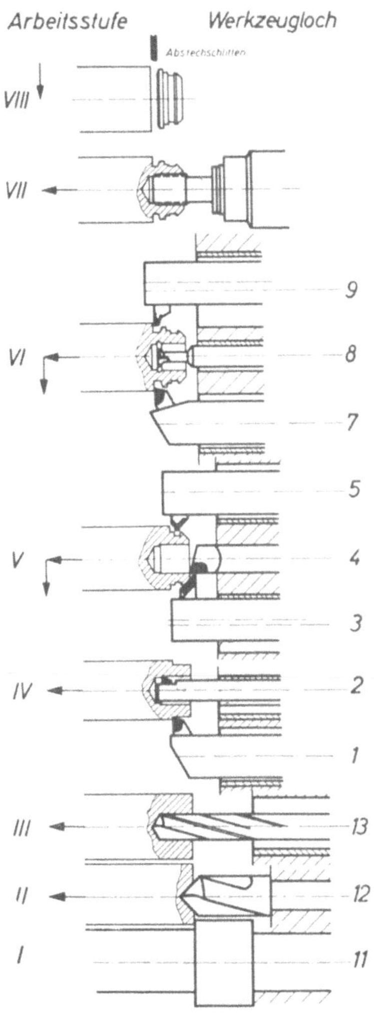

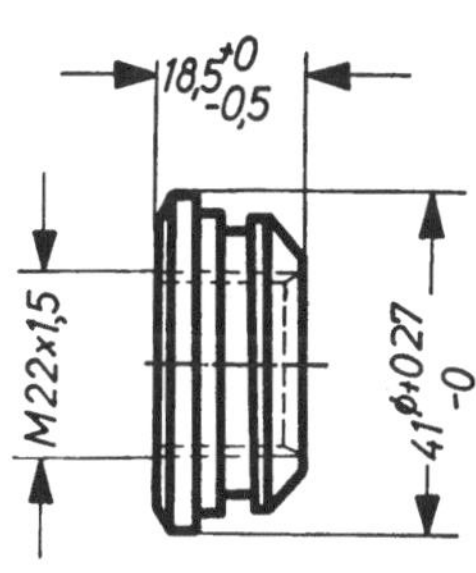

Arbeits-stufe	Art der Arbeit
I	Vorschieben und spannen
II	Zentrieren
III	Bohren
IV	Langdrehen
V	Anfasen, plandrehen, einstechen
VI	Langdrehen, einstechen
VII	Gewinde M 22 x 1,5 schneiden
VIII	Abstechen

Bearbeitung eines Kugelgelenkes
auf Pittler-Revolverdrehbank PIREX 63/230.1.

Werkstoff: C 45

Drehen der Kugel mit Rundformstahl.

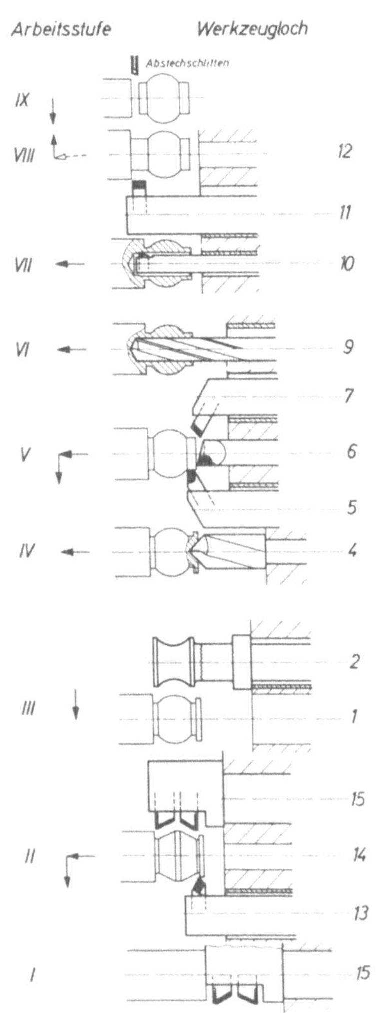

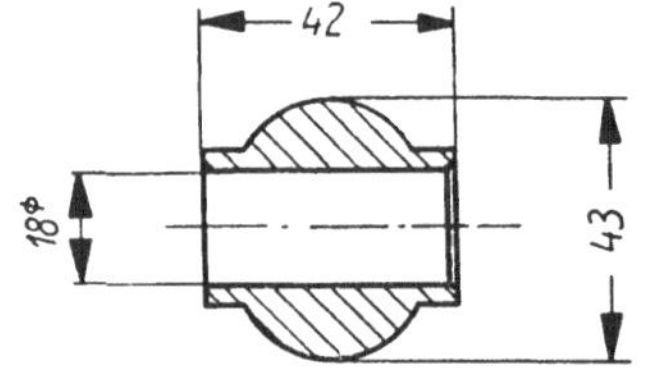

Arbeits-stufe	Art der Arbeit
I	Vorschieben und spannen
II	Langdrehen, Kugel vorstechen
III	Kugel fertigstechen
IV	Zentrieren
V	Langdrehen, plandrehen, anfasen
VI	Bohren
VII	Ausdrehen
VIII	Vorstechen
IX	Abstechen

Bearbeitung einer Kegelbüchse
auf Pittler-Revolverdrehbank PIREX 63/230.1.

Werkstoff: GG 18

Senken mit Hartmetall bestücktem Dreilippenbohrer. Kegel mit Längskopiereinrichtung drehen.

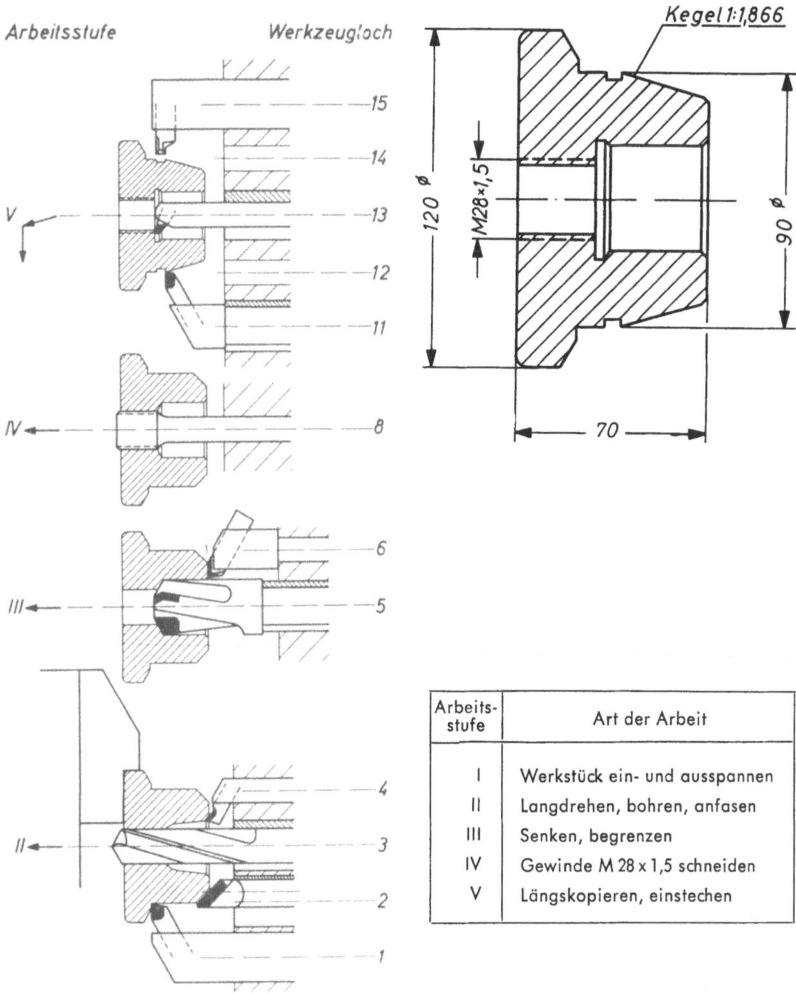

Arbeits-stufe	Art der Arbeit
I	Werkstück ein- und ausspannen
II	Langdrehen, bohren, anfasen
III	Senken, begrenzen
IV	Gewinde M 28 x 1,5 schneiden
V	Längskopieren, einstechen

Bearbeitung eines Gewindestückes, 1. Einspannung auf Pittler-Revolverdrehbank PIREX 63/230.1.

(2. Einspannung siehe S. 215)   Werkstoff: 10S 20K

Formdrehen der Bohrung mit Längskopiereinrichtung.

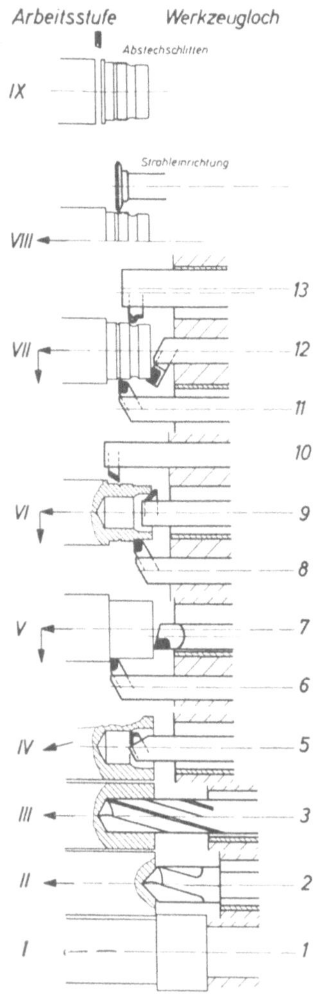

Arbeits- stufe	Art der Arbeit
I	Vorschieben und spannen
II	Zentrieren
III	Bohren
IV	Formkopieren
V	Langdrehen, plandrehen
VI	Passung 42 $\varnothing$ F7 drehen, anfasen, einstechen
VII	Langdrehen, anfasen, einstechen
VIII	Gewinde M 45 x 1,5 strehlen
IX	Abstechen

Bearbeitung eines Gewindestückes, 2. Einspannung
auf Pittler-Revolverdrehbank PIREX 63/230.1.

(1. Einspannung siehe S. 214)   Werkstoff: 10S 20K

Vorgedrehtes Werkstück in Umspannzange gespannt. Formdrehen mit zwei
Längskopiereinrichtungen.

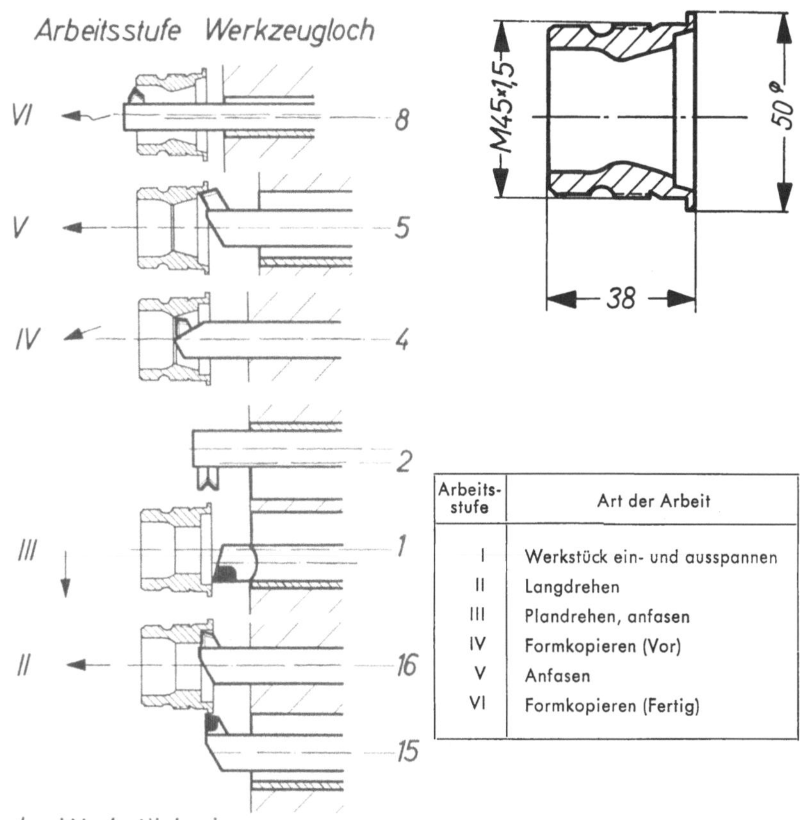

Arbeits-stufe	Art der Arbeit
I	Werkstück ein- und ausspannen
II	Langdrehen
III	Plandrehen, anfasen
IV	Formkopieren (Vor)
V	Anfasen
VI	Formkopieren (Fertig)

Bearbeitung einer Stützrolle, 1. Einspannung
auf Pittler-Revolverdrehbank PIREX 63/230.1.

(2. Einspannung siehe S. 217)   Werkstoff: C 45 K

Passung 60,31 $\varnothing$ +0,05 mit Pittler-Feineinstellung gedreht.

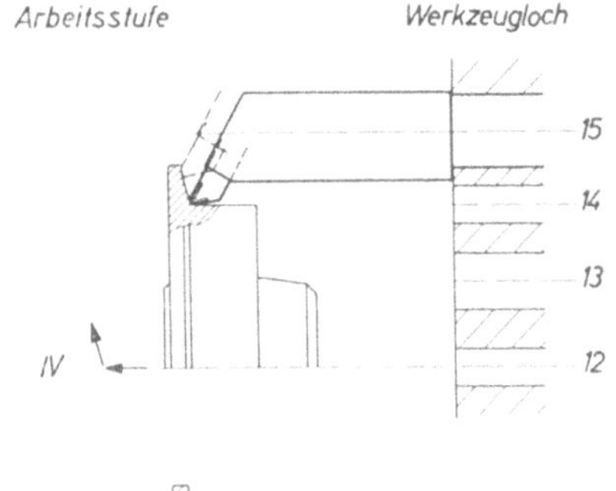

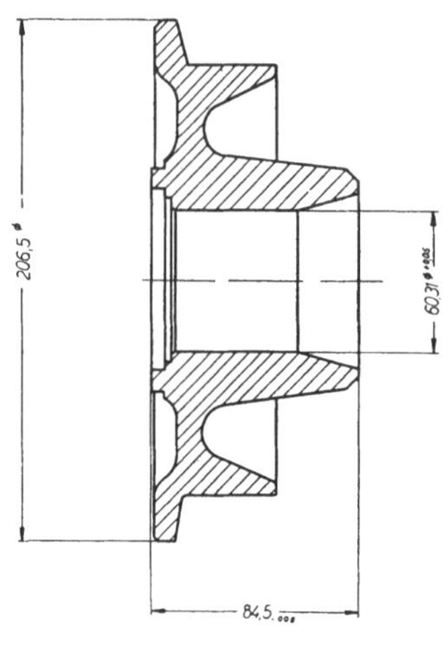

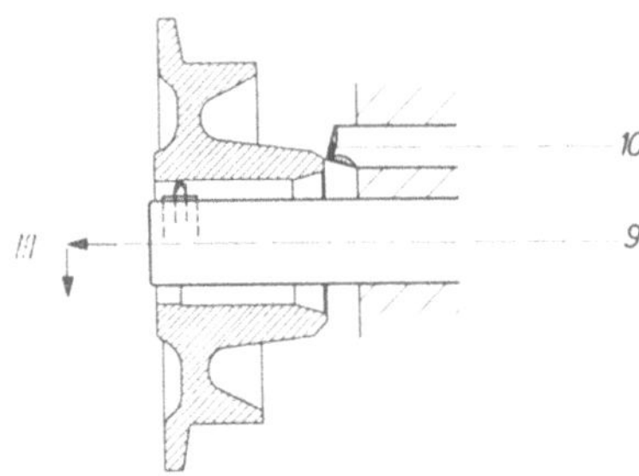

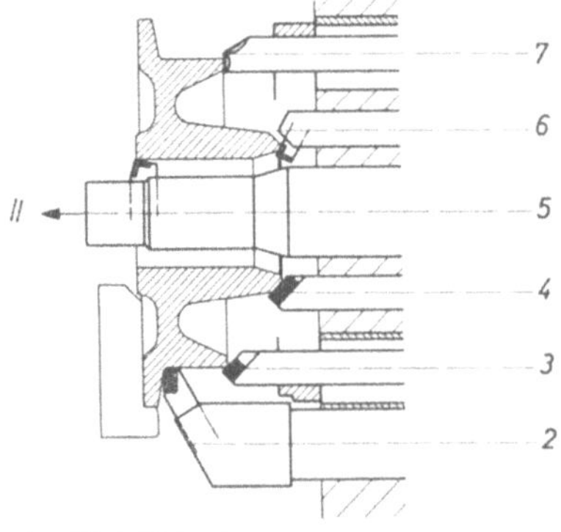

Arbeits-stufe	Art der Arbeit
I	Werkstück ein- und ausspannen
II	Langdrehen, begrenzen, anfasen
III	Passung 60,31 $\varnothing$ +0,05 drehen, plandrehen
IV	Langdrehen, plankopieren

Bearbeitung einer Stützrolle, 2. Einspannung
auf Pittler-Revolverdrehbank PIREX 63/230.1.

(1. Einspannung siehe S. 216)　　　　　　　　Werkstoff: C 45 K

In Arbeitsstufe II Eingriff der Werkzeuge nacheinander durch Längsbegrenzung mit Trommellängsanschlag.

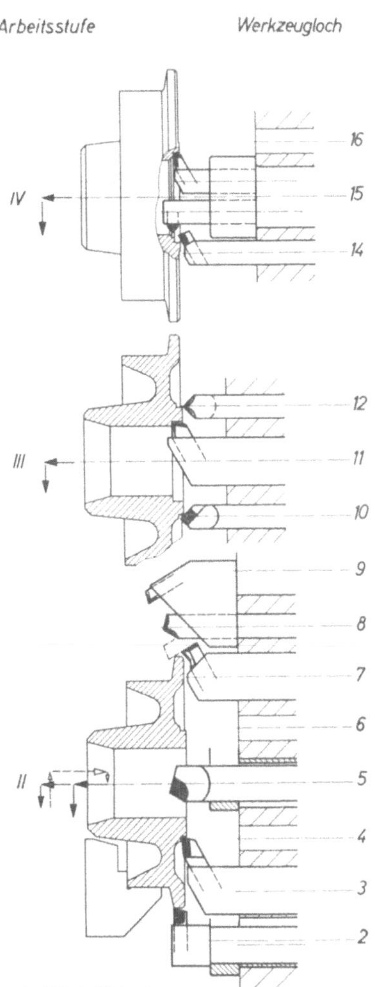

Arbeits- stufe	Art der Arbeit
I	Werkstück ein- und ausspannen
II	a) Langdrehen, anfasen b) Plandrehen, anfasen
III	Langdrehen, anfasen, plandrehen
IV	Langdrehen, anfasen

Bearbeitung eines Kegelrades, 1. Einspannung auf Pittler-Revolverdrehbank PIREX 63/230.1.

(2. Einspannung siehe S. 219) Werkstoff: C 15

Drehen der 1. Seite von der Stange. Kopieren des Kegels mit Plankopiereinrichtung.

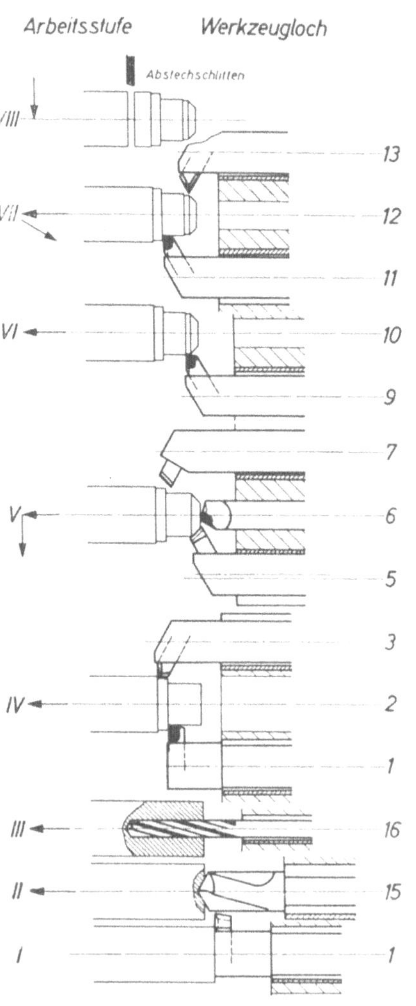

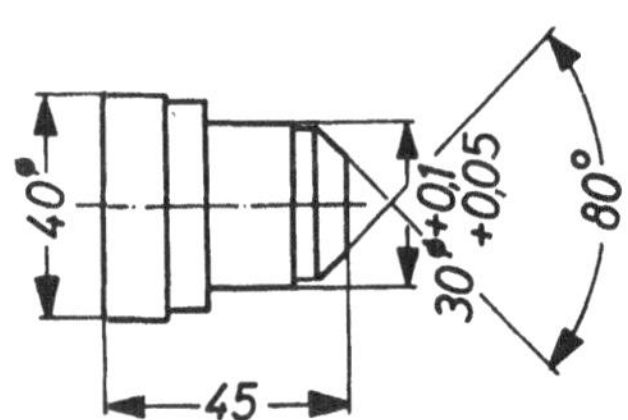

Arbeits-stufe	Art der Arbeit
I	Vorschieben und spannen
II	Zentrieren
III	Bohren
IV	Langdrehen
V	Kegel vorstechen, plandrehen, anfasen
VI	Passung drehen
VII	Fertigdrehen, plankopieren
VIII	Abstechen

Bearbeitung eines Kegelrades, 2. Einspannung
auf Pittler-Revolverdrehbank PIREX 63/230.1.

(1. Einspannung siehe S. 218)   Werkstoff: C 15

Fertigbearbeiten des Werkstückes. Werkstück gespannt in Umspannzange.

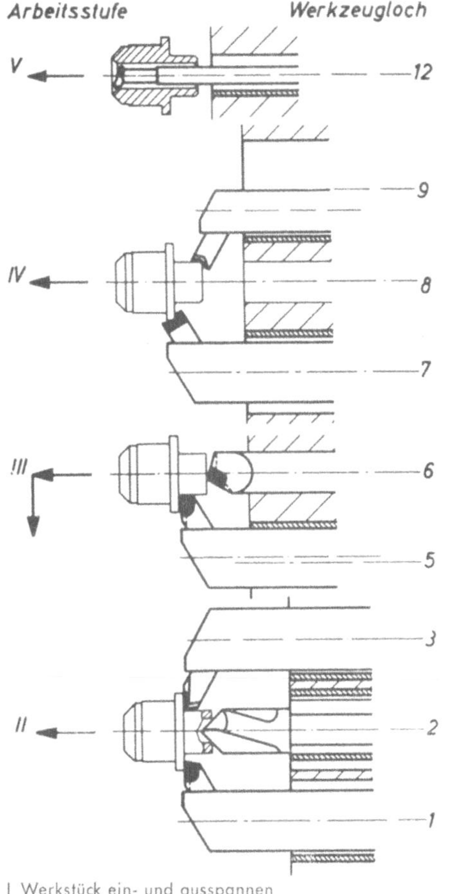

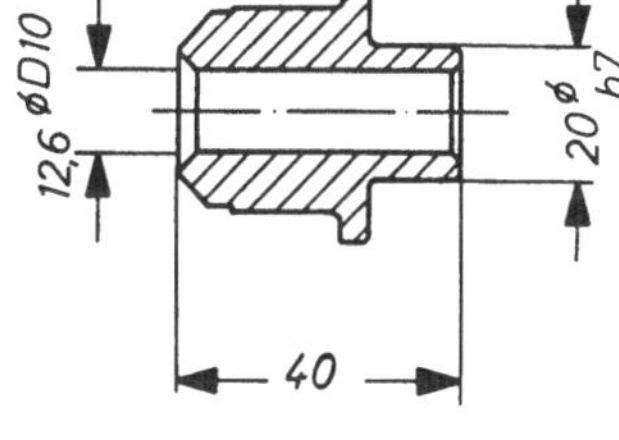

Arbeits- stufe	Art der Arbeit
I	Werkstück ein- und ausspannen
II	Langdrehen, zentrieren
III	Fertigdrehen 20 ⌀ h7, plandrehen
IV	Runden
V	Fertigdrehen 12,6 ⌀ D10

Bearbeitung eines Kegelrades, 1. und 2. Einspannung auf Pittler-Revolverdrehbank PIREX 63/230.1.

(3. Einspannung siehe S. 221)   Werkstoff: 36 Cr Ni Mo 4

Eingriff der Werkzeuge nacheinander in einer Arbeitsstufe durch Stellung des Revolverkopfes in „Index" und „Außer Index" und Längsbegrenzung durch Trommellängsanschlag.

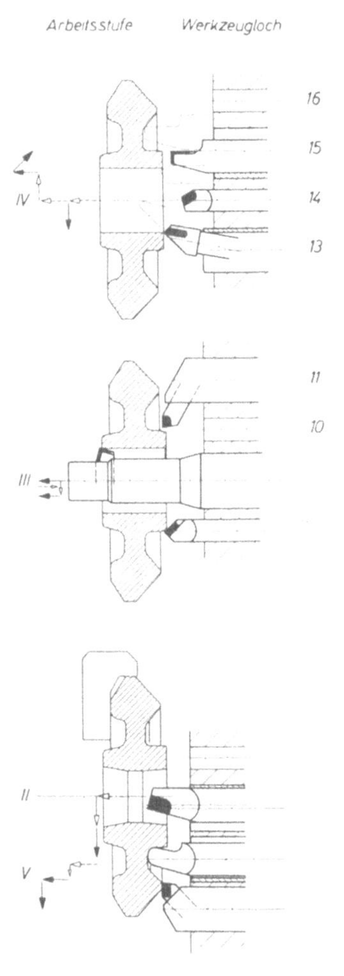

2. Einspannung

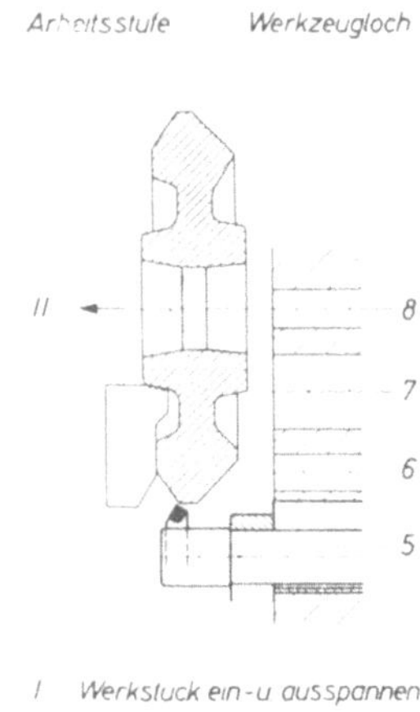

1. Einspannung

Arbeits- stufe	Art der Arbeit
	1. Einspannung
I	Werkstück ein- und ausspannen
II	Langdrehen
	2. Einspannung
I	Werkstück ein- und ausspannen
II	Nabe plandrehen
III	a) Langdrehen, anfasen b) Passung 80 $\varnothing$ h8 drehen
IV	a) Plandrehen b) Anfasen, plankopieren
V	Langdrehen, plandrehen

Bearbeitung eines Kegelrades, 3. Einspannung
auf Pittler-Revolverdrehbank PIREX 63/230.1.

(1. und 2. Einspannung siehe S. 220)   Werkstoff: 36 Cr Ni Mo4

Kopieren der Kegel mit zwei Plankopiereinrichtungen.

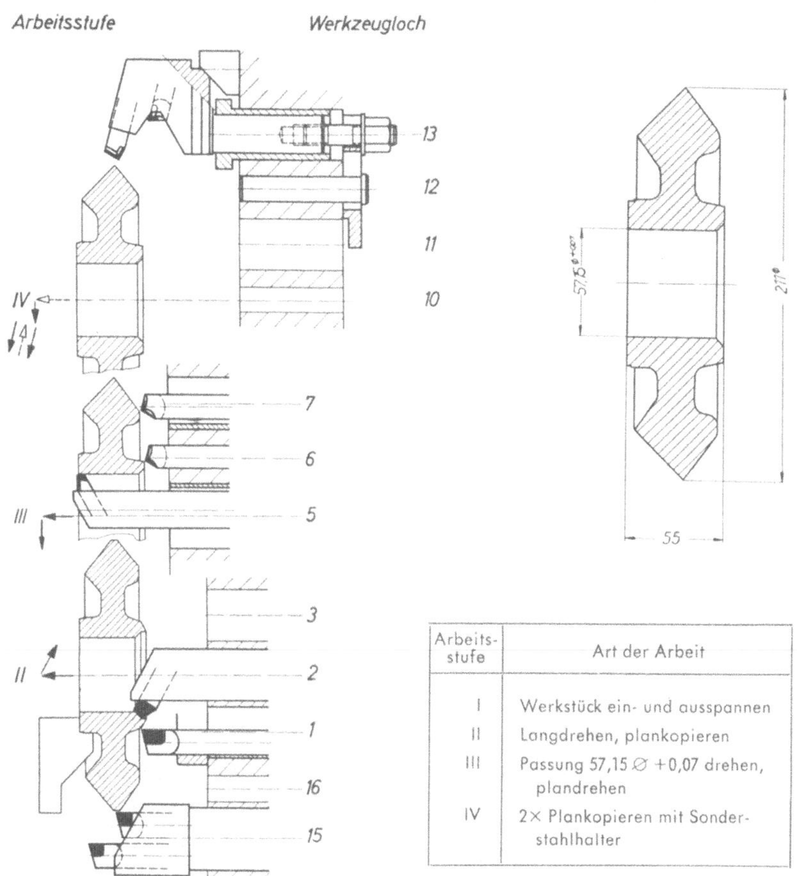

Arbeits-stufe	Art der Arbeit
I	Werkstück ein- und ausspannen
II	Langdrehen, plankopieren
III	Passung 57,15 ⌀ +0,07 drehen, plandrehen
IV	2× Plankopieren mit Sonder-stahlhalter

I Werkstück ein- u. ausspannen

Bearbeitung eines Filtergehäuses
auf Pittler-Revolverdrehbank PIREX 63/230.1.

Werkstoff: GG 18

Werkstück gespannt in kraftbetätigtem Dreibackenfutter. Drehen der Passungen mit Pittler-Feineinstellung. Sondereinrichtung zum Strehlen.

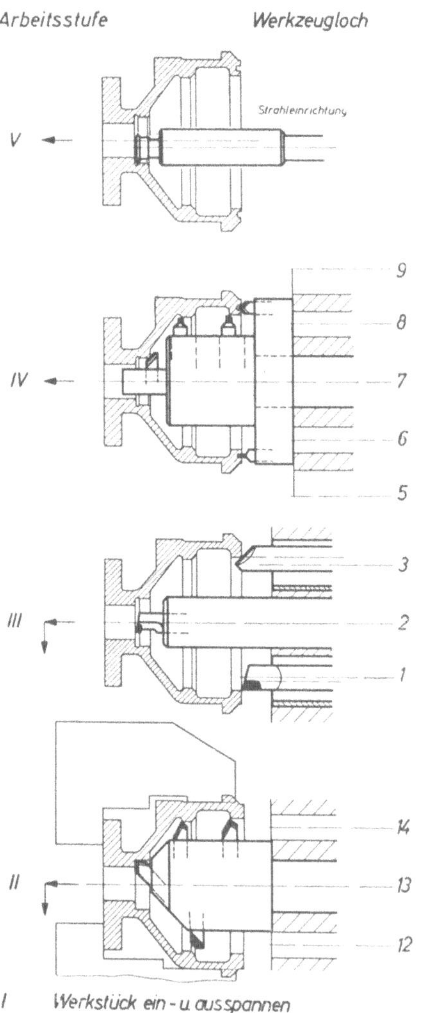

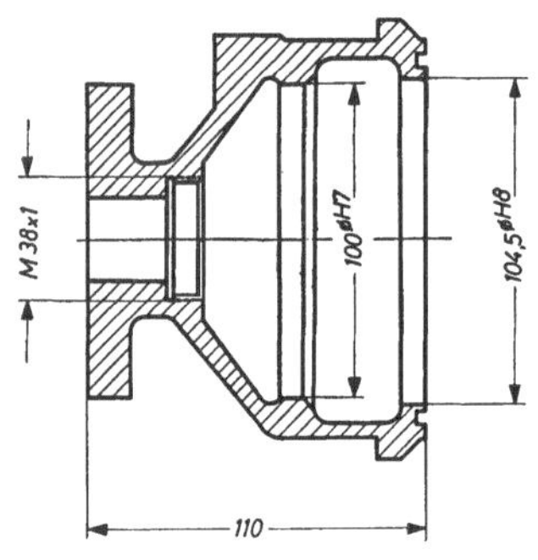

Arbeits-stufe	Art der Arbeit
I	Werkstück ein- und ausspannen
II	Langdrehen, anfasen
III	Anfasen, plandrehen, einstechen
IV	Passung 100 ⌀ H7 und 104,5 ⌀ H8 drehen, plan einstechen, anfas.
V	Gewinde M 38x1 strehlen

Bearbeitung eines Anwerfer-Zwischenrades, 1. Einspannung auf Pittler-Revolverdrehbank PIREX 80/270.

Werkstoff: 16 Mn Cr 5

Bearbeiten des Werkstückes mit Normal-Werkzeugen von der Stange.

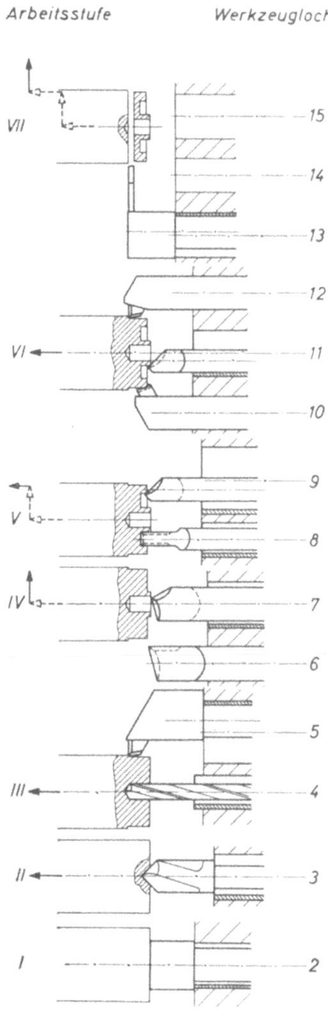

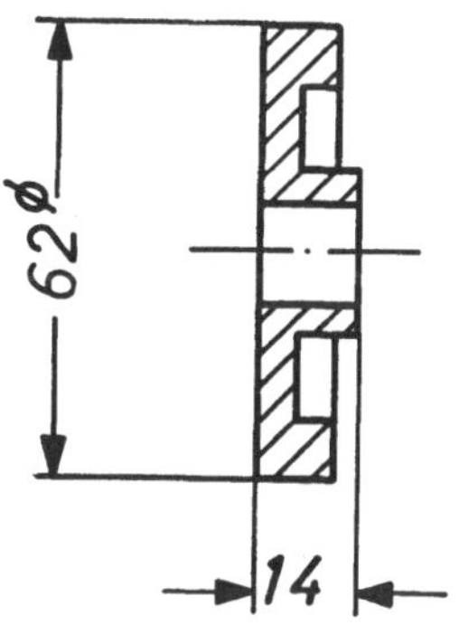

Arbeits-stufe	Art der Arbeit
I	Vorschieben und spannen
II	Zentrieren
III	Langdrehen, bohren
IV	Plandrehen
V	Plan einstechen, anfasen
VI	Langdrehen, anfasen
VII	Abstechen

Bearbeitung eines Schildlagers, 1. Einspannung
auf Pittler-Revolverdrehbank PIREX 80/350.

(2. Einspannung siehe S. 225)   Werkstoff: GS 45

Werkstück in kraftbetätigtem Dreibackenfutter gespannt, Arbeitsstufe II und III
mit Querschlitten (Stahlhalter in schwenkbarem Vierkantkopf).

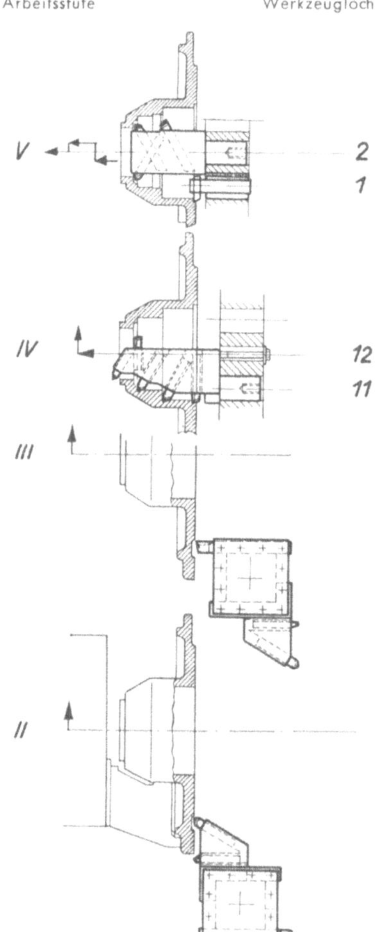

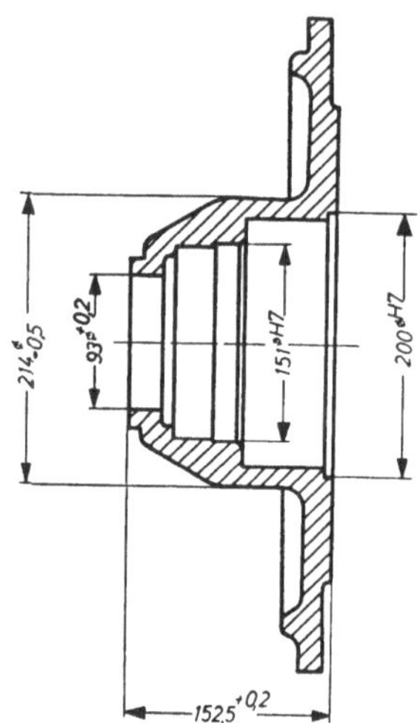

Arbeits- stufe	Art der Arbeit
I	Ein- und ausspannen
II	Planschruppen
III	Planschlichten
IV	Schruppen und einstechen
V	Schlichten und anfasen

Bearbeitung eines Schildlagers, 2. Einspannung
auf Pittler-Revolverdrehbank PIREX 80/350.

(1. Einspannung siehe S. 224)   Werkstoff: GS 45

Werkstück in kraftbetätigter Sonder-Spanneinrichtung gespannt, Arbeitsstufe II
und III mit Querschlitten (Stahlhalter in schwenkbarem Vierkantkopf).

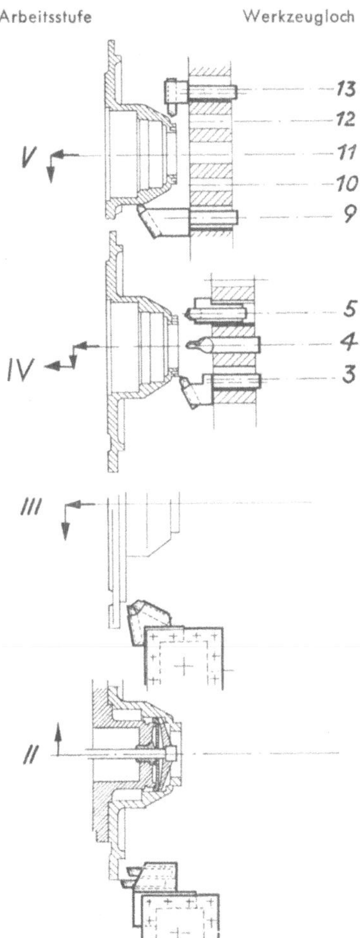

Arbeits-stufe	Art der Arbeit
I	Ein- und ausspannen
II	Planschruppen
III	Schlichten und anfasen
IV	Längs- u. plandrehen, einstechen
V	Kopieren und einstechen

Bearbeitung eines Lagergehäuses, 1. Einspannung auf Pittler-Revolverdrehbank PIREX 80/350.

(2. Einspannung siehe S. 227)
(3. Einspannung siehe S. 228)

Werkstoff: GS 52

Vorschruppen der 1. Seite mit Normalwerkzeugen.

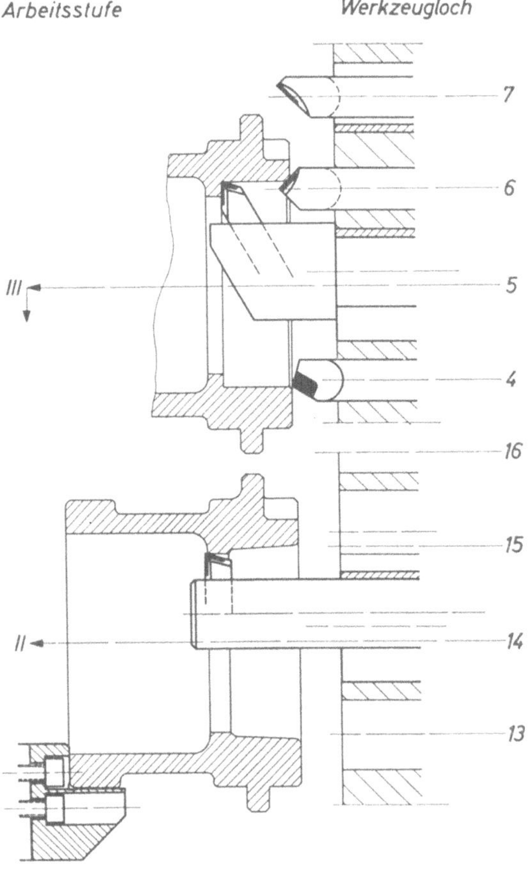

Arbeits-stufe	Art der Arbeit
I	Werkstück ein- und ausspannen
II	Langdrehen
III	Langdrehen, plandrehen, anfasen

Bearbeitung eines Lagergehäuses, 2. Einspannung
auf Pittler-Revolverdrehbank PIREX 80/350.

(1. Einspannung siehe S. 226)
(3. Einspannung siehe S. 228)

Werkstoff: GS 52

Bearbeiten der 2. Seite des Werkstückes. Fertigdrehen der Passungen mit Pittler-Feineinstellungen.

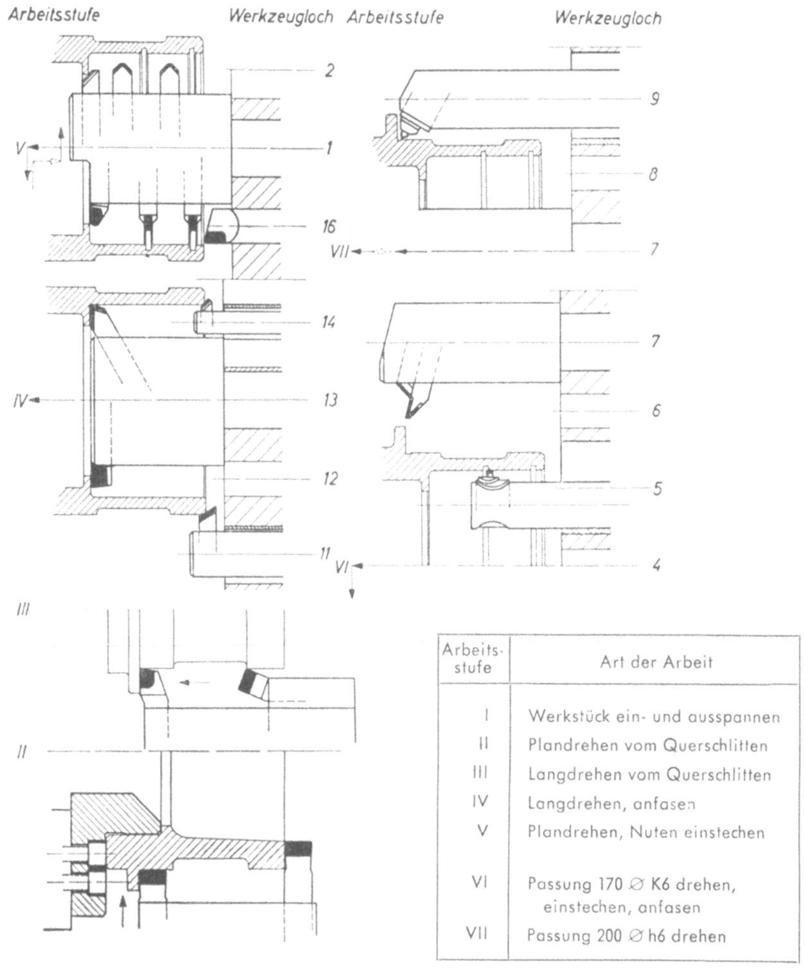

Arbeitsstufe	Art der Arbeit
I	Werkstück ein- und ausspannen
II	Plandrehen vom Querschlitten
III	Langdrehen vom Querschlitten
IV	Langdrehen, anfasen
V	Plandrehen, Nuten einstechen
VI	Passung 170 ⌀ K6 drehen, einstechen, anfasen
VII	Passung 200 ⌀ h6 drehen

15*

Bearbeitung eines Lagergehäuses, 3. Einspannung auf Pittler-Revolverdrehbank PIREX 80/350.

(1. Einspannung siehe S. 226)
(2. Einspannung siehe S. 227)

Werkstoff: GS 52

Spannen des Werkstückes mit Ringspanndorn. Fertigbearbeiten der 1. Seite mit Pittler-Feineinstellungen.

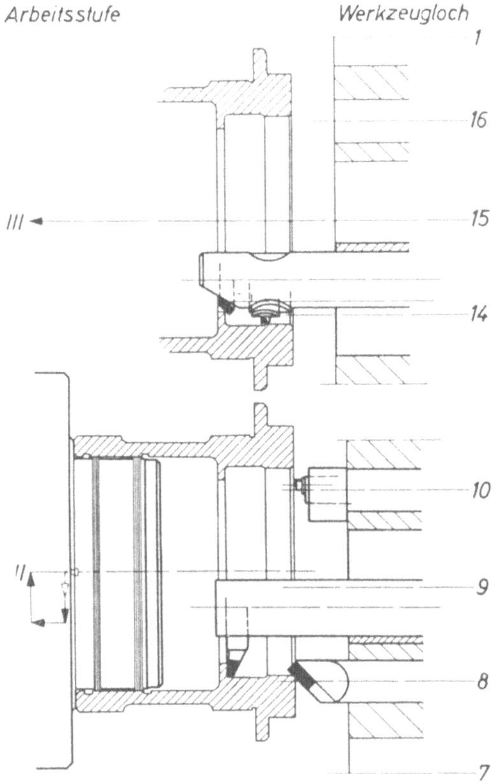

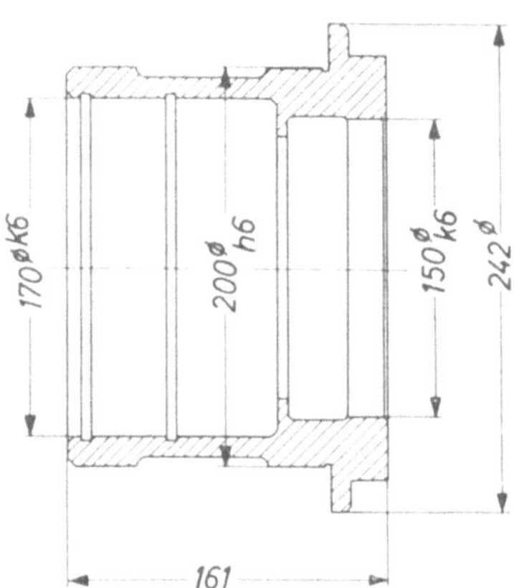

Arbeits-stufe	Art der Arbeit
I	Werkstück ein- und ausspannen
II	Auskesseln, anfasen, plandrehen
III	Passung 150 ⌀ K6 drehen anfasen

Bearbeitung einer Vorderradnabe, 1. Einspannung
auf Pittler-Revolverdrehbank PIREX 80/350.

(2. Einspannung siehe S. 207)　　　　　　　　　　　　Werkstoff: GTW 40

Bearbeiten des Werkstückes in Arbeitsstufe III mit Sonder-Stahlhalter, wobei 8 Schneidstähle gleichzeitg im Eingriff sind. Drehen der Passungen mit Feineinstellungen.

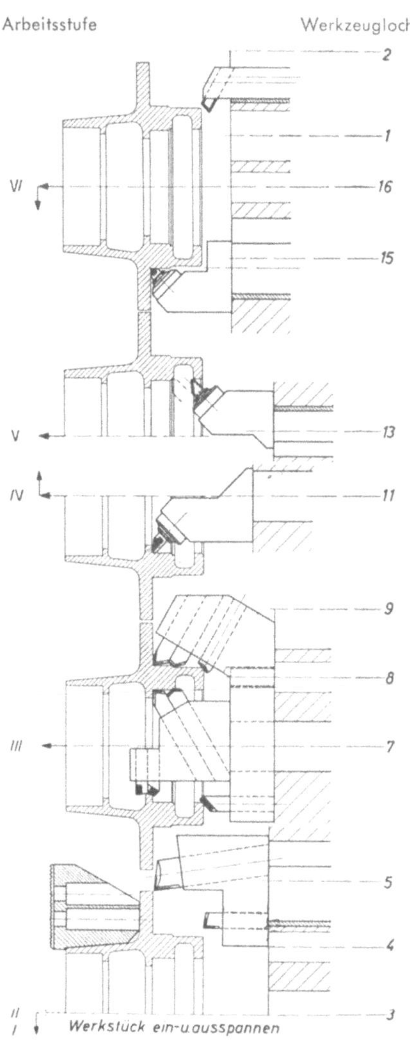

Arbeits-stufe	Art der Arbeit
I	Werkstück ein- und ausspannen
II	Plandrehen
III	Langdrehen, anfasen
IV	Passung 110 $\varnothing$ N7 drehen
V	Passung 112 $\varnothing$ H7 drehen
VI	Passung 160 $\varnothing$ j6 drehen, plandrehen

Bearbeitung eines Abschlußdeckels
auf automatisierter Pittler-Revolverdrehbank **PIROMAT 35.**

Werkstoff: GG 22

Bearbeitung des Werkstückes in Arbeitsstufe III durch Revolverkopf mit Längskopiereinrichtung, in Arbeitsstufe IV mit hydraulischer Kopiereinrichtung vom
hinteren Oberschlitten.

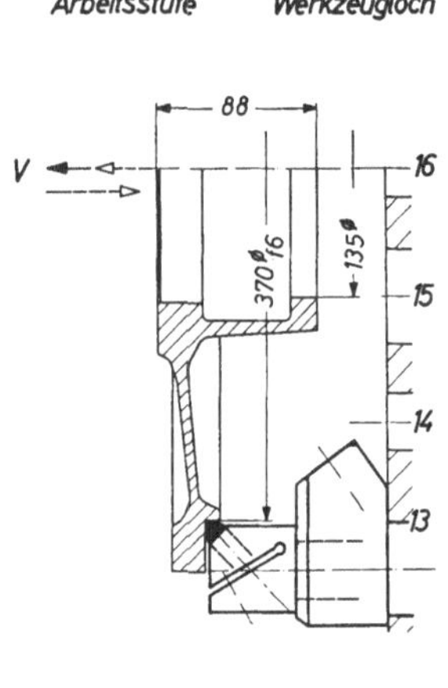

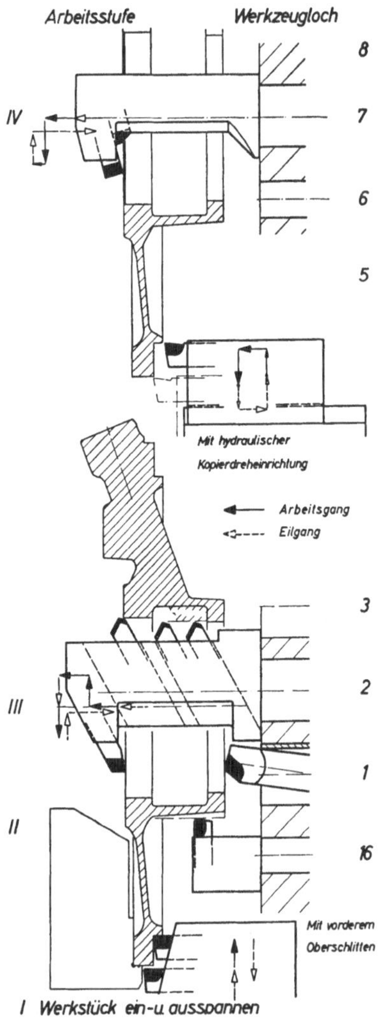

Schalt-stellung	Arbeits-stufe	Art der Arbeit
	I	Werkstück ein- und ausspannen
1	II	VO Plandrehen Rev auf Kopierlineal einfahren
	III	Langdrehen, plandrehen
2	IV	Rev Plandrehen, anfasen Kopierdrehen
3	V	370 ⌀ j6 fertigdrehen

Bearbeitung einer Bremstrommel
auf automatisierter Pittler-Revolverdrehbank PIROMAT 35.

Werkstoff: Stahlblech

Werkstück gespannt in Sonder-Spannfutter, Aufnahme in den Befestigungslöchern.

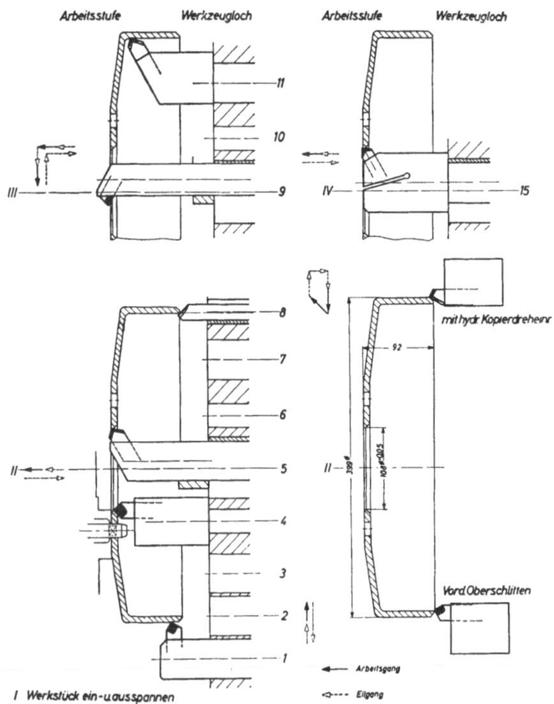

Schalt-stellung	Arbeits-stufe	Art der Arbeit
	I	Werkstück ein- und ausspannen
1	II	Kopierdrehen VO Plandrehen Rev Langdrehen, anfasen
2	III	Langdrehen, anfasen
3	IV	108 $\varnothing$ +0,05 fertigdrehen

Bearbeitung eines Schildlagers
auf automatisierter Pittler-Revolverdrehbank PIROMAT 35.

Werkstoff: GG 22

Bearbeitung des Schildlagers in einer Einspannung, Revolverschlitten, vorderer und hinterer Oberschlitten arbeiten in Arbeitstufe II zusammen.

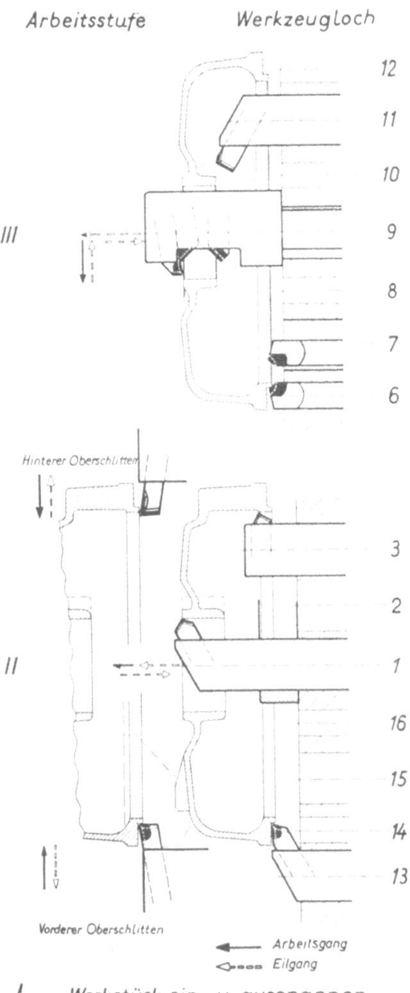

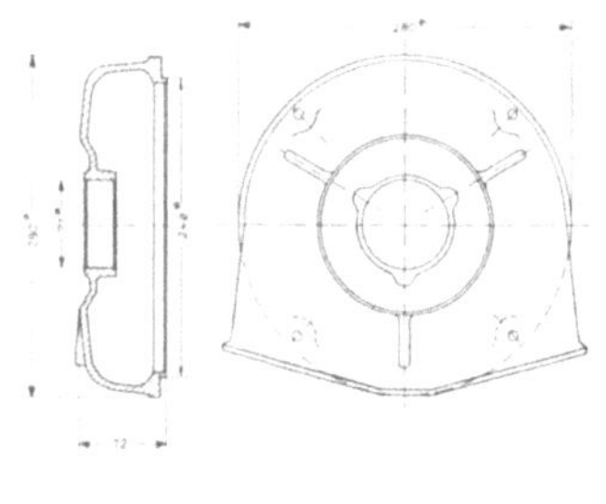

Schalt- stellung	Arbeits- stufe	Art der Arbeit
	I	Werkstück ein- und ausspannen
1	II	HO Plandrehen VO Plandrehen Rev Langdrehen
2	III	Plandrehen, anfasen

Bearbeitung eines Gewindestückes
auf Pittler-Revolverdrehbank PIROFA 25/150.1.

Werkstoff: 34 Cr 4

Bearbeitung des Werkstückes vorwiegend mit Normalwerkzeugen, Herstellung des Gewindes M 14 x 1 mit Gewindestrehleinrichtung.

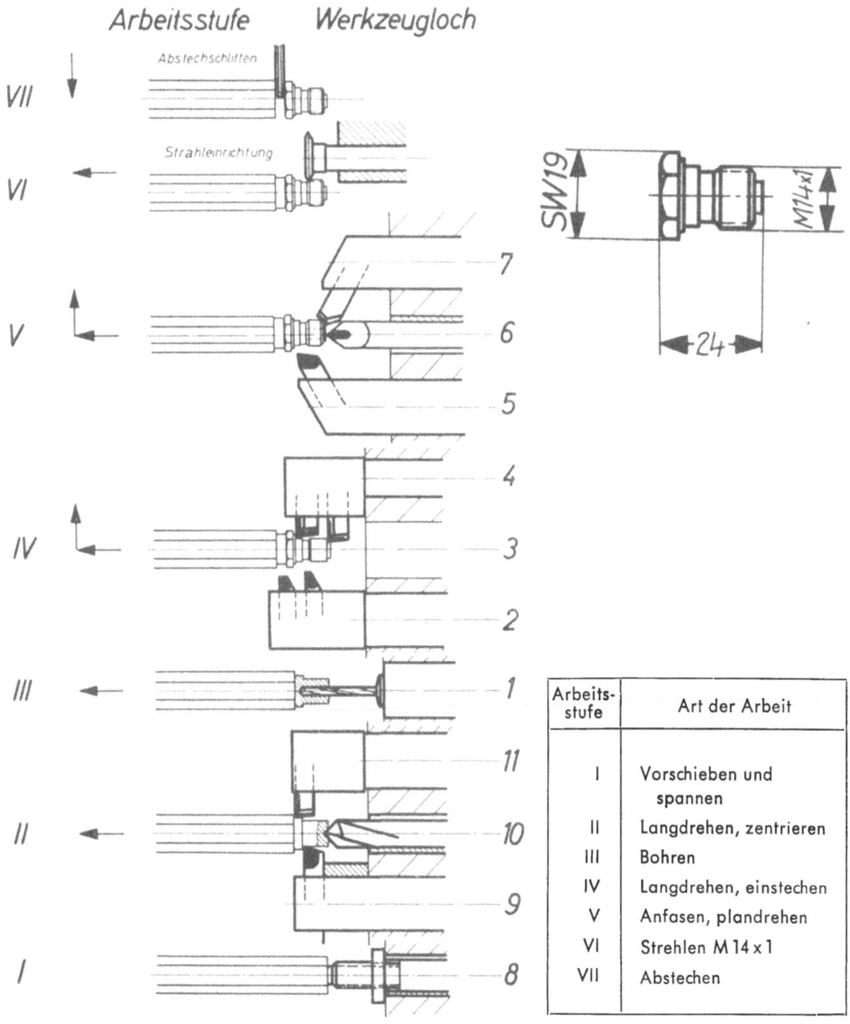

Arbeits-stufe	Art der Arbeit
I	Vorschieben und spannen
II	Langdrehen, zentrieren
III	Bohren
IV	Langdrehen, einstechen
V	Anfasen, plandrehen
VI	Strehlen M 14 x 1
VII	Abstechen

Bearbeitung eines Gewindestückes, 1. und 2. Einspannung auf Pittler-Revolverdrehbank PIROFA 25/150.1.

Werkstoff: Alu

Bearbeitung des Werkstückes vorwiegend mit Normalwerkzeugen, Herstellung der Gewinde mit Gewindebohrer und Strehleinrichtung. Werkstück in der 2. Einspannung in Umspannzange gespannt.

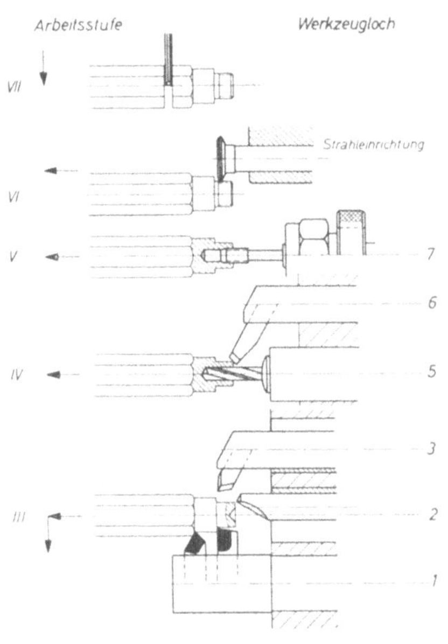

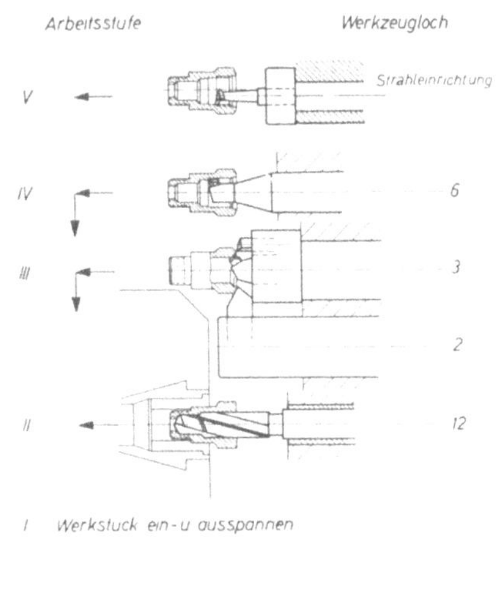

Arbeits-stufe	Art der Arbeit
I	Werkstück ein- und ausspannen
II	Senken
III	Langdrehen, plandrehen, anfasen
IV	Fertigdrehen
V	Strehlen M 16 x 1

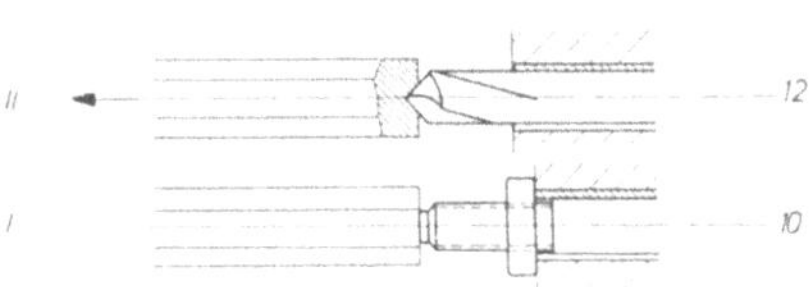

Arbeits-stufe	Art der Arbeit
I	Vorschieben und spannen
II	Zentrieren
III	Langdrehen, plandrehen
IV	Bohren, anfasen
V	Gewindeschneiden M 8 x 0,75
VI	Strehlen M 14 x 1,5
VII	Abstechen

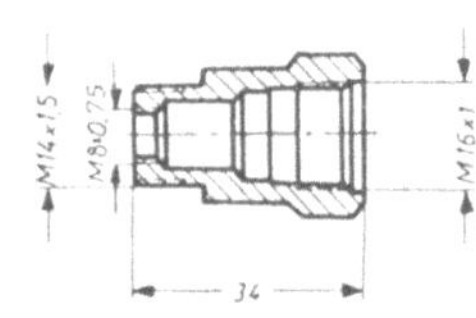

Bearbeitung eines Dämpfer-Zylinders, 1. und 2. Einspannung auf Pittler-Revolverdrehbank PIROFA 25/150.1.

Werkstoff: Alu Sonderlegierung

Bearbeitung des Werkstückes in 2 Einspannungen, Werkzeuge in einem Revolverkopf. Drehen der Passung 28 ϕ H8 mit Pittler-Feineinstellung. Aufnahme des Werkstückes in der 1. Einspannung auf einen Sonder-Spreizdorn, in der 2. Einspannung in einem Umspannfutter.

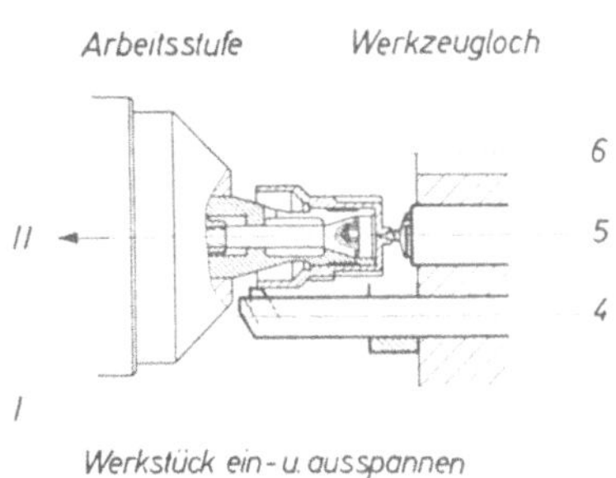

Arbeits-stufe	Art der Arbeit
I	Werkstück ein- und ausspannen
II	Langdrehen, zentrieren

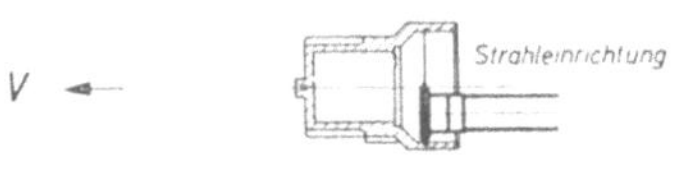

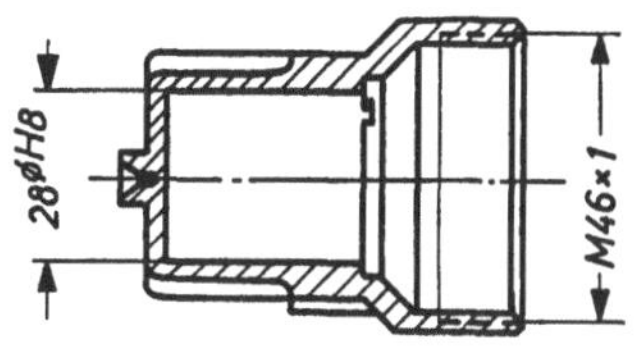

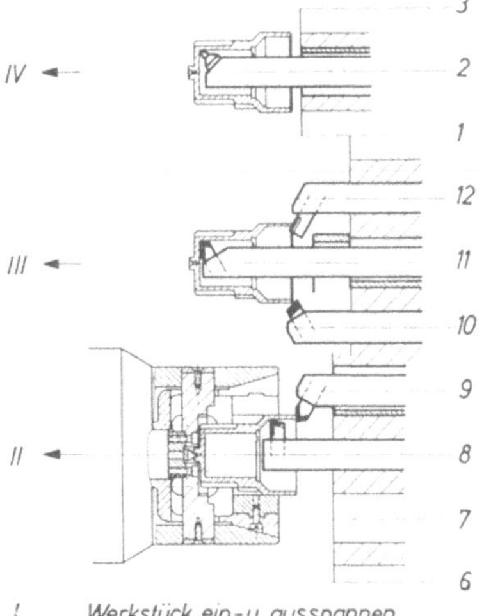

Arbeits-stufe	Art der Arbeit
I	Werkstück ein- und ausspannen
II	Langdrehen, begrenzen
III	Vorbohren, anfasen
IV	28 ∅ H8 fertigdrehen
V	Strehlen M 46 × 1

Bearbeitung eines Motorengehäuses, 1. Einspannung auf Pittler-Revolverdrehbank PIROFA 40/150.1.

(2. Einspannung siehe S. 237) Werkstoff: Alu

Bearbeitung der 1. Seite mit Normalwerkzeugen von voller Stange.

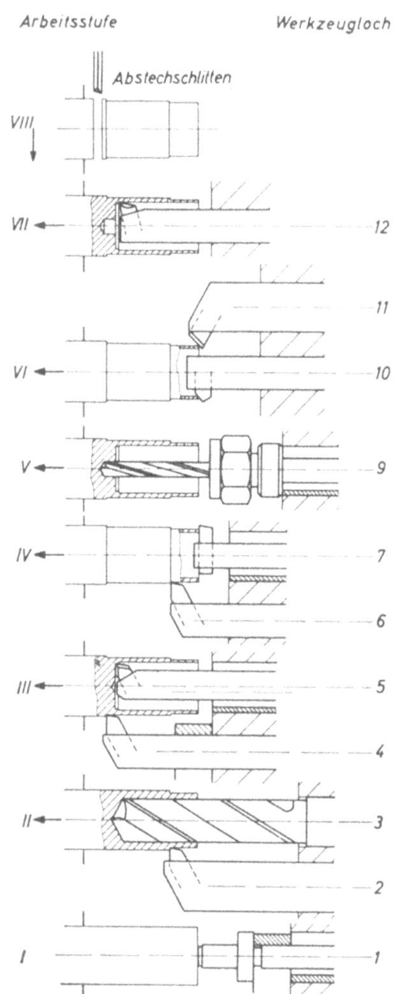

Arbeits-stufe	Art der Arbeit
I	Vorschieben und spannen
II	Bohren, vordrehen
III	Langdrehen
IV	Langdrehen, begrenzen
V	Vorbohren
VI	Anfasen
VII	30,5 ⌀ H7 fertigdrehen
VIII	Abstechen

Bearbeitung eines Motorengehäuses, 2. Einspannung
auf Pittler-Revolverdrehbank PIROFA 40/150.1.

(1. Einspannung siehe S. 236)   Werkstoff: Alu

Werkstück gespannt in einem Flanschdorn auf 30,5 ϕ H7.

Arbeitsstufe   Werkzeugloch

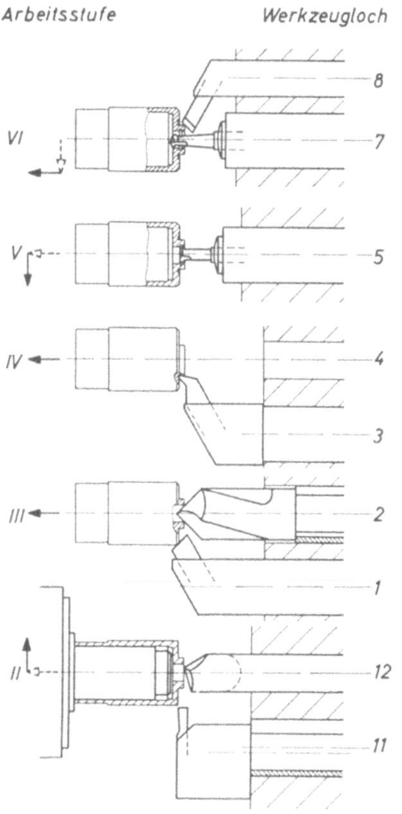

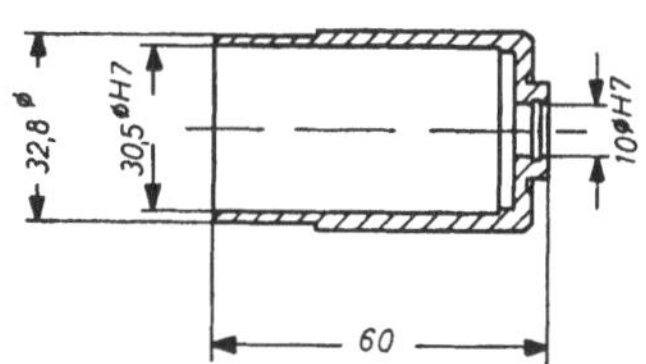

I Werkstück ein- und ausspannen

Arbeits-stufe	Art der Arbeit
I	Werkstück ein- und ausspannen
II	Plandrehen
III	Anfasen, zentrieren
IV	Langdrehen, plan einstechen
V	Einstechen
VI	10 $\varnothing$ H7 fertigdrehen, anfasen

Bearbeitung eines Tubus, 1. Einspannung
auf Pittler-Revolverdrehbank PIROFA 40/150.1.

(2. Einspannung siehe S. 239)   Werkstoff: Ms 60 hbk

Fertigdrehen einer Seite des Werkstückes, die 2. Seite wird auf PIROPTA 120 bearbeitet. Drehen der Passung 29,5 $\varnothing$ H7 mit Feineinstellung.

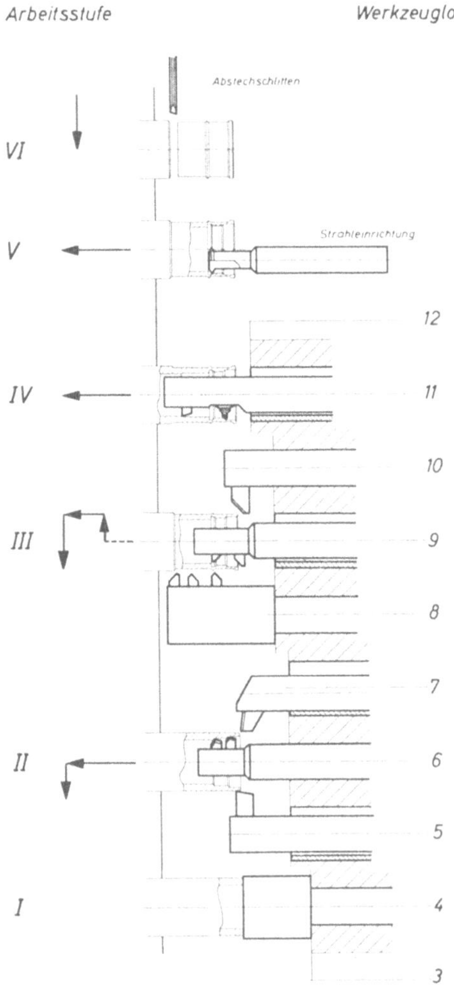

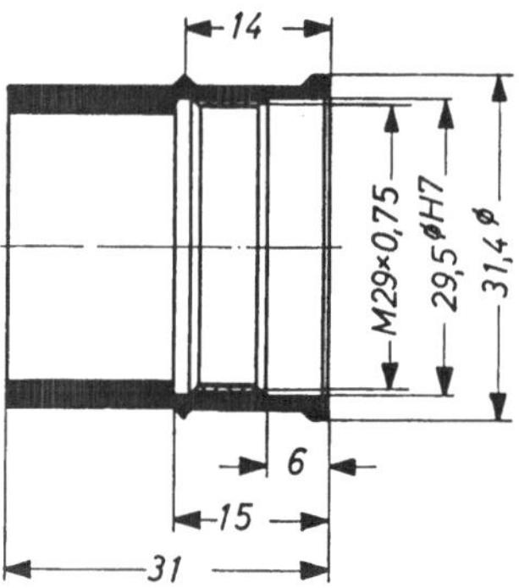

Arbeits-stufe	Art der Arbeit
I	Vorschieben und spannen
II	Langdrehen, plandrehen
III	Anfasen, einstechen
IV	Fertigdrehen 29,5 $\varnothing$ H7
V	Strehlen M 29 × 0,75
VI	Abstechen

Bearbeitung eines Tubus, 2. Einspannung
auf Pittler-Revolver-Nachdrehbank PIROPTA 120.

(1. Einspannung siehe S. 238)   Werkstoff: Ms 60 hbk

Fertigdrehen der Passung 29 $\emptyset$ g^6 und Strehlen des Gewindes M 28 x 3, 6gängig.

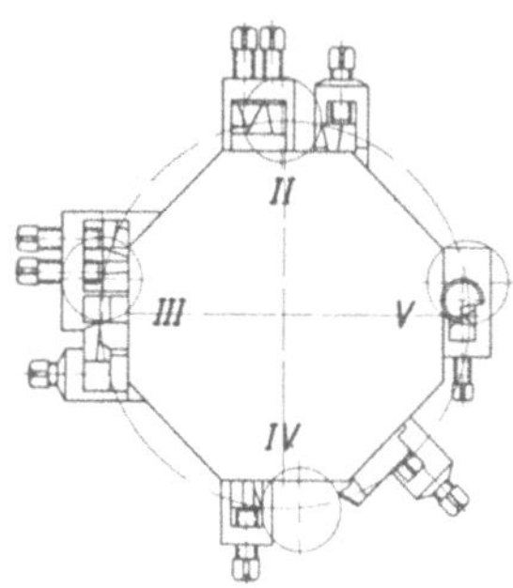

I   Werkstuck ein-u ausspannen

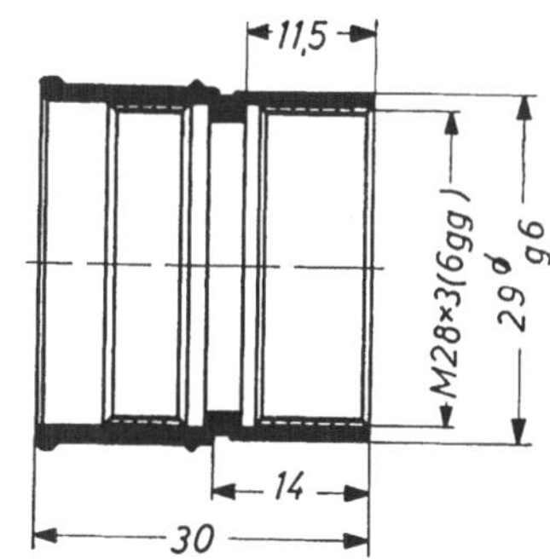

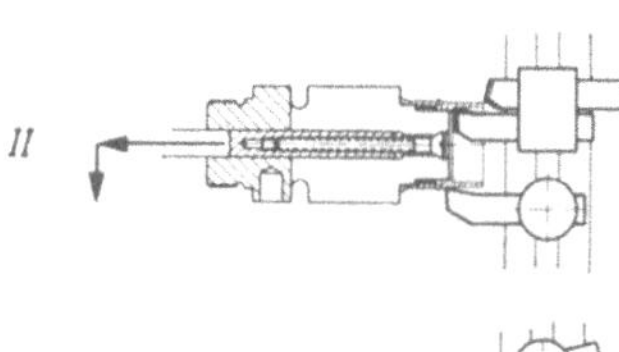

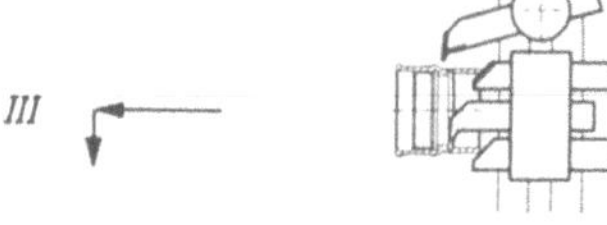

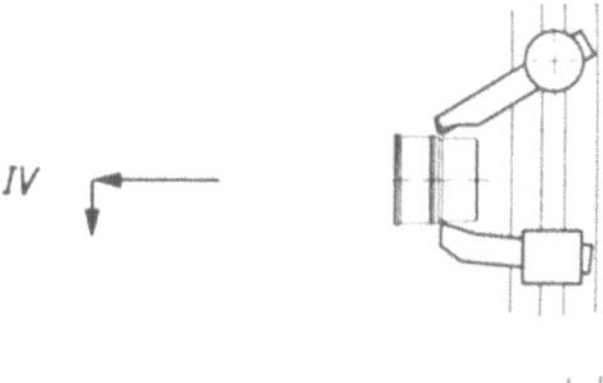

Arbeits-stufe	Art der Arbeit
I	Werkstück ein- und auspannen
II	Kerndurchmesser drehen, Passung vordrehen, plandrehen
III	Anfasen und einstechen
IV	Passung 29 $\emptyset$ g6 fertigdrehen
V	Strehlen M 28 x 3, 6gängig

Bearbeitung einer Fassung, innen und außen, 2. Einspannung
auf Pittler-Revolver-Nachdrehbank PIROPTA 120.

(1. Einspannung siehe S. 249)   Werkstoff: Al Cu Mg Pb F 38

Fertigdrehen der Objektiv-Fassung mit Innen- und Außengewinde Tr 50 × 12, 8gängig, Werkzeuge für beide Teile in einem Revolverkopf.

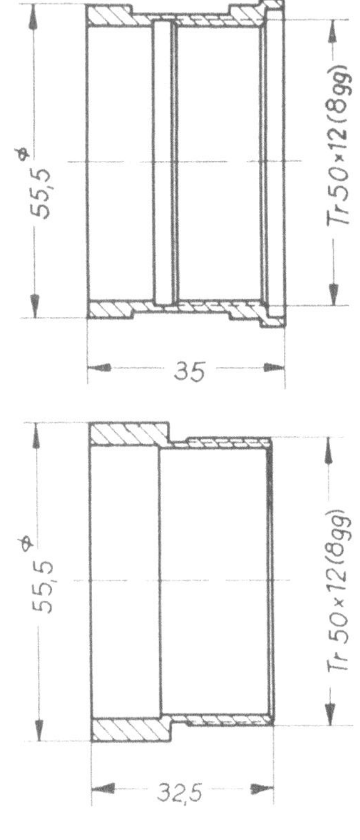

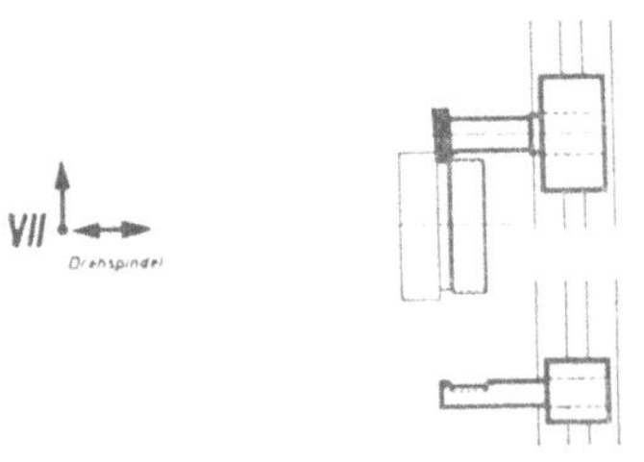

Arbeits-stufe	Art der Arbeit
I	Werkstück ein- und ausspannen
II	Langdrehen, plandrehen
III	Kerndurchmesser, drehen, hinterstechen
IV	Strehlen Tr 50 × 12, 8gängig, innen
V	Werkstück aus- und einspannen
VI	Langdrehen, anfasen
VII	Strehlen Tr 50 × 12, 8gängig, außen, anfasen, hinterstechen

Bearbeitung eines Ventilgehäuses
auf Pittler-Revolverdrehbank PIROFA 45/200.1.

Werkstoff: Rg 5

Spannen des Werkstückes in schwenkbaren Umsteck-Formbacken. Drehen des Kerndurchmessers und Schneiden des Gewindes M30x1,5 in einer Arbeitsstufe mit einem Sonder-PITTLER-Innen-Gewindeschneidkopf J1.

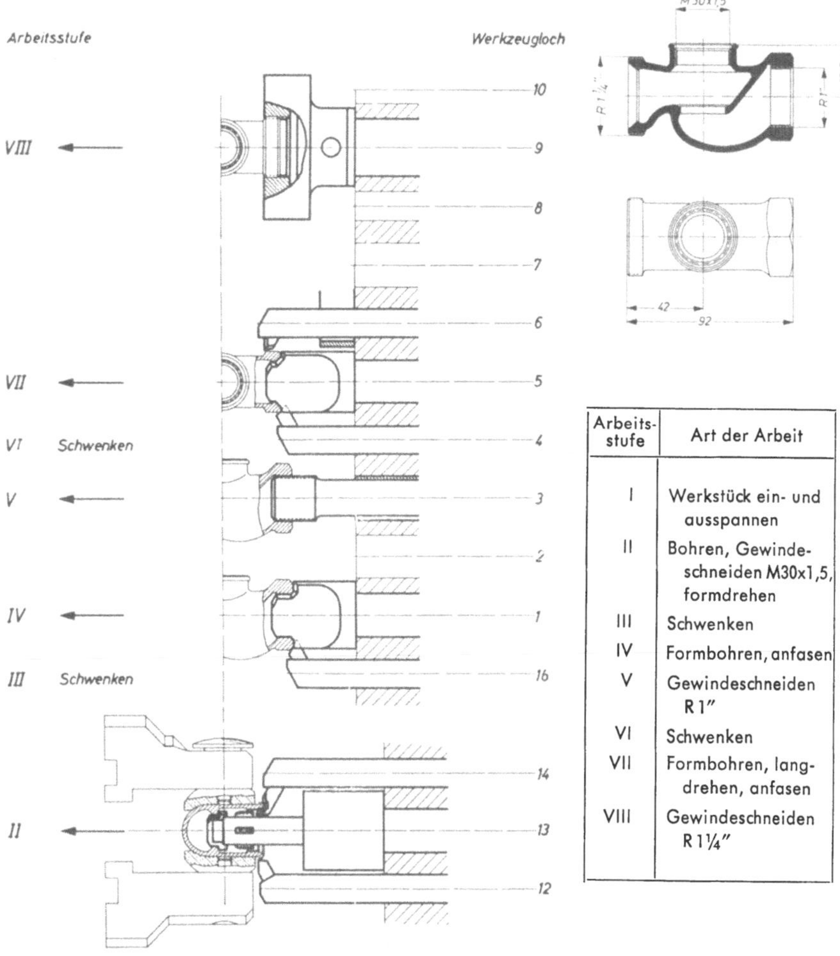

Arbeits-stufe	Art der Arbeit
I	Werkstück ein- und ausspannen
II	Bohren, Gewinde-schneiden M30x1,5, formdrehen
III	Schwenken
IV	Formbohren, anfasen
V	Gewindeschneiden R 1″
VI	Schwenken
VII	Formbohren, lang-drehen, anfasen
VIII	Gewindeschneiden R 1¼″

Bearbeitung einer Fassung, 1. Einspannung
auf Pittler-Revolverdrehbank PIROFA 45/200.1.

(2. Einspannung siehe S. 243)   Werkstoff: Ms 60

Bearbeitung von voller Stange, Abstechen des Werkstückes am Revolverkopf.

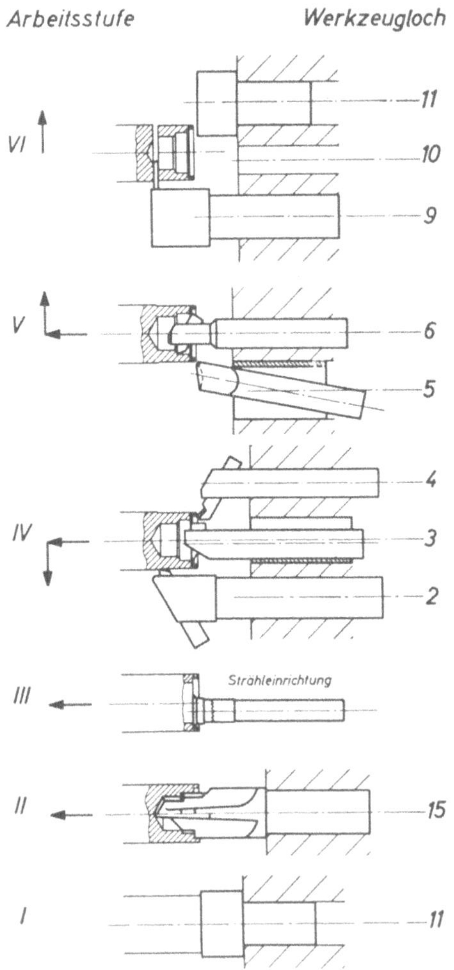

Arbeits-stufe	Art der Arbeit
I	Vorschieben und spannen
II	Bohren mit Stufenform-Bohrer
III	Strehlen M 36 x 0,5
IV	Langdrehen, anfasen, einstechen
V	Langdrehen, plandrehen
VI	Abstechen

Bearbeitung einer Fassung, 2. Einspannung
auf Pittler-Revolverdrehbank PIROFA 45/200.1.

(1. Einspannung siehe S. 242) Werkstoff: Ms 60

Spannen des Werkstückes auf Gewindedorn, Strehlen der Gewinde M 26,5 x 0,5 und M 29 x 0,5 mit Spezial-Strehleinrichtung.

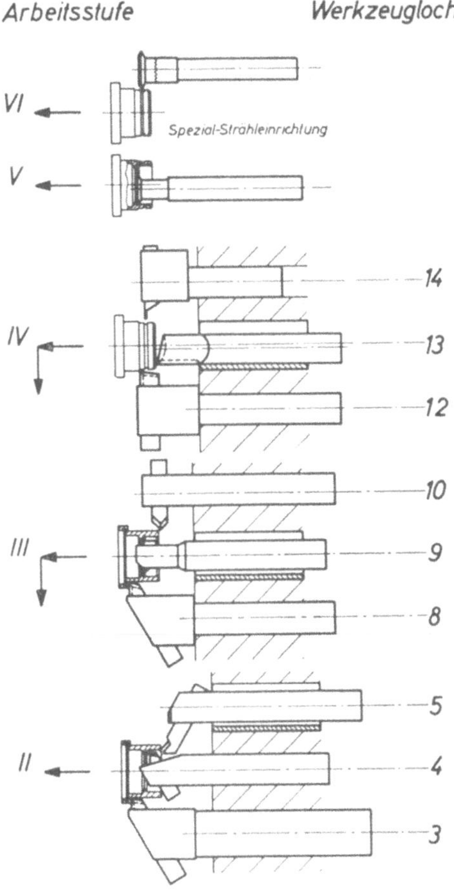

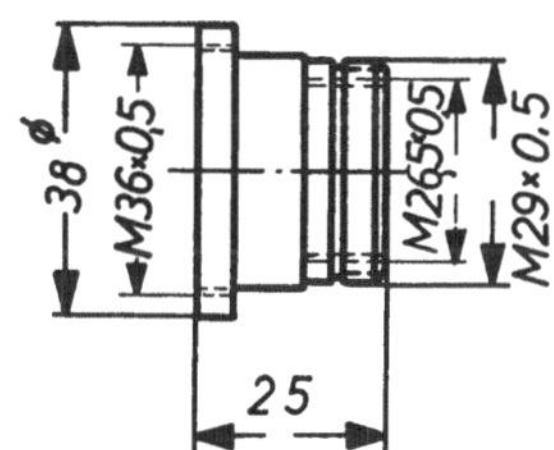

Arbeits-stufe	Art der Arbeit
I	Werkstück ein- und ausspannen
II	Langdrehen, anfasen
III	Langdrehen, anfasen einstechen
IV	Langdrehen, plandrehen, einstechen
V	Strehlen M 26,5 x 0,5
VI	Strehlen M 29 x 0,5

16*

Bearbeitung eines Gasgehäuses, 1. Einspannung
auf Pittler-Revolverdrehbank PIROFA 45/200.1.

(2. Einspannung siehe S. 245)   Werkstoff: Ms 58

Vorschieben der Reibahle in Arbeitsstufe VI von Hand bei feststehendem
Revolverkopf. Strehlen des Gewindes M 10 x 0,75.

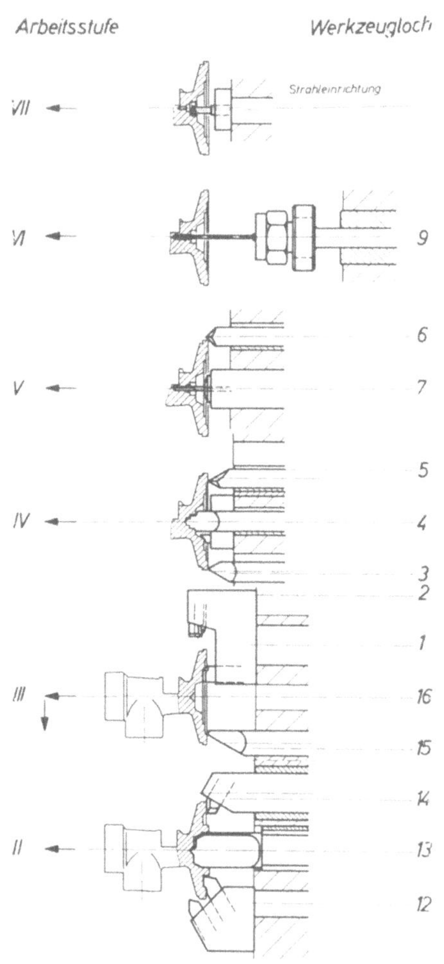

Arbeits-stufe	Art der Arbeit
I	Werkstück ein- und ausspannen
II	Langdrehen, formbohren
III	Formdrehen, plandrehen
IV	Formbohren, einstechen
V	Bohren, anfasen
VI	Reiben
VII	Strehlen M 10 x 0,75

Bearbeitung eines Gasgehäuses, 2. Einspannung
auf Pittler-Revolverdrehbank PIROFA 45/200.1.

(1. Einspannung siehe S. 244)   Werkstoff: Ms 58

Spannen des Werkstückes in Drehaufnahme mit Überwurfmutter von Hand.
Mehrfach-Stufenbohrer in Arbeitsstufe II.

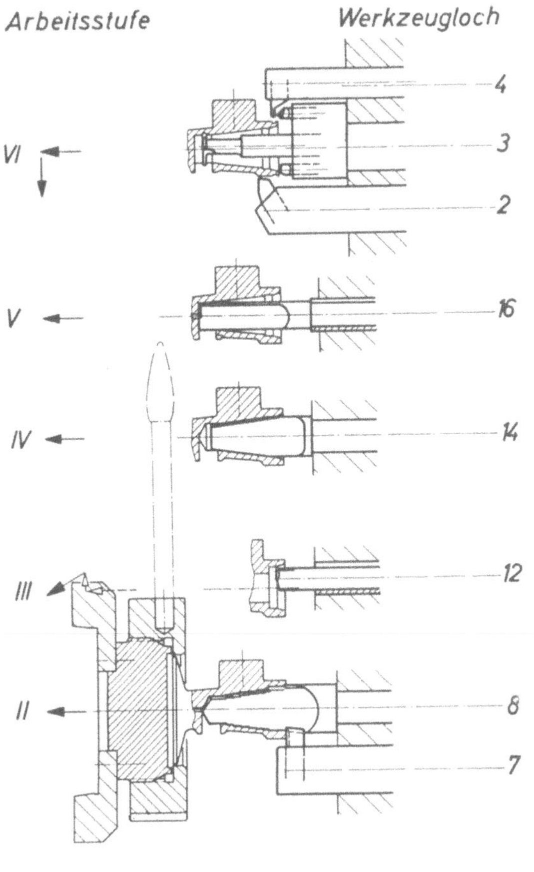

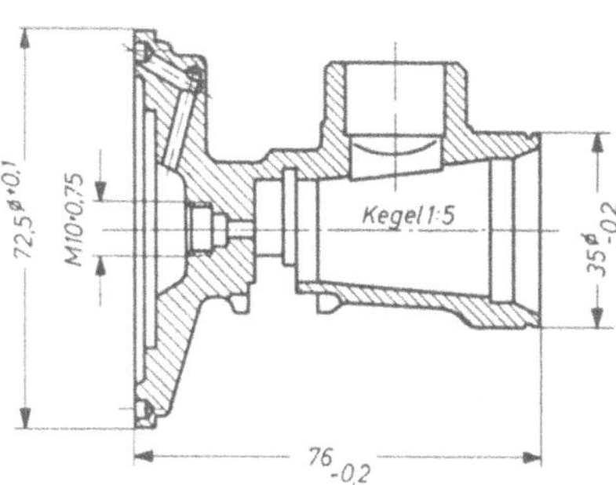

Arbeits-stufe	Art der Arbeit
I	Werkstück ein- und ausspannen
II	Bohren m. Stufenbohrer, begrenzen
III	Kopierdrehen
IV	Kegel senken
V	Senken
VI	Langdrehen, plandrehen, einstechen

Bearbeitung eines Flaschenhahnkörpers
auf Pittler-Revolverdrehbank PIROFA 45/200.1.

Werkstoff: Ms

Bearbeitung von 3 Seiten des Werkstückes in schwenkbaren Umsteck-Form-backen. Herstellen der Gewinde durch Gewindebohrer, Schneideisen und Gewindestrehleinrichtung. Kombinierte Gewindebohrer- und Schneideisen-halter in Arbeitsstufe IV.

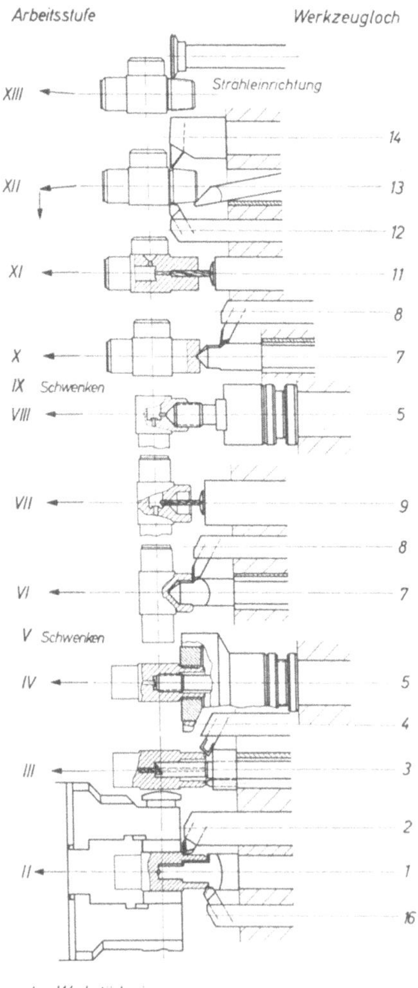

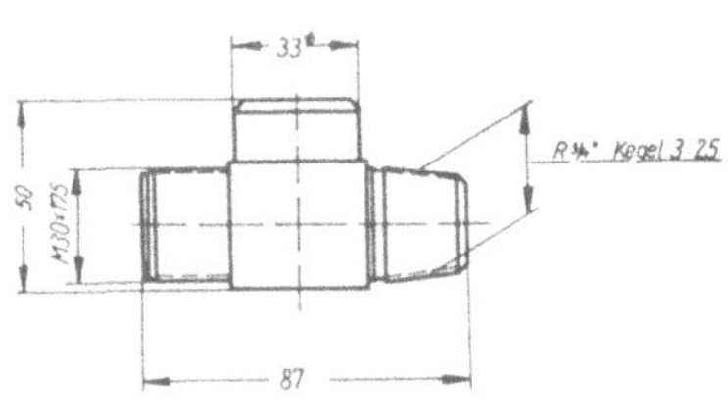

Arbeits-stufe	Art der Arbeit
I	Werkstück ein- und ausspannen und zurückschwenken
II	Bohren, langdrehen
III	Bohren, einstechen, anfasen
IV	Gewindeschneiden M 30 x 1,75 und M 16 x 1,75
V	Schwenken
VI	Bohren, begrenzen
VII	Bohren
VIII	Gewindeschneiden R ⁵/₈"
IX	Schwenken
X	Zentrieren
XI	Bohren
XII	Kopierdrehen, anfasen, einstechen
XIII	Strehlen R ³/₄", Kegel 3 : 25

Bearbeitung eines Meßgehäuses
auf Pittler-Revolverdrehbank PIROFA 45/200.1.

Werkstoff: Ms

Drehen der Passungen mit Feineinstellung in Arbeitsstufe IV. Drehen der beiden Kugelflächen mit einem Kugeldrehapparat.

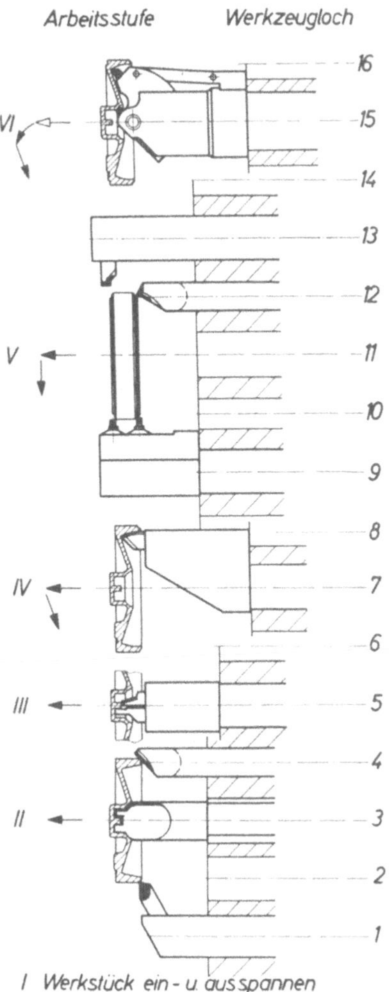

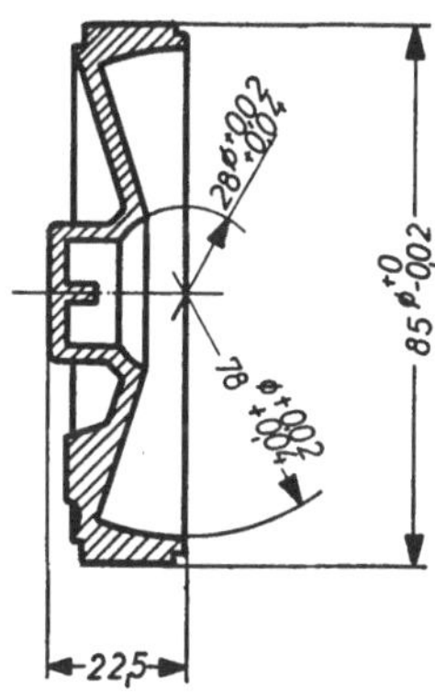

Arbeits-stufe	Art der Arbeit
I	Werkstück ein- und ausspannen
II	Langdrehen, bohren Kugel vorstechen, anfasen
III	Langdrehen, begrenzen
IV	Kugel vorstechen, kopieren
V	Passung drehen, plandrehen
VI	Kugeln fertigdrehen, plankopieren

Bearbeitung von Mikrometerbügeln
auf Pittler-Revolverdrehbank PIROFA 45/200.1.

Werkstoff: St 50

Bearbeitung von Mikrometerbügeln der Größe 25–100 einschließlich der Amboßseite mit einer Werkzeugeinrichtung. Spannen des Werkstückes in einer Sonder-Spannaufnahme mit entsprechenden Spanneinsätzen.

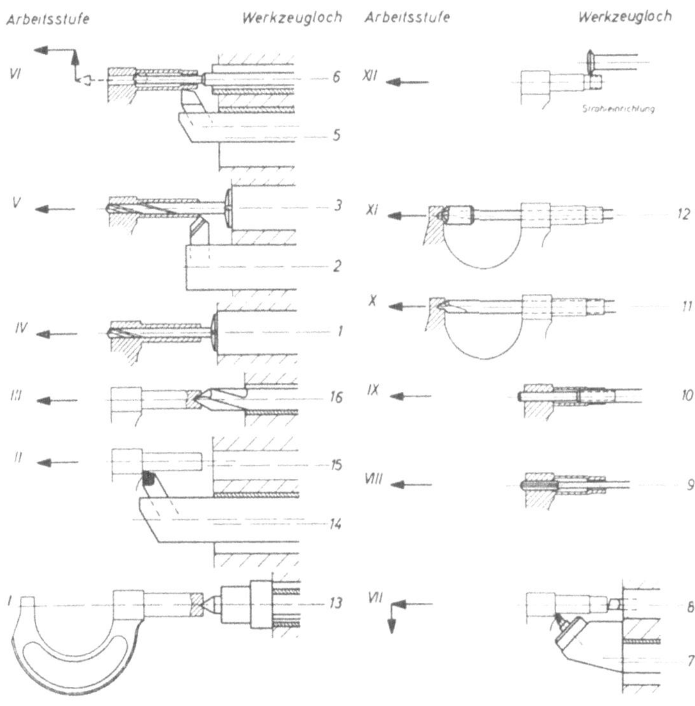

Arbeits-stufe	Art der Arbeit
I	Werkstück ein- und ausspannen mit Zentrieranschlag
II	Langdrehen,
III	Zentrieren
IV	Vorbohren
V	Senken, anfasen
VI	Auskesseln, langdrehen
VII	Passung drehen, plandrehen
VIII	Reiben
IX	Gewindeschneiden M 8,2 × 0,5
X	Zentrieren
XI	Senken
XII	Strehlen M 10,5 × 0,5

Bearbeitung einer Fassung, innen und außen, 1. Einspannung auf Pittler-Revolverdrehbank PIROFA 63/230.1.

(2. Einspannung siehe S. 240) Werkstoff: Al Cu Mg Pb F 38

Werkzeuge für beide Teile in einem Revolverkopf. Fertigbearbeitung der beiden Teile auf PIROPTA 120.

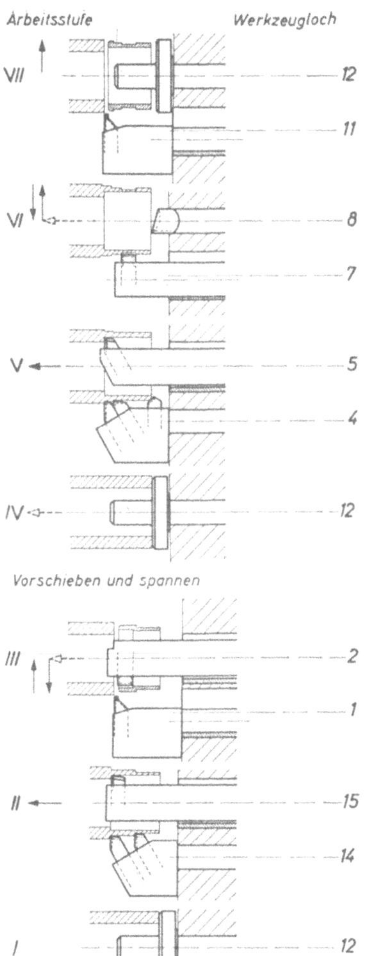

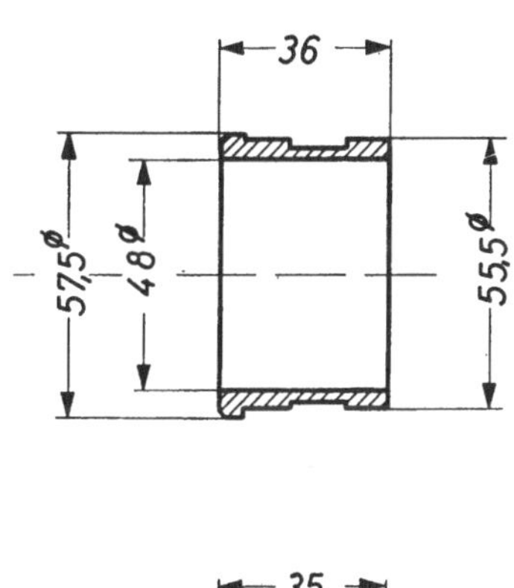

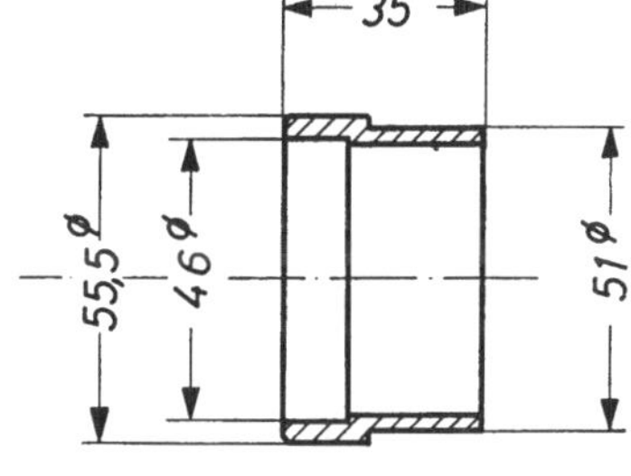

Arbeits-stufe	Art der Arbeit
I	Vorschieben und Spannen
II	Langdrehen
III	Einstechen, abstechen
IV	Vorschieben und spannen
V	Langdrehen, anfasen
VI	Einstechen, plandrehen
VII	Abstechen

Bearbeitung eines Wassermessergehäuses
auf Pittler-Revolverdrehbank PIROFA 63/230.1.

Werkstoff: G Ms

Fertigbearbeitung des Werkstückes von 3 Seiten. Spannen in umsteckbaren Formbacken.

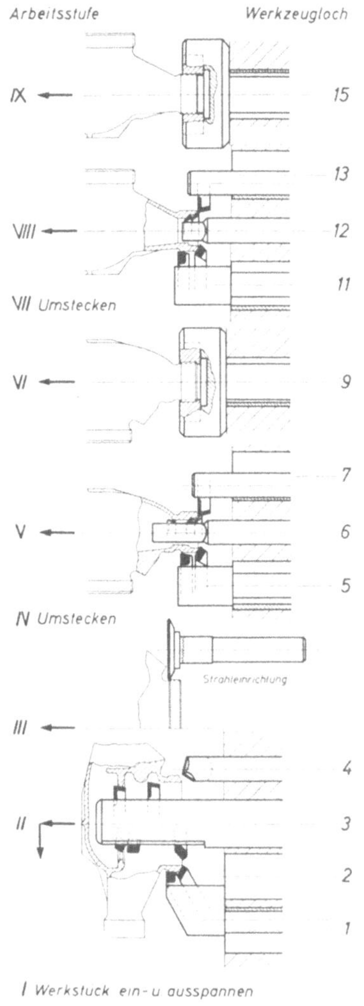

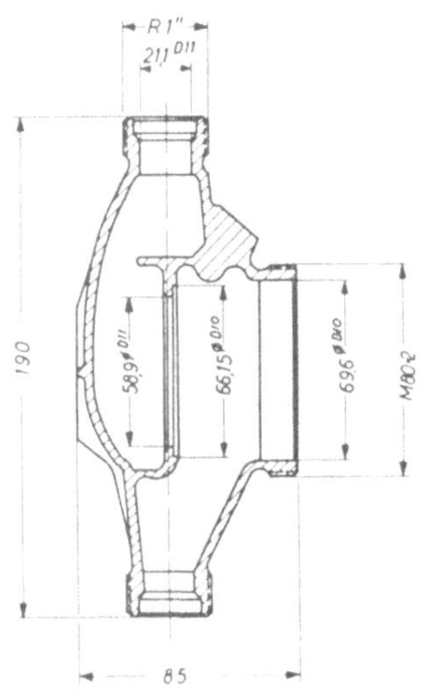

Arbeits-stufe	Art der Arbeit
I	Werkstück ein- und ausspannen
II	Langdrehen, plandrehen, anfasen
III	Strehlen M 80 × 2
IV	Umstecken
V	Langdrehen, begrenzen, anfasen
VI	Gewindeschneiden R 1"
VII	Umstecken
VIII	Langdrehen, begrenzen, anfasen
IX	Gewindeschneiden R 1"

ABSCHNITT V

Anschleifen und Einstellen der Stähle

	Seite
A) Langdrehen	251—253
B) Ausdrehen einer Bohrung	253
C) Einstechen	254
D) Formdrehen	255—256
E) Abstechen	257
F) Plandrehen	258

ABSCHNITT V
ANSCHLEIFEN UND EINSTELLEN
DER STÄHLE

Im folgenden sind einige Gesichtspunkte, die beim Anschleifen und Einstellen der Stähle zu beachten sind, erläutert. Bei den Skizzen hierzu ist der Revolverkopf von der Spindelseite her gesehen, d. h. die von vorn schneidenden Stähle erscheinen im Bilde rechts, die von hinten schneidenden links. Zum Langdrehen werden normalerweise Vierkantstähle, zum Plandrehen Rundstähle verwendet. Die Rundstähle sind um einen Betrag a (Abb. 94) abgeschliffen, damit eine genügend große Spanfläche b entsteht.

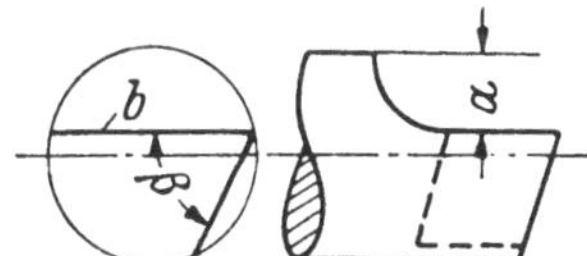

Abb. 94: Schneidenform von Rundstählen.
a Abstufung für Spanfläche, b Spanfläche, β Keilwinkel.

A) Langdrehen

1. Anschleifen

Die Vierkantstähle erhalten normale Schneidenwinkel entsprechend DIN 768 (Abb. 95). Die Orignal Pittler-Stähle sind mit den normalen Schneidwinkeln angeschliffen. Nur in Sonderfällen sind die Span- oder Freiwinkel nachzuschleifen. Rundstähle werden zum Langdrehen nicht verwendet.

2. Einstellen

Die Spitze der Werkzeugschneide muß auf die Werkstückmitte zeigen. Sie darf also nicht auf dem Werkzeuglochkreis stehen, sondern auf der Verbindungslinie von Werkstückmitte zu Werkzeughaltermitte. Der Angriffspunkt A (Abb. 96) wird so ermittelt: Der Stahlhalter mit fest eingespanntem Stahl wird lose drehbar in das Werkzeugloch des Revolverkopfes in Indexstellung eingesetzt. Durch Hin- und Herschwenken des Stahlhalters wird der Angriffspunkt A auf der Oberfläche des Werkstückes angeritzt. In der so gefundenen Stellung wird der Stahlhalter im Werkzeugloch fest angezogen und der genaue Durchmesser durch Verschieben des Stahles eingestellt.

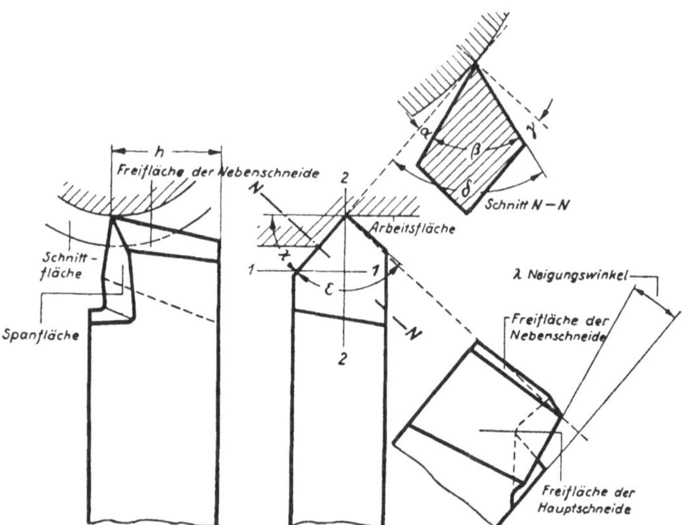

Abb. 95: Winkel und Flächen an der Drehstahlschneide (nach DIN 768)

Winkel und Flächen an der Schneide

Die Winkel an der Schneide werden in ihrer Beziehung zum Werkstück (Schnittfläche) festgelegt und in einer Ebene gemessen, die senkrecht steht auf der 3. Hauptebene und auf der Projektion der Schneidkante auf die 3. Hauptebene (Messung in Ebene N—N). In den Hauptebenen 1, 2, 3 gemessene Winkel werden durch die Indices 1, 2, 3 gekennzeichnet.

A) Die einzelnen Flächen und Winkel

1. S p a n f l ä c h e : Fläche des Schneidenkopfes, über die der Span abläuft.
2. F r e i f l ä c h e : gegen die Schnittfläche gerichtete Fläche des Schneidenkopfes.
3. F r e i w i n k e l α: Winkel zwischen Schnitt- und Freifläche.
4. K e i l w i n k e l β: Winkel zwischen Frei- und Spanfläche.
5. S p a n w i n k e l γ: Winkel zwischen der Normalen auf die Schnittfläche und der Spanfläche. Freiwinkel, Keilwinkel und Spanwinkel ergänzen sich zu 90°.
6. S c h n i t t w i n k e l δ: Winkel zwischen Schnitt- und Spanfläche.
7. S p i t z e n w i n k e l ε: Winkel zwischen Haupt- und Nebenschneide in der Projektion auf die 3. Hauptebene.
8. E i n s t e l l w i n k e l $\varkappa$: Winkel zwischen der 1. Hauptebene und der Projektion der Schneidkante auf die 3. Hauptebene.
9. N e i g u n g s w i n k e l λ: Winkel der Schneidkante gegen die 3. Hauptebene. Bei abfallender Schneide, d. h. wenn die Schneide nach der Spitze zu abfällt, ist der Winkel positiv.
10. S c h n e i d e n h ö h e h: Höhe von der Spitze des Stahles bis zur Auflage. Bei gekröpftem Stahl kann h auch negativ werden.

B) Haupt- und Nebenschneide

Hauptschneide ist die der Vorschubrichtung zugekehrte Schneidkante.
Nebenschneide ist die an die Hauptschneide anschließende Schneidkante.
Formstähle und Schlichtstähle haben meist keine Nebenschneide.

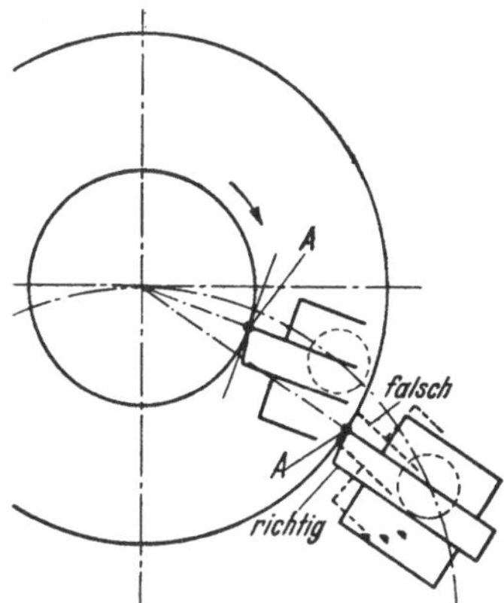

Abb. 96:   Einstellen des Vierkantstahles auf Mitte zum Langdrehen.

B) Ausdrehen einer Bohrung

1. Anschleifen

Die Schneidenwinkel sind auch hier in üblicher Weise an den Stahl anzuschleifen.
Zum Ausbohren werden linke Schneidstähle benötigt. Der Spanwinkel beim
Rundstahl ist durch Verdrehen des Stahles in der Bohrstange einzustellen
(Abb. 98). Zur besseren Ausnutzung des Stahlquerschnittes werden Vierkant-
stähle verwendet. Um die Oberfläche der Arbeitsfläche nicht zu beschädigen,
ist die Schneidenkante radial zur Werkstückmitte angeschliffen (Abb. 97).

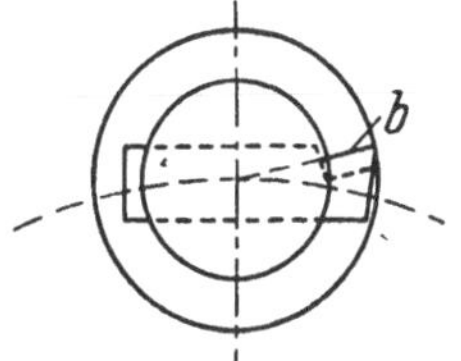

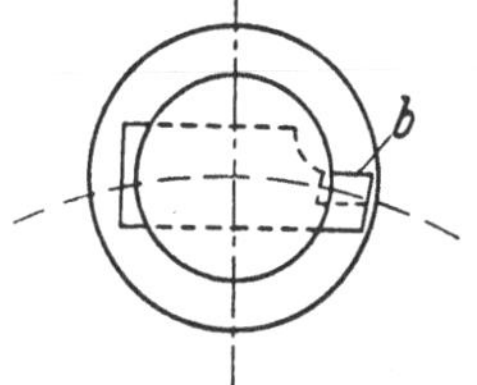

Abb. 97:   Einstellen des Vierkantstahles
        in der Bohrstange.
        b = Schneidenkante.

Abb. 98:   Einstellen des Rundstahles
        in der Bohrstange.
        b = Schneidenkante.

2. Einstellen

Der Bohrstahl kann in jeder beliebigen Ebene arbeiten. Die Bohrstange kann
daher durch Drehen so eingestellt werden, wie es die Platzverhältnisse ergeben.

C) Einstechen

1. Anschleifen

Zum Einstechen werden Vierkantstähle im Vierkantstahlhalter benutzt. Bohrstangen sind zu vermeiden, da die sich hierbei ergebenden Spanwinkel den Stahlquerschnitt zu sehr schwächen.

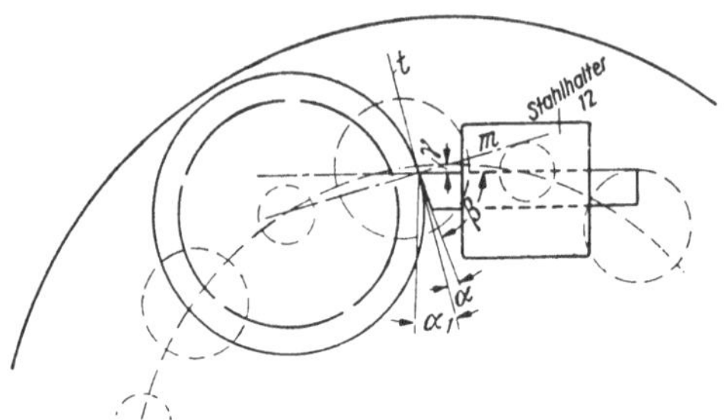

Abb. 99: Einstechen von vorn mit Vierkantstahl im Stahlhalter 12.
α Freiwinkel, α_1 zusätzlich anzuschleifender Freiwinkel, β Keilwinkel, γ Spanwinkel,
t Tangente an Werkstück im Berührungspunkt der Schneide, m Verbindungslinie zwischen
Werkstückmitte und Berührungspunkt der Schneide (Normale zu t).

2. Einstellen

Die Schneidkantenspitze ist beim Einstechen **von vorn** auf oder etwas unter Werkzeuglochkreis-Durchmesser zu stellen. Steht die Spitze auf Lochkreis-Durchmesser, so erhält der Stahl den größten Spanwinkel γ und den kleinsten Freiwinkel α. Durch Senken der Stahlspitze werden Winkel γ verkleinert, Winkel α vergrößert (Abb. 25). Zu beachten ist, daß sich beim Einstechen von vorn der Spanwinkel γ nach Werkstückmitte zu verkleinert, der Freiwinkel α vergrößert.

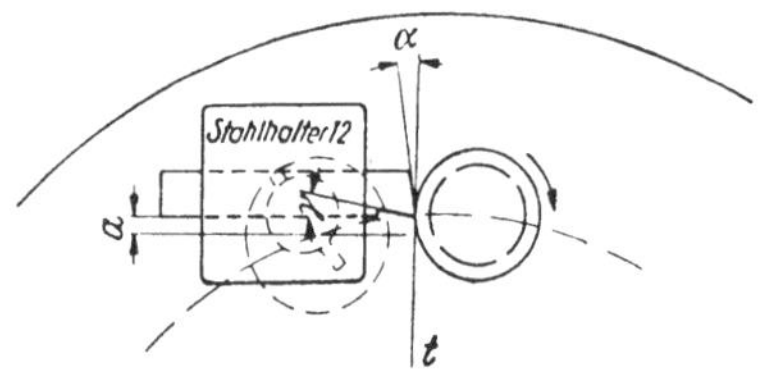

Abb. 100:
Einstechen von hinten mit Stahlhalter 12.
α Freiwinkel, γ Spanwinkel, a Exzenter-
einstellung, t Tangente an Werkstück im
Berührungspunkt der Schneide.

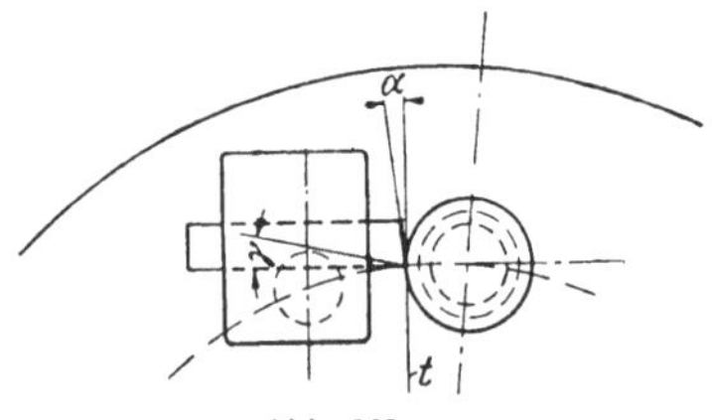

Abb. 101:
Einstechen von hinten mit Sonderstahlhalter.
α Freiwinkel, γ Spanwinkel, t Tangente an
Werkstück im Berührungspunkt.

Beim Einstechen **von hinten** (Abb. 100 und 101) ist der Stahlhalter um einen Betrag a mit einer exzentrischen Spannhülse zu heben. Der Spanwinkel γ muß angeschliffen werden. Steht ein großes Werkzeugloch zur Aufnahme des Stahlhalters nicht zur Verfügung, so muß ein Sonderstahlhalter, bei dem der Stahl um den Betrag a gehoben ist, verwendet werden. Beim Einstich vergrößert sich der Spanwinkel γ, der Freiwinkel α verkleinert sich.

D) Formdrehen mit rundem Formstahl

1. Anschleifen

Der Rundformstahl ist in seiner Form sehr genau und einfach herzustellen. Beim Nachschleifen der Schneidfläche wird das Profil nicht geändert. Um einen guten Schnitt zu erzielen, muß der Rundformstahlhalter in eine exzentrische Büchse eingesetzt werden, damit der richtige Span- und Freiwinkel erreicht werden kann. Sollen sehr genaue Werkstückformen erreicht werden, so ist das Profil zu korrigieren. Das abgeänderte Profil wird am besten zeichnerisch, wie in Abb. 102 dargestellt, ermittelt. Das Profil A des Werkstückes wird in genügender Vergrößerung aufgezeichnet, Punkt I bis V. In der Praxis müssen natürlich je nach

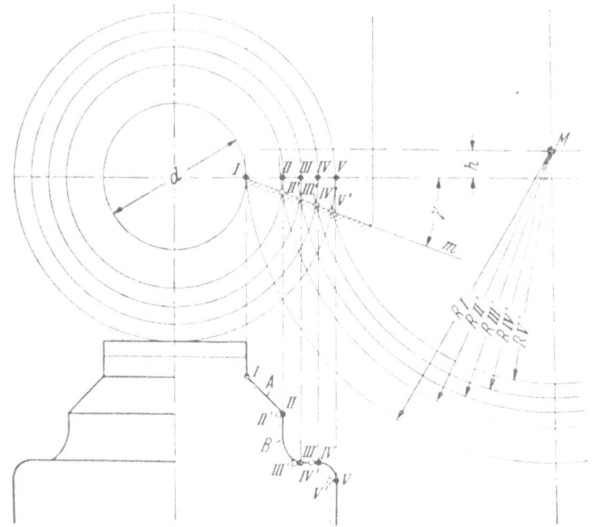

Abb. 102: Ermittlung des Profiles eines Rundformstahles.

γ Spanwinkel, d kleinster zu formender Durchmesser des Werkstückes, h Überhöhung des Rundformstahles, m Schneidenkante, A Profil des Werkstückes, B berichtigtes Profil des Rundformstahles, M Mittelachse des Rundformstahles, RI'-RV' Halbmesser des Rundformstahles in den Punkten I' bis V'.

der Form entsprechend mehr Punkte dargestellt werden. Der Punkt I als kleinster zu formender Durchmesser fällt mit dem größten Durchmesser des Formstahles an der Schneidkante zusammen. Von Punkt I ausgehend wird an die Waagerechte der Spanwinkel γ angetragen. Der Mittelpunkt M des Formstahles liegt im Abstande h über der Waagerechten und auf dem Halbmesser R I des Formstahles. Die Schnittpunkte der Kreise der Werkstückdurchmesser mit der Schneidkante im Spanwinkel γ sind mit I, II', III', IV', V' bezeichnet. Die Kreise um M mit den Formstahlhalbmessern R I, R II', R III', R IV', R V', welche durch diese Schnittpunkte gehen, ergeben das entsprechend berichtigte Profil B des Rundformstahles. Es zeigt sich also, daß der Durchmesserunterschied beim Rundformstahl verkleinert wird.

2. Einstellen

Das Einstechen mit einem Rundformstahl soll stets von hinten geschehen. Der Rundformstahl wird an dem Formstahlhalter 67 befestigt. Dieser wird in eine exzentrische Spannhülse in den Revolverkopf eingesetzt. Die Mitte des Rundformstahles soll um den Betrag h unter der Mittellinie m liegen, um den gewünschten Freiwinkel zu erhalten (Abb. 103).

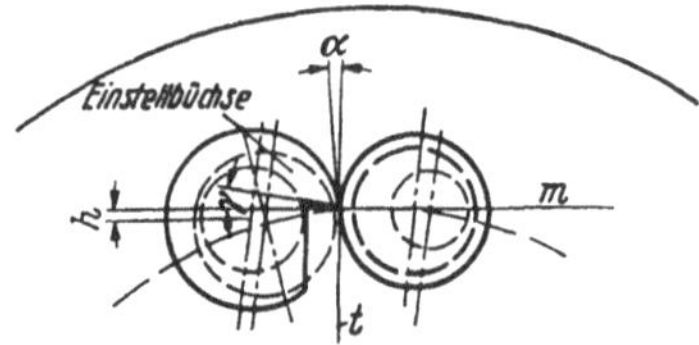

Abb. 103:   Einstellen des Rundformstahles.
a Freiwinkel, γ Spanwinkel, h Überhöhung des Rundformstahles, m Verbindungslinie Werkstückmitte – Berührungspunkt der Schneide, t Tangente an Werkstück im Berührungspunkt der Schneide.

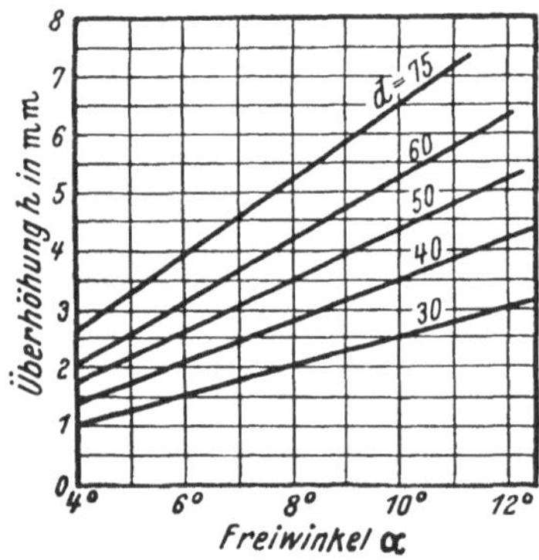

Die Größe der Überhöhung ist aus der Abb. 104 zu entnehmen. Die Schneidkante am größten Durchmesser des Rundformstahles muß auf dem Werkzeuglochkreis liegen.

Abb. 104:
Überhöhung und Freiwinkel bei Rundformstählen.

d = Durchmesser des Rundformstahles.

Beim Formdrehen in einer Bohrung muß der Rundformstahl nach vorn schneiden, wie in Abb. 105 dargestellt.

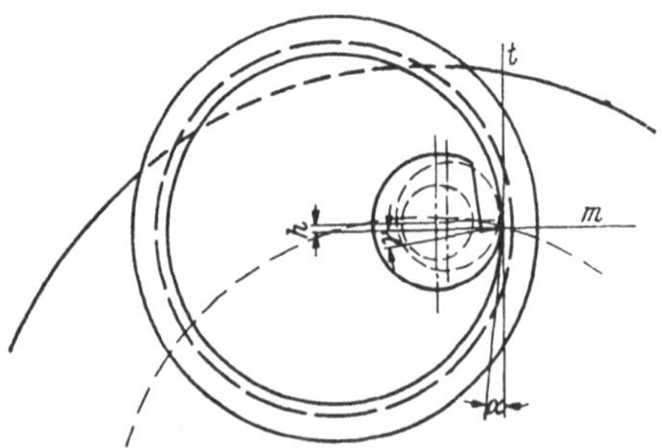

Abb. 105:   Formdrehen in einer Bohrung.
γ Spanwinkel, h Überhöhung des Rundformstahles, m Verbindungslinie Werkstückmitte – Berührungspunkt der Schneide, t Tangente an Werkstück im Berührungspunkt der Schneide.

E) Abstechen

1. Anschleifen

Beim Abstechen ist zu beachten, daß sich beim Arbeiten von vorn der Spanwinkel γ verkleinert, der Freiwinkel α vergrößert. Bei Werkstoffen, die einen größeren Spanwinkel verlangen, muß der Spanwinkel des Abstechstahles nachgeschliffen werden. Die Abstechstähle werden mit einem Freiwinkel α von 15° geliefert, so daß auch dieser Winkel nicht nachgeschliffen werden muß (Abb. 106).

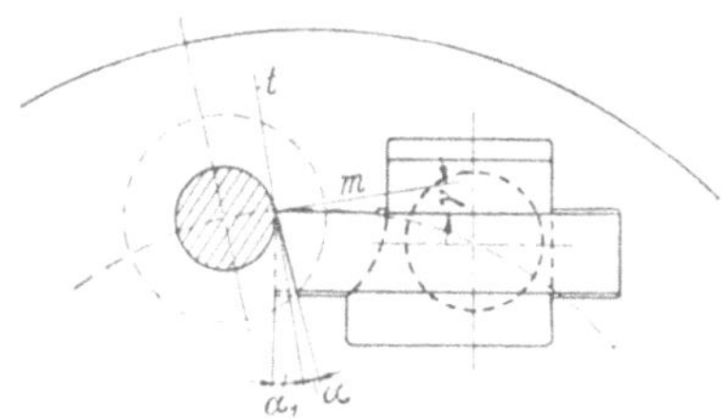

Abb. 106:   Abstechen mit Abstechstahlhalter 19 oder 19.1 (starker Schaft).

α Freiwinkel, α_1 zusätzlich anzuschleifender Winkel, γ Spanwinkel, m Verbindungslinie Werkstückmitte – Berührungspunkt der Schneide, t Tangente an Werkstück im Berührungspunkt der Schneide.

Beim Abstechen von hinten vergrößert sich der Spanwinkel γ, der Freiwinkel α verkleinert sich. Bei den normalen Abstechstählen muß, um vernünftige Schnittbedingungen zu erhalten, der Freiwinkel α verkleinert werden und ein Spanwinkel γ angeschliffen werden.

Bei den Stählen im Abstechschlitten sind die vom Werkstoff geforderten Span- und Freiwinkel im Halter des Schlittens einzustellen.

2. Einstellen

Die Schneidkante des Abstechstahles muß am Ende des Planweges durch Werkstückmitte gehen, damit kein Butzen stehen bleibt. Man stellt also den Stahl so vor die Stirnfläche des Werkstückes, daß die Stahlspitze vor der Werkstückmitte liegt.

F) Plandrehen

1. Anschleifen

Zum Plandrehen werden Rundstähle 4 verwendet, die in den kleinen Werkzeuglöchern des Revolverkopfes unmittelbar oder in zentrischen, exzentrischen oder schräg durchbohrten Spannhülsen 8, 9 und 10 festgespannt werden.

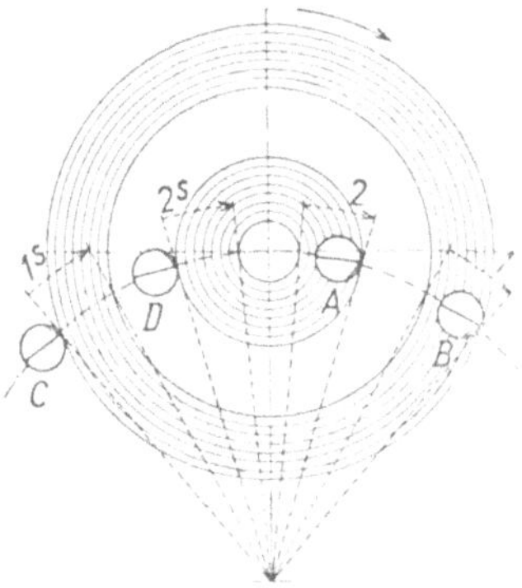

Abb. 107: Plandrehen zweier getrennter Planflächen.

Die Schruppstähle A und B drehen zu gleicher Zeit je eine vorstehende Planfläche 1 und 2. Nach Beendigung der Schrupparbeit werden die beiden Flächen 1s und 2s durch die Schlichtstähle C und D zu gleicher Zeit geschlichtet.

Beim Schruppen größerer Planflächen ist es zweckmäßig, Planwege durch Ansetzen von mehreren Stählen zu unterteilen (Abb. 107). Muß beim Schlichten eine große Planfläche (Außendurchmesser größer als $2/3$ des Lochkreisdurchmessers) ganz überdreht werden, so ist der Keilwinkel β etwas kleiner, und zwar etwa 60 bis 65°, anzuschleifen.

2. Einstellen

Der Stahl kann sehr einfach durch Drehen im Werkzeugloch eingestellt werden. Am größten Werkstückdurchmesser ist der Freiwinkel so klein wie möglich einzustellen.

ABSCHNITT VI

Ermittlung von Stückzeiten

	Seite
Allgemeines	259
Rüstzeit	259—261
Richtwerte für Rüstzeiten	264—265, 267—269
Hauptzeit	261—262
Schnittgeschwindigkeiten v_{240} in m/min und Vorschübe s in mm/U.	273—277
Nebenzeiten	262—263
Richtwerte für Nebenzeiten	266, 270—272
Kalkulationsbeispiele	278—295

ABSCHNITT VI
ERMITTLUNG
VON STUCKZEITEN

Die Stückzeitermittlung baut sich in den deutschen Betrieben fast allgemein auf den Richtlinien und Grundlagen des Refa (Arbeitsgemeinschaft der Verbände für Arbeitsstudien) auf. Die Fertigungszeit ist nach Refa bekanntlich folgendermaßen zu gliedern:

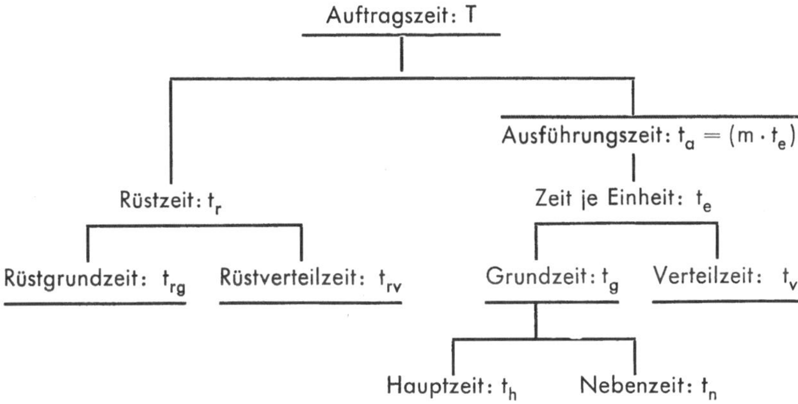

Die Anwendung dieses Schemas zur Ermittlung von Stückzeiten wird hier als bekannt vorausgesetzt. An dieser Stelle sollen nur diejenigen Punkte erörtert werden, die für die Stückzeitermittlung für Arbeiten auf Pittler-Revolverdrehbänken besondere Beachtung verdienen (siehe Refa-Buch, Band 2).

1. Rüstzeit: Die Rüstzeiten lassen sich auf Pittler-Revolverdrehbänken gegenüber anderen Bauarten von Revolverdrehbänken niedrig halten, da die Werkzeuge besonders einfach sind und rasch eingestellt werden können; auch die Anschläge zur Erzielung gleicher Maße können leicht und schnell eingestellt werden.

Je größer eine Fertigungsreihe ist, um so weniger fallen die Rüstzeiten, die für die ganze Reihe nur einmal aufzuwenden sind, ins Gewicht; man wird sich daher bemühen, möglichst große Reihen zusammenzufassen, d. h. es ist vorzuziehen, gleichartige Teile in größeren Reihen für den Bedarf eines längeren Zeitraumes zu fertigen, als mit kurzen Zeitabständen mehrere kleine Reihen herzustellen. Andererseits kann aber die Pittler-Revolverdrehbank so rasch von einer Arbeit auf eine andere umgestellt werden, daß sie bereits bei kleinen Reihen von 5 bis 10 Stück gegenüber einer Spitzendrehbank wirtschaftlich ist. Durch Verwendung eines Einstellmusters kann erheblich an Rüstzeit gespart werden.

Kehren größere Reihen gleicher Werkstücke in bestimmten Zeitabständen wieder, so kann die Rüstzeit durch Anwendung eines **auswechselbaren Revolverkopfes** erheblich verringert werden; der auswechselbare Revolverkopf wird mit allen Werkzeugen fertig eingestellt auf Lager genommen und kann dann für eine neue Reihe dieser Werkstücke wieder auf die Maschine gesetzt werden, so daß das Einstellen der einzelnen Werkzeuge entfällt.

Eine weitere Ersparnis an Rüstzeiten kann man erreichen, wenn man **ähnliche** Werkstücke nacheinander fertigt. Die Zurückversetzung der Maschine in den ursprünglichen Zustand, die ja zur Rüstzeit gehört, ist in solchen Fällen nicht oder nur teilweise nötig; die Rüstzeit für das neue Werkstück wird geringer, da ein Teil der Werkzeuge und der zugehörigen Anschläge eingestellt bleiben kann.

Richtwerte für Rüstzeiten, die an Pittler-Revolverdrehbänken alter und neuer Bauart häufig wiederkehren, sind in den Zahlentafeln (S. 264–265, 267–269) angegeben. Zum Vergleich der alten, bis 1945 in Leipzig gebauten Maschinen mit den neuen Typen kann folgende Gegenüberstellung benutzt werden:

<pre>
R B entspricht der Type P I R O F A 25/40
R C   „   „   „ P I R E X 32
R D   „   „   „ P I R E X 50 und P I R O F A 45
R E   „   „   „ P I R E X 63 und P I R O F A 63
R F ⎫
R G ⎬   „   „   „ P I R E X 80/270/350
R H ⎭
</pre>

Rüstzeiten werden von den üblichen Leistungsschwankungen, z. B. durch zeitweiliges Nachlassen der körperlichen und geistigen Spannkraft, beeinflußt; sie hängen außerdem ganz besonders von dem fachlichen Können und der Berufserfahrung der Einrichter ab. Die angegebenen Rüstzeiten sind daher nur als **Richtwerte** anzusehen, die in einem Betriebe überschritten, in einem anderen unterboten werden können.

2. Hauptzeit: Die Hauptzeit hängt von Schnittgeschwindigkeit und Vorschub ab. Verkürzung der Hauptzeiten bringt hohe Beanspruchung des Werkzeuges und damit häufigen Werkzeugwechsel, also eine Erhöhung der Verteilzeiten. Die Schnittgeschwindigkeit ist daher beim Arbeiten auf Pittler-Revolverdrehbänken zur Erzielung einer möglichst kurzen Gesamtzeit der Fertigung so zu wählen, daß die Standzeit des meist beanspruchten Werkzeuges nach Möglichkeit mindestens einer Arbeitschicht – in der Regel also 8 Stunden – entspricht. Der für wissenschaftliche Untersuchungen benutzte Wert v_{60}, d. h. die Schnittgeschwindigkeit, bei der die Schneide 60 min. steht, ist für das Arbeiten an Revolverdrehbänken nicht immer wirtschaftlich, da hierbei zu häufiges Wechseln und Nachschleifen der Werkzeuge nötig ist. Um das wiederholte Einstellen, das besonders bei Mehrfachstählen viel Zeit kostet, zu beschränken, sollte die Standzeit der Werkzeuge für Revolverdrehbänke mindestens sein

bei Einzelstahl bzw. Einzelwerkzeug	120 min,
bei Mehrfachstählen bzw. Mehrfachwerkzeug	240 min.

Diese Standzeit bezieht sich auf diejenige Zeit, welche die betreffenden Werkzeuge tatsächlich im Schnitt sind; da aber bei Revolverbankarbeiten auf die einzelne Werkzeugschneide selten mehr als ein Viertel bis allerhöchstens die Hälfte der Stückfolgezeit entfällt, wird man mit den Schnittgeschwindigkeiten v_{120} bzw. v_{240} wohl stets eine volle Schicht oder mehr ohne Nachschärfen der Werkzeuge arbeiten können.

In der Zahlentafel (S. 274–277) sind für verschiedene Werkstoffe einige HSS- und HM-Qualitäten und für die hauptsächlichsten Bearbeitungsarten die Schnittgeschwindigkeiten v_{240} und die Vorschübe angegeben. Diese Werte sind nur Richtwerte, da die Standzeit auch noch von anderen Faktoren, wie Werkstückform, Einspannlänge des Schneidwerkzeuges, ausreichende Kühlung usw. abhängig ist. Die Richtwerte sind je nach den vorliegenden Verhältnissen höher oder tiefer anzusetzen.

Pittler-Revolverdrehbänke sind wegen ihrer stabilen Bauweise für die Verwendung von HM gut geeignet. Die Trommel-Bauart der Pittler-Revolverdrehbänke ermöglicht vielfältige Werkzeug-Kombinationen, z.B. gleichzeitig außen mit einer oder mehreren Schneiden überdrehen und bohren. Die sich dabei ergebenden verschiedenen Schnittgeschwindigkeiten können für die wirtschaftliche Fertigung durch Einsatz von HM zur Außenbearbeitung an größeren Werkstückdurchmessern und Verwendung von HSS zum Bohren erfaßt werden. Auf Grund unserer Erfahrungen halten wir für die Arbeitsgänge „Ein- und Abstechen" die Verwendung von HSS für zweckmäßig. Von Fall zu Fall kann besonders für die Ausführung von Einstichen der Einsatz von HM in Erwägung gezogen werden.

An Stelle der in der Zahlentafel aufgeführten HSS- und HM-Qualitäten können auch entsprechend andere Sorten verwendet werden. Wir empfehlen dann die von den einzelnen Herstellern herausgegebenen Richtwert-Tafeln zu benutzen, wobei zu beachten ist, daß darin meist v_{60}-Werte angegeben sind.

Zur Errechnung der Hauptzeiten an Pittler-Revolverdrehbänken stellen wir unseren Kunden auf Anforderung Rechenschieber nach Abb. 108 zur Verfügung.

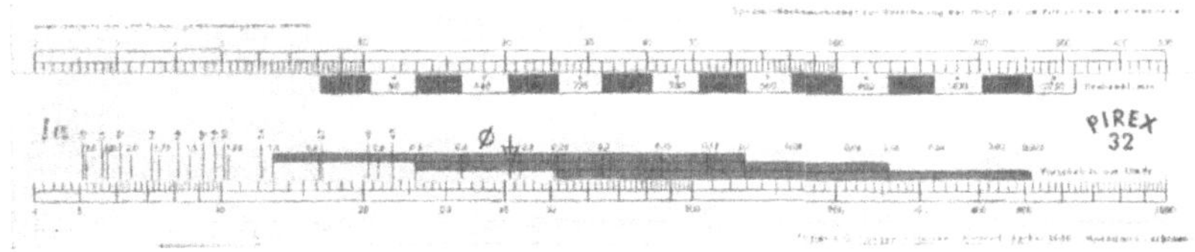

Abb. 108: Rechenschieber zur Ermittlung von Stückzeiten.

3. Nebenzeiten: Unter den Nebenzeiten sind für Pittler-Revolverdrehbänke vor allen Dingen die Zeiten beachtlich, die für das Auf- und Abspannen des Werkstückes entstehen. Die von Pittler entwickelten Spanneinrichtungen ermöglichen bei Stangenarbeiten rasches Spannen.

Um die Zeiten für An- und Abstellen und Messen niedrig zu halten, ist eine rasch wirkende Bremse an den Pittler-Revolverdrehbänken vorhanden, mit der die Drehspindel augenblicklich stillgesetzt werden kann. Leerwege können schnell durch das Griffkreuz bzw. durch das Handrad überwunden werden. Bei den schwersten Pittler-Revolverdrehbänken ist zur weiteren Verkürzung der Zeiten für Leerwege ein Eilgang mit eigenem Motorantrieb eingebaut.

Durchschnittswerte für die Nebenzeiten an Pittler-Revolverdrehbänken alter und neuer Bauart sind in Zahlentafeln (S. 266, 270–272) angegeben.

Auf den Seiten 278 bis 295 sind durchgeführte Kalkulationsbeispiele für unsere Revolverdrehbänke neuer Bauart enthalten.

Richtwerte für Rüstzeiten
auf Pittler-Revolverdrehbänken (alter Bauart)

Art des Rüstens		für Maschinengröße						
		RB	RC	RD	RE	RF	RG	RH
A. Für Stangenarbeiten		Zeiten in Minuten						
1.a Pittler-Keilspann-, Schnellspann- oder Winkelhebel-Spannfutter aufbringen		6	11	12	15	18	18	22
abnehmen		5	8	9	10	12	12	15
b Spannbacken einsetzen herausnehmen } = wechseln		3,5	4	4,5	5	6	6	7
c Einsatzbacken einsetzen herausnehmen } = wechseln		–	8	8	9	9	10	10
2.a Pittler-Werkstoffvorschub aufsetzen und abnehmen		12	12	14	16	20	20	25
b auf Werkstoffdurchmesser einstellen		2	2,5	2,5	3	3	4	4
3.a Zentrierschraubenfutter aufsetzen		2	2,5	3	3,5	4	4	5
b auf Werkstoffdurchmesser einstellen		2	2,5	3	3,5	4	4	4
4.a Einstellen des Werkstoffauflageständers auf Höhe		2	2,5	2,5	3	3	3,5	3,5
b desgl. für Profilwerkstoff mit Führungsring		2	2,5	2,5	3	3	3,5	3,5
B. Für Futterarbeiten								
1. Planscheibe aufsetzen und Kloben anstellen		–	4	5	6	7	7	8
2. Kloben umkehren und einstellen		–	4	4	4,5	5	5	6
3. Dreibacken- oder Zweibackenfutter aufsetzen auf Flanschspindel		–	–	4,5	5	5,5	–	6
3.a desgl. auf Spindelnase mit Gewinde		2	2,5	2,5	2,8	3	3	–
4. Backen im Dreibackenfutter wechseln		2,5	3	3,5	4	4	4,5	5
5. Aufsatzbacken auf Zweibackenfutter wechseln		2,5	3	3,5	4	4	4,5	5
6. Umspannfutter oder Umspanndorn mit Handrad-Zugspannung einsetzen		5	6	6	7	7	8	8
C. Für besondere Vorrichtungen								
1. Gewinde-Strähleinrichtung anbringen		10	12	12	15	15	18	18
2. Gewindepatrone und Leitbacke auswechseln		3	3	4	4	4	5	5
3. Längs- oder Plankopiereinrichtung anbringen und einstellen		8	9	10	11	11	12	12
4. Wegwendbaren Gegenspitzenhalter aufsetzen		6	7	7	8	8	9	9
5. Schnellbohreinrichtung aufsetzen		10	12	12	15	15	18	18
6. Ölzuführung für Werkzeuge mit inneren Schmierkanälen aufsetzen		6	7	7	8	8	9	9
7. Trommellängsanschlag mit Anschlagböckchen anbringen		2	2,5	2,5	3	3	3,5	3,5
8. Innendreheinrichtung anbringen		10	10	12	12	15	18	18
9. Schwenkbaren Führungsarm für Schneidkopf aufsetzen		6	8	8	9	9	10	10
10. Bohrstangenführung in Drehspindel einsetzen		6	6	7	7	7	8	8

Art des Rüstens	für Maschinengröße						
	RB	RC	RD	RE	RF	RG	RH
D. Für Werkzeuge	Zeiten in Minuten						
1. Werkzeuge im Revolverkopf einsetzen und auf Arbeitsmaß einstellen sowie zugehörigen Längenanschlag einstellen							
a Werkzeuge auf Mitte, Zentrierbohrer, Spiralbohrer, Reibahlen u. a. mit oder ohne Spannhülse	4	4	5	5	6	6	6
b Gewindebohrer oder Schneideisen mit Halter	5	5	6	6	7	7	7
c Gewindeschneidköpfe für Außen- oder Innengewinde	7	7	8	8	10	10	10
d Bohrstange mit Ausbohrstahl (16, 17, 45.1, 14, 15)	6	6	6	6	8	8	8
e 1 Drehstahl mit Halter (auch Grundzeit für Zeile f)	6	6	6	6	8	8	8
f für jeden weiteren Drehstahl im Mehrfachstahlhalter	3	3	3	3	4	4	4
g Formstahl mit Halter (Werkzeug 67)	6	6	6	6	8	8	8
h Gegenführung mit Gleitbacken (24) ohne Stahleinstellung	4	4	5	5	5	6	6
i Rollengegenführung mit Flansch (47) ohne Stahleinstellung	6	6	7	7	7	8	8
k Rollengegenführung mit Schaft (46) ohne Stahleinstellung	5	5	6	6	6	7	7
l Schälstahlhalter mit Flansch, Vierkantstahl und Rollengegenführung (44)	9	9	10	10	11	12	12
m Schälstahlhalter mit Flansch, Vierkantstahl und Rollengegenführung (44.1)	8	8	9	9	10	11	12
2. Werkzeuge im Vierfachstahlhalter d. Querschlittens einspannen sowie Plananschlag einstellen							
a einfache Drehstähle ohne Halter	–	–	–	6	8	8	8
b Formdrehstähle ohne besonderen Halter	–	–	–	8	10	10	10
c Mehrfachstahlhalter mit 2 Drehstählen	–	–	–	10	12	12	12
d für jeden weiteren Drehstahl im Mehrfachstahlhalter	–	–	–	3	4	4	4
e Zuschlag, wenn zusätzlich Längsanschlag eingestellt werden muß	–	–	–	2	2	2	2
3. Gewindesträhler in Gewindesträhleinrichtung einspannen und einstellen	6	6	7	7	8	8	8

Rüstzeiten sind auf volle bzw. halbe Minuten nach oben abgerundet; da sie für jeden Arbeitsauftrag nur einmal vorkommen, sind Zehntelminuten ohne Belang für die Gesamtzeit.

Obige Werte gelten unter der Voraussetzung, daß die Werkzeuge bereitliegen, daß sich alle auszuwechselnden Teile in einwandfreiem Zustand befinden und, daß das Rüsten der Maschine nach erprobten Einstellplänen erfolgt.

Richtwerte für Nebenzeiten t_n

Arbeitsausführung	Maschinengröße (alter Bauart)						
	R B	R C	R D	R E	R F	R G	R H
Abhängig vom Spannen:	Zeiten in Minuten						
Pittler-Keilspannfutter [1]) öffnen, Werkstoffstange durch selbsttätigen Pittler-Werkstoffvorschub vorschieben und Spannfutter schließen	0,08	0,08	0,1	0,12	0,14	0,16	0,18
Zwei- oder Dreibackenfutter mit Sonderbacken öffnen, Werkstück wechseln und Futter schließen	0,2	0,25	0,3	0,35	0,4	0,45	0,5
Planscheibe zwei Backen öffnen, Werkstück wechseln, zuspannen, ausrichten	–	1,8	2	2,2	2,5	2,8	3,2
Spannen im Umspannfutter oder auf Umspanndorn – Werkstückwechsel	0,2	0,22	0,25	0,28	0,30	0,32	0,35
Abhängig von der Bearbeitung:							
Werkzeug abheben (nur beim Fertigdrehen), Revolverschlitten zurückholen, Revolverkopf schalten, zum Schnitt ansetzen, Längszug einrücken	0,16	0,18	0,2	0,25	0,28	0,28	0,32
Revolverschlitten zurückholen, Revolverkopf schalten, zum Schnitt ansetzen, Revolverschlitten festklemmen, Revolverkopfsperrung auslösen, Planzug einrücken	0,2	0,22	0,25	0,28	0,30	0,30	0,53
Maschine einrücken	0,04	0,05	0,06	0,06	0,08	0,08	0,08
Maschine stillsetzen	0,03	0,03	0,04	0,04	0,06	0,06	0,06
Drehzahl wechseln	0,1	0,12	0,15	0,18	0,21	0,21	0,25
Vorschub wechseln	0,06	0,06	0,08	0,08	0,1	0,1	0,12
Gewindestrählen mit Gewindesträhleinrichtung: Handarm anheben, in Arbeitsstellung zurückbringen und Span anstellen	0,15	0,15	0,17	0,2	0,22	0,22	0,25
Querschlitten zurückholen, Vierfachstahlhalter schalten (um 90°), zum Schnitt ansetzen, Vorschub einschalten	–	–	–	0,4	0,45	0,45	0,5

[1]) Bei Schnelläufern: Pittler-Schnellspannfutter,
bei Modell RF IV und RH III: Pittler-Winkelhebel-Spannfutter.

Richtwerte für Rüstzeiten
auf Pittler-Revolverdrehbänken (neuer Bauart)

Art des Rüstens	PIROFA			PIREX		
	25/40	45	63	32	50/63	80
	Zeiten in Minuten					
A) Stangenarbeiten						
1. a) Stangen-Spannkopf anbringen	8	10	12	8	12	–
Stangen-Spannkopf abnehmen	6	8	10	6	10	–
b) Spannbacken wechseln (einsetzen und herausnehmen)	2	2,5	3	2	3	–
c) Einsatzbacken wechseln (einsetzen und herausnehmen)	3	3	3	3	3	–
2. a) Werkstoffführungsring wechseln (402 401, 402 404)	2	3	3	2	3	–
b) Werkstoffführungsring mit Rohransatz wechseln (402 409 / 458)	2–6	2–6	3–7	2–6	3–7	–
c) Klemmscheibe (Forkardt) wechseln (401 600 / 665)	–	1,5	–	1,5	1,5	–
d) Kugelgreifkorb (Pfander) wechseln	2,5	3	3	2,5	3	–
e) Gewichtsvorschub einstellen	2	–	–	2	–	–
3. a) Umspannzange wechseln 407 004 / 006 /018 /013 /023	2	2	3	2	3	–
b) Einsatzbacken ausdrehen, wenn Aufmaß ca. 1 mm	4	4	5	4	5	–
4. Abstechschlitten anbauen	4	–	7	6	7	–
Abstechschlitten abbauen	3	–	5	5	5	–
B) Futterarbeiten						
1. a) Zwei- oder Dreibackenfutter handbetätigt anbringen	2	2	2	2	2	7
abnehmen	1,5	1,5	1,5	1,5	1,5	5
b) Zwei- oder Dreibackenfutter kraftbetätigt anbringen	3	3	3	3	3	7
abnehmen	2,5	2,5	2,5	2,5	2,5	5
2. Grundbacken wechseln im Dreibackenfutter	1,8	1,8	2,5	1,8	2,5	4
3. a) Aufsatzbacken wechs. auf Zweibackenfutter	4	4	5	4	5	6
b) Aufsatzbacken wechs. auf Dreibackenfutter	5	5	6	5	6	8
4. Aufsatzbacken ausdrehen Zwei- oder Drei-backenfutter (richtet sich nach Spann-∅ und Länge) Mittelwert	ca 6' maximal 20 Minuten					
C) Vorrichtungen u. Apparate						
1. a) Strehleinrichtung anbauen	7	7	9	7	9	11
Strehleinrichtung abbauen (Schwenkarm, Strehlschlitten)	3	3	6	3	6	7

	für Maschinengröße					
	PIROFA			PIREX		
Art des Rüstens	25/40	45	63	32	50/63	80
	Zeiten in Minuten					
b) Leitbacke und Leitpatrone wechseln (einschl. ausrichten)	3	3	4	3	4	6
c) Führungslineal an- und abbauen, ausrichten	10	12	12	10	12	12
d) Strehleinrichtung einstellen (ohne Strehler einstellen)	5	5	5	5	5	7
2. a) Längs- oder Plankopiereinrichtung an- und abbauen	4	4	4	4	4	5
b) Längs- oder Plankopiereinrichtung einstellen	6	7	7	6	7	7
3. a) Plananschlag an- und abbauen	2	2	2	2	2	3
b) Plananschlag einstellen	1	1	1,5	1	1,5	1,5
4. a) Trommellängsanschlag an- und abbauen	2	2	3	2	3	3,5
b) Trommellängsanschlag einstellen	1,5	1,5	1,5	1,5	1,5	1,5
5. Sonderlängsanschlag an- und abbauen	2	2	2	2	2	2
6. Schwenkbarer Führungsarm anbauen	5	5	7	5	7	9
abbauen	2	2	3	2	3	5
7. Wegwendbare Gegenspitze an- u. abbauen	15	20	20	20	20	–
8. Revolverkopf wechseln	25	20	20	30	20	25
9. Programmschaltung ein- oder umstellen nach Lochkarte	1,5	1,5	1,5	1,5	1,5	2
10. Punktstillsetzung einstellen	–	3 Minuten				

D) Normalwerkzeuge

		25/40	45	63	32	50/63	80
1.	Anschlagbolzen 1001/3 Zentrierwerkzeug 3000/3 einsetzen und herausnehmen Spiralbohrer, Senker u. dergl.	1	1	1,5	1	1,5	2
2.	Spannhülsen einsetzen und herausnehmen						
	zentrisch	0,8	0,8	1	0,8	1	1,2
	exzentrisch	1,8	1,8	2	1,8	2	2,5
	zentrisch mit Anzugmutter	1,5	1,5	2	1,5	2	2,2
3.	Stahlhalter mit zylindr. Schaft ohne Mutter; und ähnliche Werkzeuge 11.1 11.4 12.3 12.4 13.3 13.4 14.0 15.0 16.0 17.0 einsetzen u.herausnehmen	1,5	2	2	2	2	2,5
4.	Stahlhalter mit zylindr. Schaft und Mutter, Schneideisenhalter, Gewindebohrerhalter, Hülse mit Bajonettverschluß und ähnliche Werkzeuge 18.0 19.0 19.1 20.7 22.7 37.0 98.0 99.0 44.1 einsetzen und herausnehmen	2	2,5	2,5	2,5	2,5	3

Art des Rüstens	für Maschinengröße					
	PIROFA			PIREX		
	25/40	45	63	32	50/63	80
	Zeiten in Minuten					
5. a) Stahl auf Werkstückmitte, sowie Fertig-$\varnothing$ u. Anschlag für autom. Ausrückung einstellen	5	5	5	5	5	5
b) Abstechstahl einstellen	2,5	2,5	2,5	2,5	2,5	2,5
6. a) Schälstahlhalter einsetz. u. einstell. 44.1; 70.1	10	12	12	10	12	12
b) Rollengegenführung 46.0	4	4	5	4	5	6
c) Rändelhalter 48.0; 49.0	2	2	2	2	2	2
7. Runde Gewindesträhler 63.0 Aufsatzsträhler 64.0 / 64.8 einsetzen, einstellen und herausnehmen	5	5	5	5	5	5
8. Rollengegenführung mit Flansch 47.0 Stieber-Spannfutter mit Flansch 80.0 / 80.1 an- und abbauen	5	5	6	5	6	7
E) Werkzeuge zum Querschlitten						
1. a) 1 Drehstahl im Vierfachstahlhalter einspannen, einstellen und ausspannen	–	–	–	–	5	5
b) Längs-Anschlag am Querschlitten einstellen	–	–	–	–	2	2
c) Plan-Anschlag am Querschlitten einstellen	–	–	–	–	2	2
d) Vierfachstahlhalter od. Schnellwechselhalter an- und abbauen	–	–	–	–	12	12
F) Verschiedene Werkzeuge						
1. a) Gewindeschneidköpfe einsetzen, einstellen und herausnehmen im Revolverkopf	4,5	4,5	5	4,5	5	6
im Schwenkarm	6	6	7	6	7	8
b) Strehlerbackenköpfe od. Gewinde-Rollköpfe einsetzen, einstellen und herausnehmen						
im Revolverkopf	etwa 12 Minuten					
im Schwenkarm	etwa 14 Minuten					

Rüstzeiten sind weitestgehend auf volle bzw. halbe Minuten nach oben abgerundet; da sie für jeden Arbeitsauftrag nur einmal vorkommen, sind Zehntelminuten ohne Belang für die Gesamtzeit.
Obige Werte gelten unter der Voraussetzung, daß die Werkzeuge bereitliegen, daß sich alle auszuwechselnden Teile in einwandfreiem Zustand befinden und, daß das Rüsten der Maschine nach erprobten Einstellplänen erfolgt.

Richtwerte für Nebenzeiten t_n
auf Pittler-Revolverdrehbänken (neuer Bauart)

Arbeitsausführung Soweit die Griffzeiten in die Nebenzeiten fallen, werden sie nach Beendigung des jeweiligen Arbeitsganges (Arbeitsstufe) zusammenhängend erfaßt.	Maschinengröße (neuer Bauart)					
	PIROFA			PIREX		
	25/40	45	63	32	50/63	80
	Zeiten in Minuten					
I. Abhängig vom Spannmittel						
Spannen mit:						
Stangenspannfutter (Spannung lösen, Werkstoff selbsttätig nachschieben, spannen.)						
a) kraftbetätigt	0,07	0,08	0,10	0,07	0,10	0,15
b) handbetätigt	0,07	0,10	0,10	0,09	0,10	0,20
Umspannzange, Spannfutter, Umspanndorn, Spanndorn						
Werkstückwechsel						
a) kraftbetätigt	0,10	0,12	0,15	0,12	0,15	0,25
b) handbetätigt	0,12	0,16	0,20	0,16	0,20	0,30
Zweibacken- bzw. Dreibackenfutter						
Werkstückwechsel						
a) kraftbetätigt	0,15	0,18	0,22	0,18	0,22	0,40
b) kraftbetätigt mit Elektrozug						1,00
c) handbetätigt	0,20	0,25	0,30	0,25	0,30	0,60
d) handbetätigt mit Elektrozug						1,25
Sonderspannung Z. B. umsteckbare Formbacken. Diese Spannzeiten sind abhängig vom Werkstück: Größe, Form, Gewicht.						
Anhaltswerte:						
a) kraftbetätigt	0,23	0,26	0,32	0,26	0,32	–
b) handbetätigt	0,28	0,33	0,40	0,33	0,40	–
II. Abhängig von der Bearbeitungsstelle Revolverschlitten						
Sich wiederholende Griffzeiten:						
R) Revolverschlitten zurückfahren, Revolverkopf schalten, längs zum Schnitt anstellen, Vorschub einrücken	0,06	0,10	0,12	0,08	0,12	0,20
A1) Werkzeug abheben nach Längsdrehen in Indexstellung, Revolverkopf entriegeln, Stahl abschwenken	0,03	0,04	0,04	0,04	0,04	0,06

Arbeitsausführung Soweit die Griffzeiten in die Nebenzeiten fallen, werden sie nach Beendigung des jeweiligen Arbeitsganges (Arbeitsstufe) zusammenhängend erfaßt.	Maschinengröße (neuer Bauart)					
	PIROFA			PIREX		
	25/40	45	63	32	50/63	80
	Zeiten in Minuten					
A2) Werkzeug abheben nach Längsdrehen oder Einstechen auf Plananschlag oder Feinanschlag plan (außer Index)	0,04	0,05	0,05	0,05	0,05	0,07
B) Werkzeug plan zum Schnitt anstellen, Betätigung der Revolverschlitten-Festklemmung	0,04	0,06	0,06	0,05	0,06	0,10
C) Revolverkopf mittels Plananschlag außer Index stellen, mittels Kupplungs-Druckknopf Revolverkopf klemmen	0,04	0,06	0,06	0,05	0,06	0,10
C1) Revolverkopf plan auf Feinanschlag stellen, mittels Kupplungs-Druckknopf Revolverkopf klemmen	0,06	0,08	0,08	0,07	0,08	0,12
E) Maschine einrücken oder stillsetzen	0,02	0,02	0,03	0,02	0,03	0,05
F) Drehzahl wechseln (entfällt bei Maschine mit Programmschaltung)	0,02	0,02	0,02	0,02	0,02	0,04
G) Drehrichtung wechseln (entfällt bei Maschine mit Programmschaltung)	0,02	0,02	0,02	0,02	0,02	0,04
H) Vorschub einstellen (entfällt bei PIREX 80 mit Programmschaltung)	0,04	–	–	–	–	0,04
Querschlitten						
Sich wiederholende Griffzeiten:						
Q1) Querschlitten in Arbeitsstellung fahren, plan oder längs zum Schnitt anstellen	–	–	–	–	0,30	0,50
Q2) Plan oder längs zum Schnitt anstellen	–	–	–	–	0,20	0,25
K) Vierfachstahlhalter schwenken oder Spezial-Stahlhalter wechseln	–	–	–	–	0,10	0,12
L) Anschlagstange verstellen	–	–	–	–	0,04	0,06
M) Trommelanschlag schalten	–	–	–	–	0,04	0,06
N) Querschlitten längs verschieben, lösen und festklemmen	–	–	–	–	0,10	0,15

Arbeitsausführung Soweit die Griffzeiten in die Nebenzeiten fallen, werden sie nach Beendigung des jeweiligen Arbeitsganges (Arbeitsstufe) zusammenhängend erfaßt	Maschinengröße (neuer Bauart)					
	PIROFA			PIREX		
	25/40	45	63	32	50/63	80
	Zeiten in Minuten					

III. Sonder-Ausstattungen

Arbeitsausführung	25/40	45	63	32	50/63	80
O) Wegwendbare Gegenspitze	0,15	0,15	0,20	0,15	0,20	0,30
P) Gewinde strehlen (Schwenkarm in Arbeitsstellung einschwenken, Strehlerhalter auf Anfangstellung zurückdrehen; Schwenkarm zurückschwenken)	0,10	0,12	0,15	0,12	0,15	0,25
P₁) Zuschläge für Strehlen je Durchgang	0,02	0,02	0,03	0,02	0,03	0,06
10–12 Automatenweichstahl 12–15 legierter Stahl (bis 70 kg/mm²) 4– 8 Messing (gültig bei HM-bestückten Stählen, gut zerspanbarem Werkstoff und mittleren Gewindesteigungen)						
S) Schwenkbarer Führungsarm **Schneidkopf** (Führungsarm einschwenken, mit Revolverschlitten andrücken, Revolverschlitten zurückfahren, Schneidkopf zustellen.)	0,12	0,15	0,18	0,15	0,18	0,30
Schneideisen, Gewindebohrer	0,12	0,15	0,18	0,15	0,18	0,30
Bei Maschinen ohne Programmschaltung und ohne Umkehreinrichtung Nebenzeit für Drehrichtungswechsel beachten!						
T) Sonderlängsanschlag auslösen	0,03	0,03	0,03	0,03	0,03	0,05
U₁) Längskopiereinrichtung anstellen, Andrückeinrichtung festklemmen und lösen	0,10	0,12	0,12	0,10	0,12	0,20
U₂) Plankopiereinrichtung anstellen	0,05	0,06	0,06	0,05	0,06	0,10
V) Abstechschlitten betätigen	0,03	–	–	0,03	0,04	–
Ausspänen beim Bohren je	0,03	0,03	0,05	0,03	0,05	0,08

Richtwerte für Schnittgeschwindigkeiten und Vorschübe

In den nachstehenden Tafeln über Richtwerte für Schnittgeschwindigkeiten und Vorschübe haben wir nur Anhaltswerte angegeben, da die Standzeit eines Werkzeuges von mehreren Faktoren abhängig ist. Die Werte sind nach unseren langjährigen und vielseitigen Erfahrungen zusammengestellt. Je nach den vorliegenden Verhältnissen, je nach Werkstück, Maschinentype und Maschinenhalterung wird es nötig sein, die Werte zu erhöhen oder herabzusetzen. In bestimmten Fällen wird es auch vorteilhaft sein, die Vorschübe zu erhöhen und dafür die Schnittgeschwindigkeiten herabzusetzen. Die wirtschaftlichsten Werte hierfür und der zu verwendende Schneidenwerkstoff können nur durch Versuche ermittelt werden. Da bei Revolverarbeiten die Werkzeuge in den einzelnen Arbeitsstufen nur einen Teil der Gesamtarbeitszeit in Eingriff stehen, wurde als Standzeit $v = 240$ min gewählt.

Für die Schneidenwerkstoffe aus Hochleistungs-Schnellstahl wurden die VDEh-Bezeichnungen gewählt. Die Analyse, Werkstoff-Nr., Wärmebehandlung und die Firmenbezeichnung der verschiedenen Hersteller können dem „Stahlschlüssel", Verlag „Stahlschlüssel", Marbach a. N., entnommen werden.

Für die mit Hartmetall bestückten Werkzeuge wurden die Zerspanungs-Anwendungsgruppen nach DIN 4990 (Ausgabe April 59) angegeben.

Die hierfür zugeordneten Hartmetallsorten sind den Prospekten der Herstellerfirmen zu entnehmen.

Richtwerte für Schnittgeschwindigkeiten

Werkstoff	Festigkeit kg/mm² bzw. HB		Schneiden-Werkstoff	Schruppen v	Schruppen s	Schlichten v	Schlichten s	Ein- und Abstechen v	Ein- und Abstechen s	Bohren v	÷5∅ s	÷10∅ s	÷25∅ s	über 25∅ s
St. 37 St. 42 St. 50 9 S 20 22 S 20 C 15	÷50	HSS	ECo 3	32–37	0,2	37–42	0,1	28–35	0,06 (v.H.)	23÷35	0,12	0,22	0,35	0,4
		HSS	EV 4 Co	37–42	0,2	42–45	0,1							
		HSS	EW 9 Co 10	42–48	0,2	48–52	0,1							
		HM	P 20	75–150	0,3	100–200	0,1	50–60	0,15	P 30 60÷70	0,04	0,05	0,08	0,1
		HM	P 30	50–100	0,3	–								
		HM	M 20	60–120	0,3	80–120	0,1							
St. 60 C 45 16 Mn Cr 5	÷70	HSS	ECo 3	21–24	0,2	27–30	0,1	20–25	0,06 (v.H.)	20÷30	0,12	0,2	0,35	0,4
		HSS	EV 4 Co	24–27	0,2	30–35	0,1							
		HSS	EW 9 Co 10	27–30	0,2	35–40	0,1							
		HM	P 20	60–100	0,3	70–170	0,1	50–60	0,12	K 10 40÷50	0,04	0,05	0,08	0,1
		HM	P 30	40–70	0,3	–								
		HM	M 20	50–80	0,3	70–110	0,1							
St. 70 C 60	÷90	HSS	ECo 3	15–20	0,2	20–25	0,1	16–20	0,05	15÷20	0,08	0,12	0,25	0,3
		HSS	EV 4 Co	20–25	0,2	25–28	0,1							
		HSS	EW 9 Co 10	23–28	0,2	28–32	0,1							
		HM	P 20	50–95	0,3	70–120	0,1	30–40	0,1	K 10 40÷50	0,04	0,05	0,08	0,1
		HM	P 30	30–60	0,3	–								
		HM	M 20	35–85	0,3	60–80	0,1							
Cr-Ni, Cr-Mo und andere leg. Stähle	÷100	HSS	ECo 3	8–10	0,2	12–14	0,1	8–10	0,03	10÷15	0,05	0,12	0,25	0,3
		HSS	EV 4 Co	10–12	0,2	14–16	0,1							
		HSS	EW 9 Co 10	12–15	0,2	16–20	0,1							
		HM	P 20	30–70	0,3	50–100	0,1	20–30	0,1	K 10 30÷45	0,04	0,05	0,08	0,08
		HM	P 30	20–40	0,3	–								
		HM	M 20	25–45	0,3	–								
Stahlguß	÷70	HSS	ECo 3	15–20	0,2	20–25	0,1	16–20	0,05	15÷20	0,08	0,12	0,25	0,3
		HSS	EV 4 Co	20–25	0,2	25–28	0,1							
		HSS	EW 9 Co 10	23–28	0,2	28–32	0,1							
		HM	P 20	40–70	0,3	50–90	0,1	30–40	0,1	K 10 15÷30	0,03	0,04	0,06	0,08
		HM	P 30	20–50	0,3	–	0,1							
		HM	M 20	30–60	0,3	50–70	0,1							
Gußeisen GG 26 *)	200÷250	HSS	ECo 3	18–23	0,2	23–28	0,1	18–25	0,05	20÷30	0,12	0,25	0,4	0,4
		HSS	EV 4 Co	23–28	0,2	28–33	0,1							
		HSS	EW 9 Co 10	28–33	0,2	33–38	0,1							
		HM	K 10	30–60	0,4	50–90	0,15	40–60	0,1	K 10 25÷40	0,04	0,05	0,12	0,2
		HM	K 20	25–40	0,3	40–70	0,15							
		HM	M 20	50–70	0,3	60–80	0,15							

*) Für Gußeisen-Qualitäten abweichender Festigkeiten ändern sich die aufgeführten Werte entsprechend.

V₂₄₀ in m/min und Vorschübe s in mm/U

Senken		Reiben			Gewindeschneiden				Schnittwinkel beim Drehen		Schneiden-Werkstoff
v	s	v	s (÷10Ø)	s (÷20Ø)	mit Gewindebohrer od. Schneideisen	m. selbstauslösendem Schneidkopf	mit Rollkopf	Strehlen	Freiwinkel α	Spanwinkel γ	
25÷35	0,4	5–10	0,2	0,3	12–20	10–15	30–60	35–40	6°–8°	12°–14°	HSS: ECo 3 EV 4 Co EW 9 Co 10
K 10: 30÷40	0,08	5–10	0,2	0,3	–	–	–	60–70	5°–8°	10°–15°	HM: P 20 P 30 M 20
20÷30	0,4	5–10	0,2	0,3	12-20	8–12	30–60	35–40	6°–8°	12°–14°	HSS: ECo 3 EV 4 Co EW 9 Co 10
K 10: 25÷35	0,08	5–10	0,2	0,3	–	–	–	60–70	5°–8°	8°–12°	HM: P 20 P 30 M 20
15÷20	0,35	6–8	0,2	0,3	5–10	6–8	30–70	25–30	6°–8°	8°–10°	HSS: ECo 3 EV 4 Co EW 9 Co 10
K 10: 20÷30	0,08	6–8	0,2	0,3	–	–	–	40–60	5°–8°	6°–10°	HM: P 20 P 30 M 20
10÷15	0,3	3–5	0,2	0,3	2–4	1–3	40–70	15–20	6°–8°	6°–8°	HSS: ECo 3 EV 4 Co EW 9 Co 10
K 10: 15÷25	0,06	3–5	0,2	0,3	–	–	–	30–50	5°–8°	0°–6°	HM: P 20 P 30 M 20
15÷20	0,3	5–10	0,2	0,3	8–15	6–10	–	35–40	6°–8°	8°–10°	HSS: ECo 3 EV 4 Co EW 9 Co 10
K 10: 20÷30	0,08	5–10	0,2	0,3	–	–	–	60–70	5°–8°	6°–8°	HM: P 20 P 30 M 20
20:30	0,4	6–8	0,15	0,2	8–12	5–8	–	20–25	6°–8°	0°	HSS: ECo 3 EV 4 Co EW 9 Co 10
K 10: 20÷30	0,12	5–10	0,2	0,3	–	–	–	40–60	5°–8°	0°–5°	HM: K 10 K 20 M 20

Werkstoff	Festigkeit kg/mm² bzw.HB		Schneiden-Werkstoff	Schruppen v	Schruppen s	Schlichten v	Schlichten s	Ein- und Abstechen v	Ein- und Abstechen s	Bohren v	÷5⌀ s	÷10⌀ s	÷25⌀ s	über 25⌀ s
Kurz-spanender Temperguß	–	HSS	ECo 3	18 – 23	0,2	23 – 28	0,1	18 – 25	0,05	20÷30	0,12	0,25	0,4	0,4
			EV 4 Co	23 – 28	0,2	28 – 33	0,1							
			EW 9 Co 10	28 – 33	0,2	33 – 38	0,1							
		HM	K 10	40 – 70	0,3	50 – 100	0,1	30 – 50	0,1	K 10 25÷40	0,04	0,05	0,12	0,2
			M 10	40 – 70	0,3	50 – 100	0,1							
Lang-spanender Temperguß	–	HSS	ECo 3	15 – 20	0,2	20 – 25	0,1	16 – 20	0,05	20÷25	0,08	0,12	0,25	0,3
			EV 4 Co	20 – 25	0,2	25 – 28	0,1							
			EW 9 Co 10	23 – 28	0,2	28 – 32	0,1							
		HM	P 20	40 – 70	0,3	50 – 100	0,1	30 – 50	0,1	K 10 20÷30	0,04	0,05	0,08	0,1
			M 20	60 – 80	0,3	80 – 100	0,1							
Messing Rotguß Bronze	÷120	HSS	ECo 3	50 – 70	0,2	80 – 100	0,1	40 – 60	0,1	60÷80	0,15	0,25	0,5	0,6
			EV 4 Co	70 – 80	0,2	90 – 110	0,1							
			EW 9 Co 10	80 – 90	0,2	100 – 120	0,1							
		HM	K 10	150 – 300	0,4	200 – 400	0,1	80 – 100	0,2	K 10 70÷100	0,08	0,1	0,15	0,2
			K 20	150 – 300	0,4	200 – 400	0,1							
			M 10	150 – 300	0,4	200 – 400	0,1							
Kupfer	÷45	HSS	ECo 3	30 – 50	0,2	50 – 70	0,1	20 – 40	0,1	50÷100	0,15	0,25	0,4	0,5
			EV 4 Co	40 – 60	0,2	60 – 80	0,1							
			EW 9 Co 10	50 – 70	0,2	70 – 90	0,1							
		HM	K 20	120 – 200	0,4	150 – 300	0,1	60 – 80	0,2	–	–	–	–	–
Alu-Legierungen	60÷100	HSS	ECo 3	70 – 90	0,2	100 – 120	0,1	80 – 100	0,2	80÷120	0,15	0,25	0,4	0,5
			EV 4 Co	90 – 110	0,2	120 – 140	0,1							
			EW 9 Co 10	110 – 120	0,2	140 – 160	0,1							
		HM	K 10	150 – 350	0,4	250 – 450	0,1	100 – 150	0,2	K 10 200÷300	0,08	0,12	0,2	0,25
			K 20	200 – 400	0,4	300 – 600	0,1							
			M 10	150 – 200	0,4	200 – 250	0,1							
Kunst- und Preßstoffe	–	HSS	ECo 3	40 – 60	0,2	60 – 80	0,1	30 – 50	0,2	40÷70	0,06	0,12	0,3	0,3
			EV 4 Co	50 – 70	0,2	70 – 90	0,1							
			EW 9 Co 10	60 – 80	0,2	80 – 100	0,1							
		HM	K 10	50 – 200	0,3	150 – 300	0,1	50 – 100	0,2	K 10 60÷75	0,05	0,08	0,12	0,15
			K 20	50 – 200	0,3	150 – 300	0,1							
			M 10	50 – 200	0,3	150 – 300	0,1							

v_{240} in m/min und Vorschübe s in mm/U

Senken			Reiben			Gewindeschneiden				Schnittwinkel beim Drehen			
	v	s	v	s ($\cdot/10\varnothing$)	s ($\cdot/20\varnothing$)	mit Gewindebohrer od. Schneideisen	m. selbstauslösendem Schneidkopf	mit Rollkopf	Strehlen	Freiwinkel α	Spanwinkel γ		Schneiden-Werkstoff
	25÷30	0,4	6–8	0,15	0,2	10–12	6–8	–	20–25	6°–8°	0°–5°	HSS	ECo 3 EV 4 Co EW 9 Co 10
K 10	25÷30	0,12	5–10	0,2	0,3	–	–	–	40–60	5°–8°	3°–6°	HM	K 10 M 10
	20÷25	0,4	5–10	0,2	0,3	10–12	6–8	–	25–30	6°–8°	6°–8°	HSS	ECo 3 EV 4 Co EW 9 Co 10
K 10	20÷25	0,12	5–10	0,2	0,3	–	–	–	40–60	5°–8°	3°–6°	HM	P 20 M 20
	60÷80	0,4	10–12	0,4	0,5	12–40	10–30	–	80–120	6°–8°	0°	HSS	ECo 3 EV 4 Co EW 9 Co 10
K 10	35÷45	0,15	12–25	0,3	0,5	–	–	–	100–150	5°–8°	0°–10°	HM	K 10 K 20 M 10
	50÷100	0,4	10–12	0,2	0,3	20–25	15–20	60–90	60–80	6°–8°	15°–18°	HSS	ECo 3 EV 4 Co EW 9 Co 10
K 10	40÷50	0,15	15–30	0,4	0,6	–	–	–	80–100	5°–8°	10°–15°	HM	K 20
	80÷120	0,5	15–20	0,2	0,3	15–25	10–20	60–90	80–120	10°–12°	15°–18°	HSS	ECo 3 EV 4 Co EW 9 Co 10
K 10	70÷80	0,15	25–30	0,4	0,6	–	–	–	100–150	6°–10°	12°–20°	HM	K 10 K 20 M 10
	40÷70	0,4	10–15	0,2	0,3	15–20	10–15	–	40–50	10°–12°	8°–10°	HSS	ECo 3 EV 4 Co EW 9 Co 10
K 10	70÷80	0,2	25–30	0,4	0,6	–	–	–	60–80	8°–10°	10°–12°	HM	K 10 K 20 M 10

Bearbeitung einer Welle, 1. Einspannung
auf Pittler-Revolverdrehbank PIREX 32

Stangenspannung   Werkstoff: Kugellagerstahl

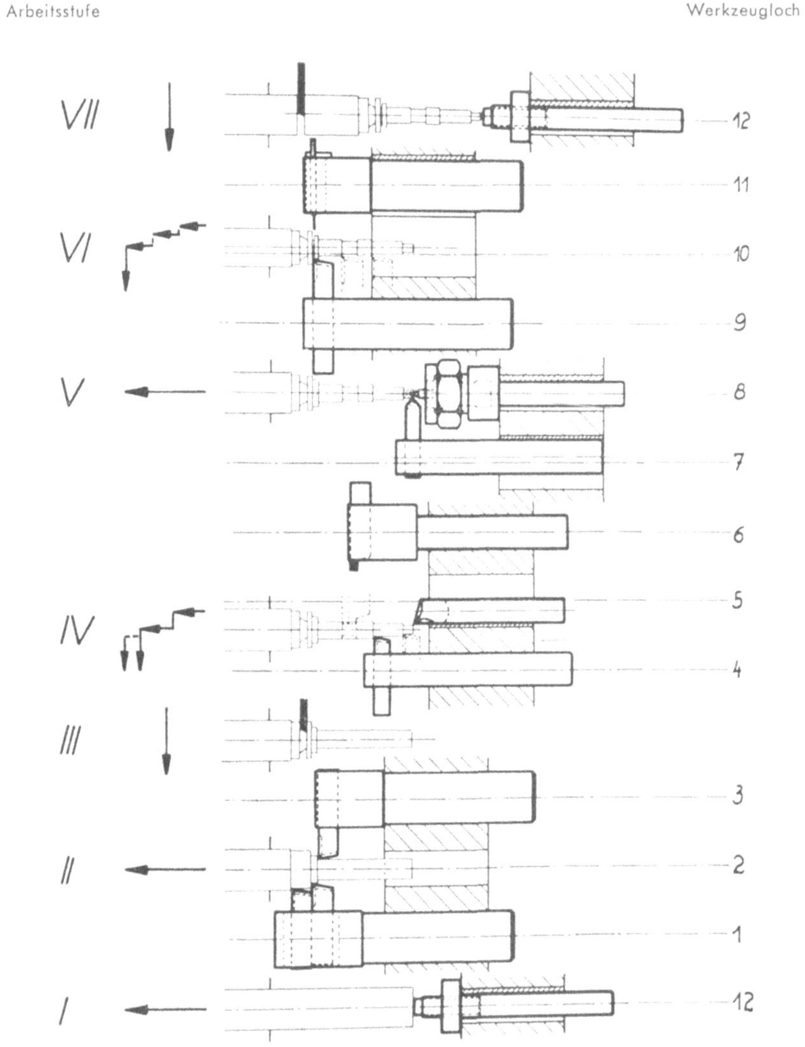

Kalkulationsbeispiel zur Bearbeitung einer Welle, 1. Einspannung
auf Pittler-Revolverdrehbank PIREX 32

Arbeits-stufe	Arbeitsgang	Arbeits-$\varnothing$ mm	Arbeits-Länge mm	s mm/U	n U/min	v m/min	t_n in Min.	t_h je Arbeitsgang	t_g
	1. Einspannung								
I	Werkstoff vorschieben u. spannen	22	68	–	–	–	0,07	–	0,07
	R	–	–	–	–	–	0,08	—	0,15
II	20,4 $\varnothing$	–	–	–	–	–	–	–	–
	14,5 $\varnothing$ } vordrehen . . . . . {	22	75	0,15	900	63	–	0,56	0,71
	10,5 $\varnothing$	–	–	–	–	–	–	–	–
	R	–	–	–	–	–	0,08	–	0,79
III	9 $\varnothing$ vorstechen	20,4	6	v.Hd.	360	24	–	0,23	1,02
	R + Abstechschlitten	–	–	–	–	–	0,11	–	1,13
IV a	5,2 $\varnothing$ – 0,1 } fertigdrehen . . .	10,5	6	0,07	2250	75	–	0,04	1,17
IV b	7,2 $\varnothing$ – 0,1 }	10,5	19	0,07	2250	75	–	0,12	1,29
IV c	5,2 / 0 $\varnothing$ plandrehen	5,2 /0	3	v.Hd.	1400	23	–	0,02	1,31
IV d	7 $\varnothing$ 2 x einstechen 8 mm breit . .	10,5	6	v.Hd.	1400	47	–	0,10	1,41
	R + A$_2$ + C$_1$ + F	–	–	–	–	–	0,20	–	1,61
V	5,2 $\varnothing$ zentrieren, anfasen	5,2	4	v.Hd.	2250	37	–	0,03	1,64
	R	–	–	–	–	–	0,08	–	1,72
VI a	9 $\varnothing$	10,5	15	0,06	2250	75	–	0,11	1,83
VI b	10,2 $\varnothing$ – 0,1 } fertigdrehen	10,5	8	0,06	2250	75	–	0,06	1,89
VI c	14,4 $\varnothing$ – 0,1 }	14,5	4	0,06	2250	105	–	0,02	1,91
VI d	9 $\varnothing$ vorstechen	20,4	8	v.Hd.	360	23	–	0,40	2,31
	R + A$_2$ + A$_2$ + A$_2$ + C$_1$ + F	–	–	–	–	–	0,32	–	2,63
VII a	Werkstoff vorschieben u. spannen	22	41	–	–	–	0,07	–	2,70
VII b	22 $\varnothing$ abstechen	22	11	v.Hd.	360	25	–	0,47	3,17
	R	–	–	–	–	–	0,08	–	3,25
angenommen: v$_{240}$ = 23 – 105 m/min				Gesamtzeit			1,09	2,16	3,25

Bearbeitung einer Welle, 2. Einspannung auf Pittler-Revolverdrehbank PIREX 32

Gespannt: in Umspannzange   Werkstoff: Kugellagerstahl

Kalkulationsbeispiel zur Bearbeitung einer Welle, 2. Einspannung
auf Pittler-Revolverdrehbank PIREX 32

Arbeits-stufe	Arbeitsgang	Arbeits-$\varnothing$	Arbeits-Länge	s	n	v	t_n	t_h	t_g
		mm	mm	mm/U	U/min	m/min	in Min. je Arbeitsgang		
	2. Einspannung								
I	Ein- und ausspannen	–	–	–	–	–	0,12	–	0,12
II	9,2 $\varnothing$ vordrehen	22	38	0,15	900	63	–	0,28	0,40
	R	–	–	–	–	–	0,07	–	0,47
III a	7,2 $\varnothing$ – 0,1 $\Big\}$ fertigdrehen . . .	9,5	7	0,06	2250	68	–	0,06	0,53
III b	9,2 $\varnothing$ – 0,1	9,5	29	0,06	2250	68	–	0,22	0,75
III c	7,2 $\varnothing$ / 0 plandrehen	7,2/0	4	v.Hd.	2250	52	–	0,03	0,78
	R + A + A + C	–	–	–	–	–	0,17	–	0,95
IV	6 $\varnothing$ anbohren	6	6	v.Hd.	1400	27	–	0,10	1,05
	R	–	–	–	–	–	0,07	–	1,12
V a	7,2 $\varnothing$ anfasen	7,2	2	v.Hd.	2250	52	–	0,02	1,14
V b	Einstiche schlichten	20,4	8	v.Hd.	2250	145	–	0,06	1,20
	R + A + B + C	–	–	–	–	–	0,22	–	1,42
VI	4,5 $\varnothing$ bohren	4,5	35	0,07	1400	20	–	0,36	1,78
	R + 2 x entspänen	–	–	–	–	–	0,13	–	1,91
VII	5 $\varnothing$ senken	5	35	0,08	1400	22	–	0,32	2,23
	R + entspänen	–	–	–	–	–	0,10	–	2,33
VIII	4,9 $\varnothing$ bohren	4,9	28	v.Hd.	1400	20	–	0,30	2,63
	R + 3 x entspänen	–	–	–	–	–	0,16	–	2,79
IX	5 $\varnothing$ D 11 reiben	5	35	v.Hd.	360	5,6	–	0,64	3,43
	R	–	–	–	–	–	0,07	–	3,50
angenommen: v240 = 5,6 – 145 m/min			Gesamtzeit				1,11	2,39	3,50

1. Einspannung . . . . t_g = 3,25 min
2. Einspannung . . . . t_g = 3,50 min

Gesamtzeit t_g = 6,75 min

Bearbeitung eines Differentialgehäuses
auf Pittler-Revolverdrehbank PIREX 50/200.1

Gespannt:
in kraftbetätigtem Dreibackenfutter

Werkstoff:
C 35 vergütet auf 70 kg/mm²

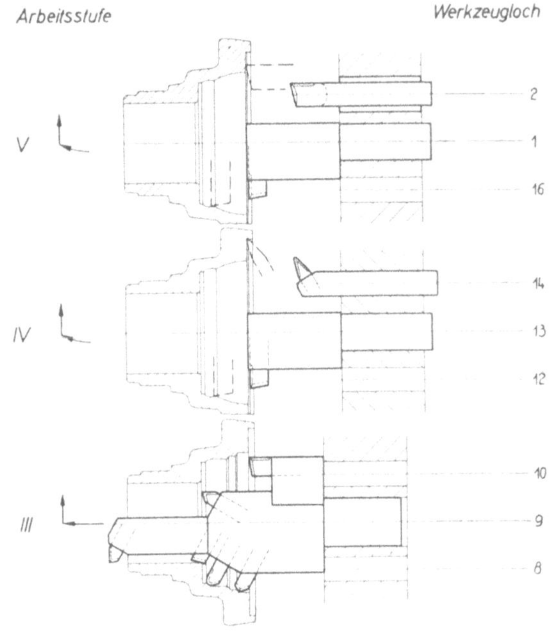

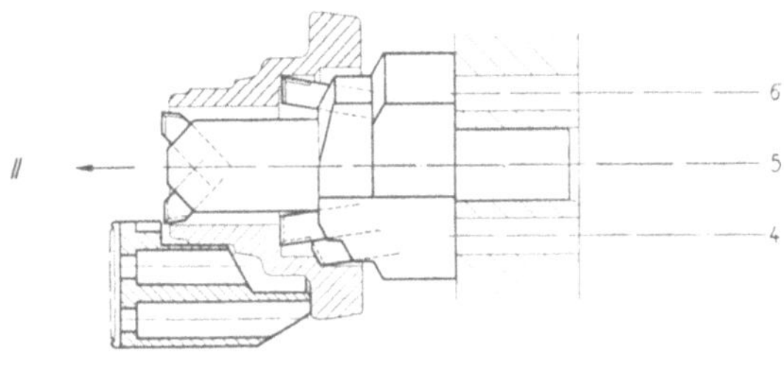

Kalkulationsbeispiel zur Bearbeitung eines Differentialgehäuses auf Pittler-Revolverdrehbank PIREX 50/200.1

Arbeits-stufe	Arbeitsgang	Arbeits-$\varnothing$ mm	Arbeits-Länge mm	s mm/U	n U/min	v m/min	t_n	t_h	t_g
							in Min. je Arbeitsgang		
I	Ein- und ausspannen	–	–	–	–	–	0,22	–	0,22
II	118 $\varnothing$ (Kugel) 105 $\varnothing$ 100 $\varnothing$ 68 $\varnothing$ } vordrehen . . .	110	60	0,2	280	98	–	1,08	1,30
	R	–	–	–	–	–	0,12	–	1,42
III a	118 $\varnothing$ vordrehen 100 $\varnothing$ $-0,5$ r 5 68 $\varnothing$ } fertigdrehen .	115	60	0,12	280	103	–	1,80	3,22
	68 $\varnothing$, $\sphericalangle$ 22° fasen	69	–	–	–	–	–	–	–
III b	115 $\varnothing$ / 155 $\varnothing$ 68 $\varnothing$ / 100 $\varnothing$ } plandrehen .	115/155	21	0,09	180	88	–	1,30	4,52
	R + B + F	–	–	–	–	–	0,20	–	4,72
IV a	118 $\varnothing$ Kugel vorkopieren	118	28	0,2	280	105	–	0,50	5,22
IV b	155 $\varnothing$ einstechen	155	2	v.Hd.	112	56	–	0,30	5,52
	R + B + C + U₁	–	–	–	–	–	0,36	–	5,88
V a	118 $\varnothing$ Kugel fertigkopieren . . .	118	28	0,12	280	105	–	0,82	6,70
V b	118 $\varnothing$ / 155 $\varnothing$ plandrehen . . .	118/155	15	0,10	280	140	–	0,54	7,24
	R + C + B + U₁	–	–	–	–	–	0,36	–	7,60
angenommen: v₂₄₀ = 56 – 140 m/min				Gesamtzeit			1,26	6,34	7,60

Bearbeitung eines Ausgleichgehäuses, 1. Einspannung auf Pittler-Revolverdrehbank PIREX 80/270

Gespannt: in kraftbetätigtem Dreibackenfutter KS 315   Werkstoff: C 35

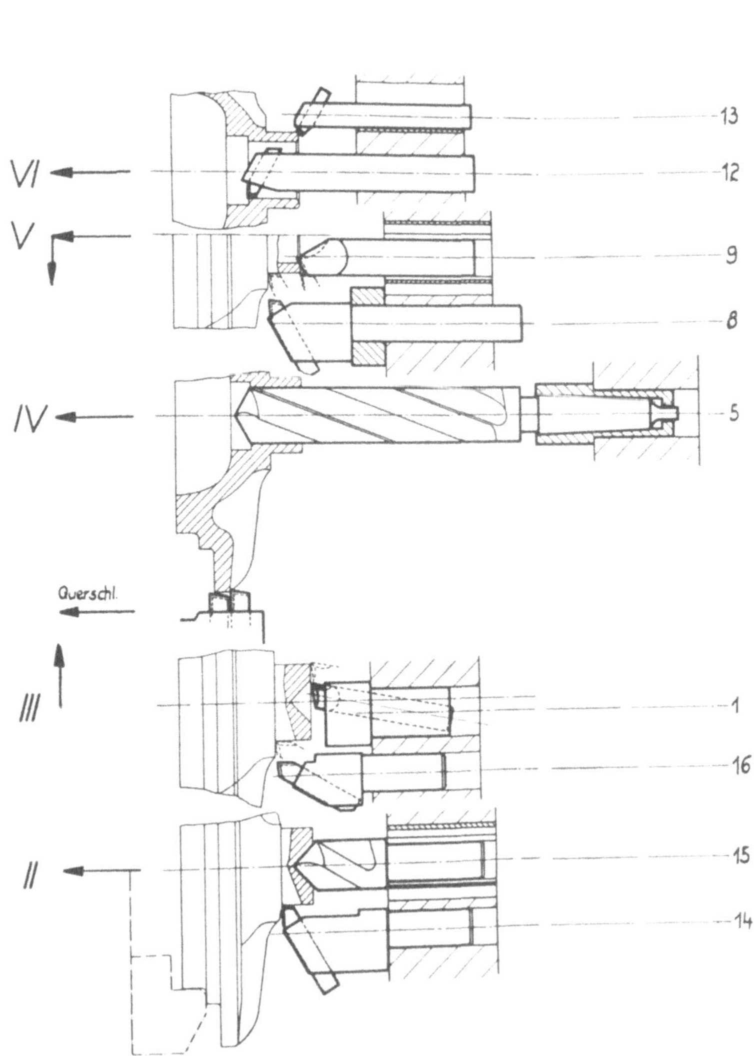

Kalkulationsbeispiel zur Bearbeitung eines Ausgleichgehäuses auf Pittler-Revolverdrehbank PIREX 80/270, 1. Einspannung

Arbeits-stufe	Arbeitsgang	Arbeits-$\varnothing$	Arbeits-Länge	s	n	v	t_n	t_h	t_g
		mm	mm	mm/U	U/min	m/min			
	1. Einspannung								
	Revolverschlitten								
I	Ein- und Ausspannen	–	–	–	–	–	0,40	–	0,40
II	60 n5 $\varnothing$ vordrehen	64	30	0,14	180	37	–	1,20	1,60
	45 $\varnothing$ zentrieren.								
	R	..	–	–	–	–	0,20	–	1,80
III	Schulter und Nabe planvordrehen	87/60,3	16	0,2	280	78/54	–	0,30	2,10
	R + B	–	–	–	–	–	0,30	–	2,40
	Querschlitten								
IV	282 $\varnothing$ langdrehen	286	16	0,2	71	65	–	1,12	3,52
	274 $\varnothing$								
	Q 1 + L + N	–	–	–	–	–	0,71	–	4,23
	Revolverschlitten								
	43 $\varnothing$ bohren	43	60	0,2	180	24	–	1,70	5,93
	R	–	–	–	–	–	0,20	–	6,13
V a	60 n5 $\varnothing$ auf Schleifmaß drehen	61,5	35	0,14	450	90	–	0,56	6,69
V b	60 n5 $\varnothing$ / 87 $\varnothing$ plandrehen . .	60,3/87	16	1,07	450	86/120	–	0,27	6,96
	45 $\varnothing$ ⋜ 60° anfasen								
	R + B + C + H	–	–	–	–	–	0,44	–	7,40
VI	45 $\varnothing$ ausdrehen auf Vormaß . .	44,7	60	0,14	450	62	–	1,00	8,40
	60 n5 $\varnothing$ anfasen								
	R	–	–	–	–	–	0,20	–	8,60
angenommen v_{240} = 37 – 125 m/min					Gesamtzeit		2,45	6,15	8,60

Bearbeitung eines Ausgleichgehäuses, 2. Einspannung auf Pittler-Revolverdrehbank PIREX 80/270

Gespannt: in kraftbetätigtem Dreibackenfutter KS 315   Werkstoff: C 35

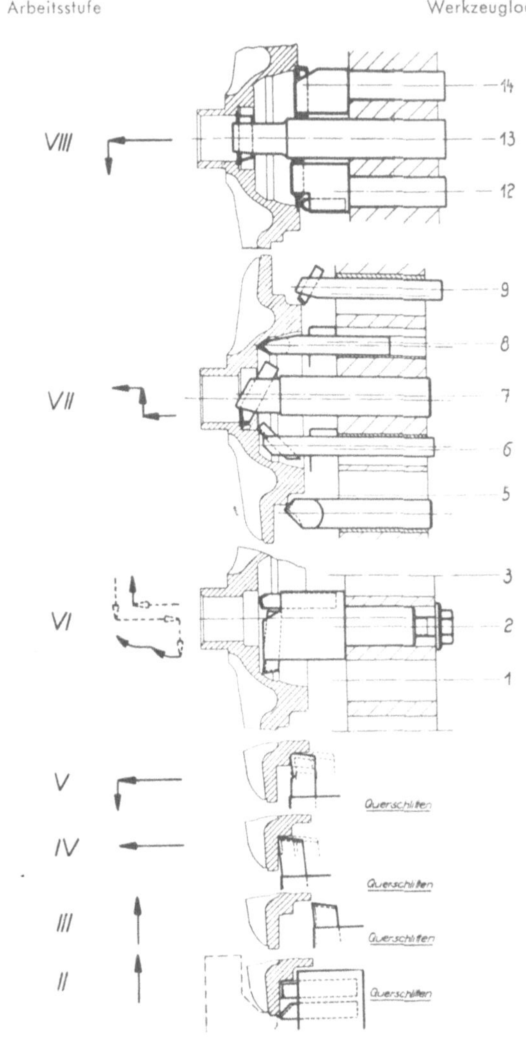

I Werkstück ein- und ausspannen

Kalkulationsbeispiel zur Bearbeitung eines Ausgleichgehäuses auf Pittler-Revolverdrehbank PIREX 80/270, 2. Einspannung

Arbeits-stufe	Arbeitsgang	Arbeits-$\varnothing$ mm	Arbeits-Länge mm	s mm/U	n U/min	v m/min	t_n	t_h	t_g
							in Min. je Arbeitsgang		
	2. Einspannung								
I	Ein- und ausspannen	–	–	–	–	–	0,50	–	0,50
	Querschlitten								
II	282 $\varnothing$ / 205 i6 $\varnothing$ plan vordrehen, anfasen	282/210	40	0,20	112	100/74	–	1,80	2,30
	$Q_1 + K + M$	–	–	–	–	–	0,68	–	2,98
III	185 $\varnothing$ / 135 $\varnothing$ plan vordrehen .	185/125	30	0,20	180	105/72	–	0,84	3,82
	$Q_2 + K + M$	–	–	–	–	–	0,43	–	4,25
IV	205 i6 $\varnothing$ vordrehen auf 206 $\varnothing$ . .	210	25	0,28	112	75	–	0,80	5,05
	$Q_2 + K + M$	–	–	–	–	–	0,43	–	5,48
V a	185 $\varnothing - 0,2$ drehen	188	25	0,14	180	105	–	1,00	6,48
V b	185 $\varnothing$ / 205 i6 $\varnothing$ plandrehen . . .	185/205	11	0,14	180	118	–	0,44	6,92
	$Q_2 + K + M + N$	–	–	–	–	–	0,58	–	7,50
	Revolverschlitten								
VI a	62 $\varnothing$ / 110 $\varnothing$ plan vordrehen . .	62/110	25	0,14	280	98	–	0,65	8,15
VI b	135,2 $\varnothing$ (Kugel) vorkopieren . .	134	40	0,14	180	77	–	1,60	·9,75
	$R + B + U_1$	–	–	–	–	–	0,50	–	10,25
VII a	62 $\varnothing$ H 8 vordrehen	61,5	40	0,20	280	55	–	0,72	10,97
VII b	53 $\varnothing$ ausdrehen	53	10	0,1	280	47	–	0,36	11,33
	112 $\varnothing$ einstechen, 3 mal anfasen	112	–	–	–	100	–	–	–
	$R + A_1 + C_1$	–	–	–	–	–	0,38	–	11,71
VIII a	145 $\varnothing$ H 8 vordrehen	144,4	10	0,14	180	83	–	0,40	12,11
VIII b	62,6 $\varnothing$ einstechen, 2 mal anfasen	62,6	8	v.Hd.	280	56	–	0,47	12,58
	$R + A_2 + B$	–	–	–	–	–	0,37	–	12,95
angenommen: $v_{240} = 47 - 118$ m/min					Gesamtzeit		3,87	9,08	12,95

Bearbeitung eines Ausgleichgehäuses, 3. Einspannung
auf Pittler-Revolverdrehbank PIREX 80/270

Gespannt: in kraftbetätigtem Dreibackenfutter KS 315   Werkstoff: C 35

Arbeitsstufe   Werkzeugloch

Kalkulationsbeispiel zur Bearbeitung eines Ausgleichgehäuses auf Pittler-Revolverdrehbank PIREX 80/270, 3. Einspannung

Arbeits-stufe	Arbeitsgang	Arbeits-$\varnothing$ mm	Arbeits-Länge mm	s mm/U	n U/min	v m/min	t_n	t_h	t_g
							in Min.	je Arbeitsgang	
	3. Einspannung								
I	Ein- und ausspannen	–	–	–	–	–	0,50	–	0,50
II a	135,2 $\varnothing$ Kugelform fertig kopieren	135,2	36	0,07	280	120	–	1,28	1,78
II b	185 $\varnothing$ / 135 $\varnothing$ 135 $\varnothing$ / 145 $\varnothing$ } plandrehen	185/145	20	0,1	280	165/128	–	0,72	2,50
	145 $\varnothing$ H 8 fertigdrehen	145	8	0,10	280	130	–	0,28	2,78
II c	$R + A_1 + B + C_1 + U_1$	–	–	–	–	–	0,68	–	3,46
III a	44,8 $\varnothing$ drehen	44	50	0,14	450	63	–	0,80	4,26
III b	62 $\varnothing$ H 8 fertigdrehen	62	40	0,14	450	90	–	0,64	4,90
	R	–	–	–	–	–	0,26	–	5,16
IV a	205 j6 $\varnothing$ feindrehen, Passung . .	205	15	0,1	450	150	–	0,34	5,50
IV b	205 $\varnothing$ / 282 $\varnothing$ plan fertigdrehen	282/205	36	0,14	180	160	–	1,45	6,95
IV c	60 $\varnothing$ / 105 $\varnothing$ plan fertigdrehen .	123	22	0,14	280	110	–	0,58	7,53
	$R + B + H$	–	–	–	–	–	0,37	–	7,90
angenommen: $v_{240} = 63 - 165$ m/min			Gesamtzeit				1,81	6,09	7,90

1. Einspannung . . . . $t_g = 8,60$ min
2. Einspannung . . . . $t_g = 12,95$ min
3. Einspannung . . . . $t_g = 7,90$ min

Gesamtzeit $t_g = 29,45$ min

Bearbeitung eines Schweißmundstückes
auf Pittler-Revolverdrehbank PIROFA 25/150.1

Gespannt: 1. Einspannung in Stangen-Spannfutter   Werkstoff: Tellur-Kupfer
2. Einspannung in Umspannzange

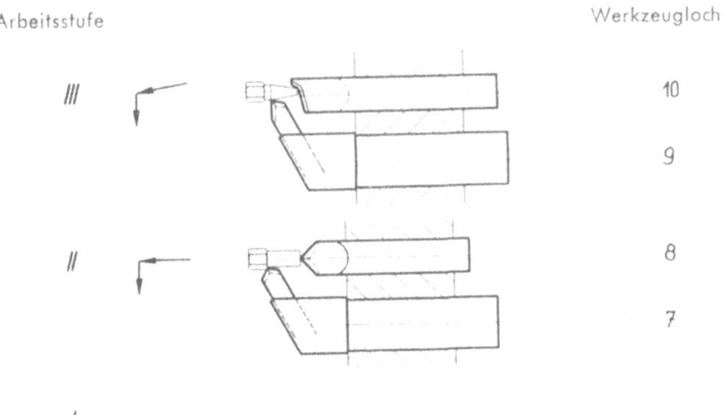

2. Einspannung

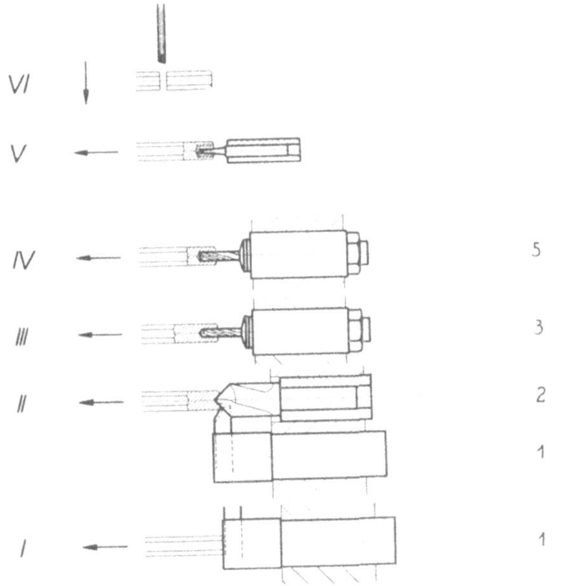

1. Einspannung

Kalkulationsbeispiel zur Bearbeitung eines Schweißmundstückes auf Pittler-Revolverdrehbank PIROFA 25/150.1, 1. und 2. Einspannung

Arbeits-stufe	Arbeitsgang	Arbeits-$\varnothing$ mm	Arbeits-Länge mm	s mm/U	n U/min	v m/min	t_n	t_h	t_g
							in Min. je Arbeitsgang		
	1. Einspannung								
I	Vorschieben und spannen	12	37	–	–	–	0,07	–	0,07
	R	–	–	–	–	–	0,06	–	0,13
II	11,5 $\varnothing$ anfasen, zentrieren . . .	11,5	2	v. Hd.	1800	65	–	0,02	0,15
	R	–	–	–	–	–	0,06	–	0,21
III	4,8 $\varnothing$ bohren	4,8	14	0,06	3600	54	–	0,07	0,28
	R + Entspänen	–	–	–	–	–	0,09	–	0,37
IV	5,9 $\varnothing$ senken	5,9	14	v. Hd.	3600	67	–	0,05	0,42
	R	–	–	–	–	–	0,06	–	0,48
V	M 7 x 0,75 Gewinde strehlen . .	7	14	0,75	1800	40	–	0,50	0,98
	P + P₁	–	–	–	–	–	0,20	–	1,18
VI	Abstechen	11,5	6	v· Hd.	1800	65	–	0,09	1,27
	V	–	–	–	–	–	0,03	–	1,30
							0,57	0,73	1,30
	2. Einspannung								
I	Aus- und einspannen	–	–	–	–	–	0,10	–	0,10
II a	9,5 $\varnothing$ langdrehen	11,5	20	0,06	3600	130	–	0,09	0,19
II b	9,5 $\varnothing$ / 0 plandrehen	9,5/0	5	v. Hd.	3600	108	–	0,03	0,22
	R + B	–	–	–	–	–	0,10	–	0,32
III a	3,5 $\varnothing$ / 9,5 $\varnothing$ Kegel kopieren . .	3,5/9,5	18	0,12	3600	108	–	0,05	0,37
III b	3,5 $\varnothing$ Rundung andrehen	3,5	1	v. Hd.	3600	40	–	0,02	0,39
	R + A + Längskopiereinrichtung	–	–	–	–	–	0,21	–	0,60
							0,41	0,19	0,60
angenommen: v 240 = 40 – 130 m/min		1. und 2. Einspannung Gesamtzeit					0,98	0,92	1,90

Bearbeitung eines Druckanschlusses, 1. Einspannung auf Pittler-Revolverdrehbank PIROFA 40/150.1

Gespannt in Handspann-Dreibackenfutter F 125   Werkstoff: V 4 A (55-70 kg/mm²)

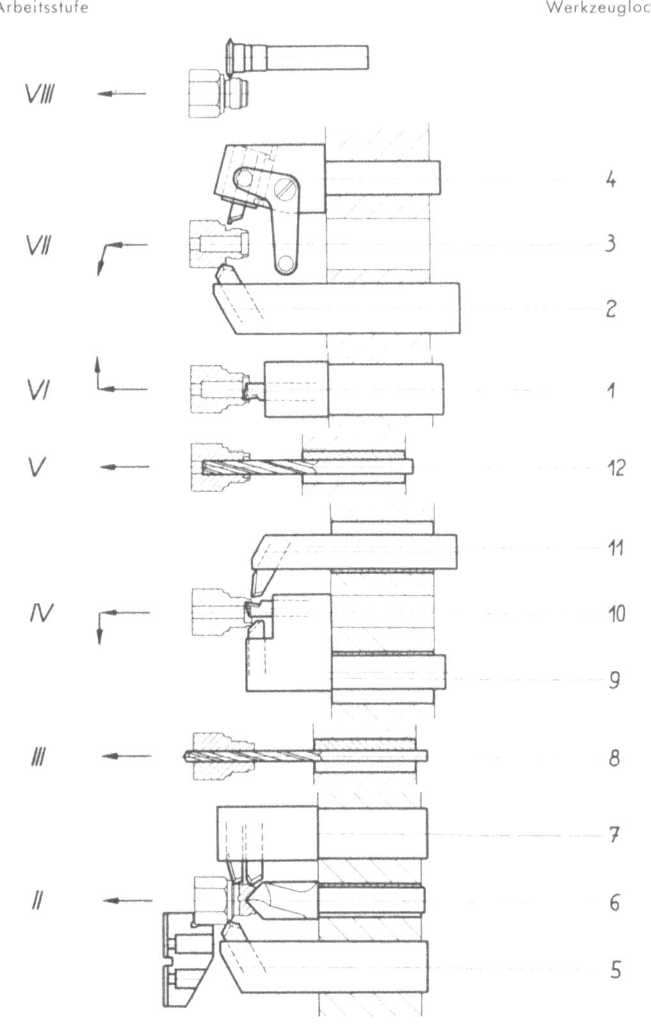

Kalkulationsbeispiel zur Bearbeitung eines Druckanschlusses auf Pittler-Revolverdrehbank PIROFA 40/150.1, 1. Einspannung

Arbeits-stufe	Arbeitsgang	Arbeits-$\varnothing$ mm	Arbeits-Länge mm	s mm/U	n U/min	v m/min	t_n	t_h	t_g
							in Min. je Arbeitsgang		
	1. Einspannung								
I	Ein- und ausspannen	–	–	–	–	–	0,20	–	0,20
II	23 $\varnothing$ ⎫								
	18 $\varnothing$ ⎬ langdrehen, zentrieren	28	18	0,12	710	63	–	0,21	0,41
	15,8 $\varnothing$ ⎭								
	R	–	–	–	–	–	0,06	–	0,47
III	Vorbohren	8	42	0,12	710	18	–	0,49	0,96
	R + entspänen	–	–	–	–	–	0,17	–	1,13
IV a	14,5 $\varnothing$ aufbohren	14,5	5	v. Hd.	1400	65	–	0,05	1,18
	15,8 $\varnothing$ anfasen	15,8	–	–	1400	70	–	–	–
IV b	15,8 $\varnothing$ / 14,5 $\varnothing$ plandrehen . . .	5,8/14,5	2	v. Hd.	1400	70	–	0,02	1,20
	R + B	–	–	–	–	–	0,10	–	1,30
V	9 $\varnothing$ senken	9	25	0,12	710	20	–	0,30	1,60
	R	–	–	–	–	–	0,06	–	1,66
VI	14,5 $\varnothing$ $^{D\,9}$ fertig ausdrehen . .	14,5	4,5	0,06	1400	65	–	0,05	1,71
	R + A₁	–	–	–	–	–	0,09	–	1,80
VII	23 $\varnothing$ fertigdrehen	23	4	0,06	1400	100	–	0,05	1,85
	15,8 $\varnothing$ hinterstechen	18	2	v. Hd.	280	16	–	0,12	1,97
	R + B + A₂ + F	–	–	–	–	–	0,16	–	2,13
VIII	M 18 x 1,5 Gewinde strehlen . .	18	9	1,5	280	16	–	0,32	2,45
	P + P₁	–	–	–	–	–	0,40	–	2,85
angenommen: v₂₄₀ = 16 – 100 m/min					Gesamtzeit		1,24	1,61	2,85

Bearbeitung eines Ventilgehäuses
auf Pittler-Revolverdrehbank PIROFA 45/200.1

Gespannt: 1. Einspannung in Schwenkfutter Werkstoff: MS 58
2. Einspannung in kraftbetätigtem Zweibackenfutter BLE

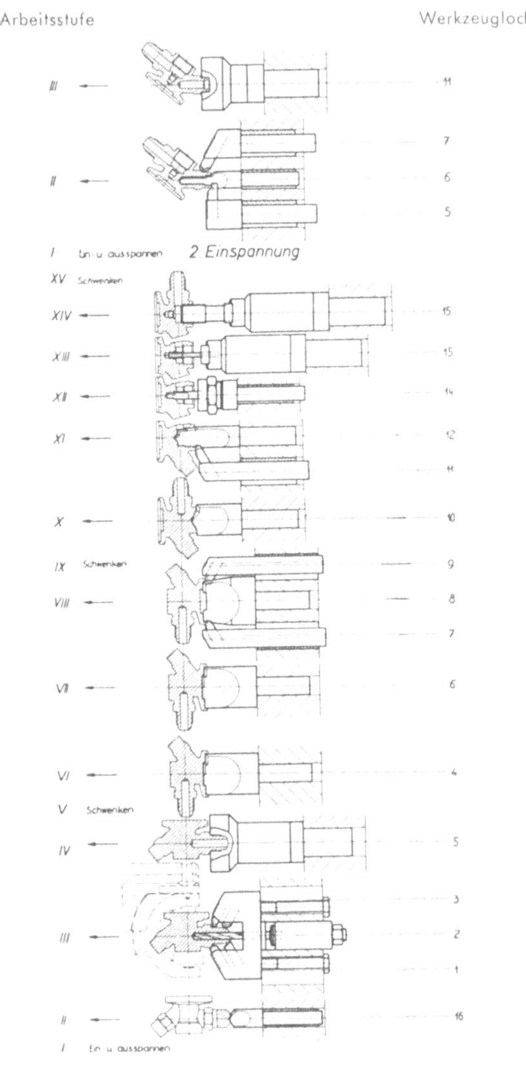

1. Einspannung

Kalkulationsbeispiel zur Bearbeitung eines Ventilgehäuses auf Pittler-Revolverdrehbank PIROFA 45/200.1, 1. und 2. Einspannung

Arbeits-stufe	Arbeitsgang	Arbeits-$\varnothing$ mm	Arbeits-Länge mm	s mm/U	n U/min	v m/min	t_n in Min.	t_h je Arbeitsgang	t_g
	1. Einspannung								
I	Ein- und ausspannen	–	–	–	–	–	0,26	–	0,26
II	Zentrieren	12	4	v.Hd.	900	34	–	0,05	0,31
	R	–	–	–	–	–	0,10	–	0,41
III	8 $\varnothing$ bohren	8	50	0,1	1800	46	–	0,28	0,69
	19 $\varnothing$	21	30	0,1	1800	120	–	–	–
	16 $\varnothing$ –0,1 } langdrehen	18	30	0,1	1800	104	–	–	–
	16 $\varnothing$ / 10 $\varnothing$ $\not<$ 45° anfasen . . .	16/10	1	0,1	1800	19/58	–	–	–
	R	–	–	–	–	–	0,10	–	0,79
IV	SAE 3/4'' Gewinde schneiden . .	19	16	1,587	360	22	–	0,06	0,85
V	R + Werkstück schwenken	–	–	–	–	–	0,20	–	1,05
VI	46 $\varnothing$ bohren	46	4	v.Hd.	360	52	–	0,03	1,08
	R	–	–	–	–	–	0,10	–	1,18
VII	47,23 $\varnothing$ bohren	47,23	4	v.Hd.	360	54	–	0,03	1,21
	R	–	–	–	–	–	0,10	–	1,31
VIII	47,5 $\varnothing$ bohren	47,5	4	v.Hd.	900	138	–	0,03	1,34
	50 $\varnothing$ +0,1 r 2,5 langdrehen	52,0	4	v.Hd.	900	150	–	–	–
	50 $\varnothing$ 47,5 $\varnothing$ Stirnseite begrenzen	50/47,5	1	v.Hd.	900	142/138	–	–	–
IX	R + Werkstück schwenken	–	–	–	–	–	0,20	–	1,54
X	28 $\varnothing$ /22,3 $\varnothing$ zentrieren, begrenzen	28/22,3	6	v.Hd.	900	80/64	–	0,05	1,59
	R	–	–	–	–	–	0,10	–	1,69
XI	22,3 $\varnothing$ bohren, begrenzen . . .	22,3	30	0,20	900	64	–	0,17	1,86
	R	–	–	–	–	–	0,10	–	1,96
XII	6,3 bohren	6,3	10	v.Hd.	1800	36	–	0,08	2,04
	R	–	–	–	–	–	0,10	–	2,14
XIII	M 6 x 0,75 Gewinde schneiden . .	6	7	0,75	360	7	–	0,07	2,21
	R + Werkzeugwechsel	–	–	–	–	–	0,20	–	2,41
XIV	M 22 x 1 Gewinde schneiden . . .	22	10	1,0	360	25	–	0,08	2,49
	R + Werkzeugwechsel	–	–	–	–	–	0,20	–	2,69
XV	Schwenken	–	–	–	–	–	0,10	–	2,79
							1,86	0,93	2,79
	2. Einspannung								
I	Aus- und einspannen	–	–	–	–	–	0,26	–	0,26
II	63 $\varnothing$ bohren	6,3	40	0,20	900	30	–	0,22	0,48
	58,8 $\varnothing$ langdrehen	6,0	20	0,20	900	173	–	–	–
	15,8 $\varnothing$ / 9 $\varnothing$ Stirnseite begrenzen	16/9	2	0,20	900	46/26	–	–	–
	R	–	–	–	–	–	0,10	–	0,58
III	SAE 5/8'' Gewinde schneiden . .	15,8	14	1,411	360	18	–	0,08	0,66
	R	–	–	–	–	–	0,10	–	0,76
							0,46	0,30	0,76
angenommen: v_{240} = 7 – 173 m/min	1. u. 2. Einspannung Gesamtzeit						2,32	1,23	3,55